细胞史记

造物的神奇

徐 鑫 / 著

清华大学出版社
北京

图书在版编目 (CIP) 数据

细胞史记：造物的神奇 / 徐鑫著. -- 北京 : 清华
大学出版社, 2024. 8. -- ISBN 978-7-302-66947-0

Ⅰ. Q2-49

中国国家版本馆CIP数据核字第2024GX4081号

责任编辑：胡洪涛　王　华
封面设计：傅瑞学
责任校对：薄军霞
责任印制：宋　林

出版发行：清华大学出版社
　　　　　网　　　址：https://www.tup.com.cn, https://www.wqxuetang.com
　　　　　地　　　址：北京清华大学学研大厦A座　　　　邮　　编：100084
　　　　　社 总 机：010-83470000　　　　　　　　　邮　　购：010-62786544
　　　　　投稿与读者服务：010-62776969, c-service@tup.tsinghua.edu.cn
　　　　　质量反馈：010-62772015, zhiliang@tup.tsinghua.edu.cn
印 装 者：三河市人民印务有限公司
经　销：全国新华书店
开　本：165mm×235mm　　　　　印　　张：24.25　　　字　数：369千字
版　次：2024年9月第1版　　　　　　　　　　　　　印　次：2024年9月第1次印刷
定　价：89.00元

产品编号：098201-01

一个独特细胞群的信息输出

1. 缘起

如果用一个词来概括我写这本书的初衷，那绝不是雄心壮志。我的写作目的很简单：让学生不抵触细胞生物学。

我在医学院校讲授细胞生物学，历届学生课后的反馈几乎是一致的：细胞生物学难学。而其中最关键的一条是：细胞生物学缺少逻辑而显得尤其难。细胞缺少逻辑吗？不。尽管我们现在还无法清楚地解释细胞的起源和走向，但细胞逻辑绝对是生命的关键。细胞的诞生一定符合某种逻辑，不管是基于物理学的热力学定律、信息论的所谓"万物源自比特"，还是细胞的某种独特之处。甚至生物学的英文 biology，都是由表示生物的前缀 bio- 和表示逻辑的后缀 -logy 组成，可以看作生物的逻辑。顺便说一句，biology 一词来自大名鼎鼎的**拉马克**，他是进化论的先驱。物理（physics）、化学（chemistry）、数学（mathematics），乃至医学（medicine）都没有缀以逻辑之名这个殊荣。那为什么学生会一致抱怨，甚至有些抵触呢？一个可能的原因是细胞生物学内容博大而逻辑潜隐不显。

同其他学科相比，细胞生物学更多的是现象罗列，而逻辑微妙难寻。其他学科，例如数学，其逻辑是显而易见的。**罗素**甚至试图以《数学原理》（*The Principles of Mathematics*）为蓝本，构建出宏伟庄严又简单的数理逻辑大厦。再比如物理学，由牛顿力学、相对论和量子力学撑起了精深而神秘的物理逻辑天空。细胞生物学则不然，由于它是一门还在迅速发展的学科，其呈现方式主要是现象的罗列，现象之间似乎缺少联系而稍显散乱，潜藏的逻辑如青涩的小女孩，"和羞走，倚门回首，却把青梅嗅"。如果说数学像蕴意深远、大量留白的中国水墨画，物理学像枝繁叶茂、浓墨重彩的西方油画，细胞生物学更像是一幅支离破碎、缺东少西的拼图。

完善细胞生物学这幅拼图是所有生命科学从业者的工作，任重而道远。但在这幅拼图尚未完成时，我能做些什么呢？我想我依然能做些事，比如根据已有的相对完整的知识，推测出细胞生物学逻辑的蛛丝马迹。

2. 这本书的别致之处

如果用几个关键词来概括这本书，以显示其与众不同，我会选择逻辑、简单、神奇、思想、想象、趣味以及与时偕行。

这本书最初的设计是突出细胞的逻辑，让读者以某条主线来提挈整个细胞生物学，使阅读变得轻松和有趣。我终于在生物进化的大背景下，找到了效率与安全这两个关键词来描述细胞。也因为如此，本书的顺序不同于一般的细胞生物学作品。一般的细胞生物学作品是从外到内、从结构到功能来介绍的，所以常从膜开始，经由**内膜**系统，向内过渡到核，每一部分都是从结构的介绍过渡到功能的总结。本书则是以细胞的进化为一个中心，以效率与安全作为两个基本点，从内到外，从简单到复杂，从功能的要求到结构的具备，进而讲述细胞的故事。

为了凸显逻辑，我尽量追求简单。逻辑的石头是散落在知识点的水中的，但我想尽量平衡逻辑与知识。如果知识点过多过密，逻辑就不突出了，就像石头被水淹没了；如果逻辑的表述过繁，又可能过于空泛，就像干涸的河床，因看不到水的灵动而缺少生机。我希望能做到逻辑与知识的平衡，可能就像"江流有声，断岸千尺；山高月小，水落石出"的情境。当然平衡总是较难的，所以，如果我只能做到一点的话，我宁愿选择逻辑的简单，而不是知识的繁杂。我尽量减少使用专业词汇，每一章中的专业词汇不超过某一比例，就像要求肉骨头中骨头的比例不能过高一样，我在正文中也没有用多少英文专业词汇。我甚至希望只具有初、高中生物学背景的人都能无障碍阅读，当然这可能很难。对于无法避免的专有词汇，尽管在之前的章节中已经提及，在新的章节中再出现时我还是会做简要说明，希望不会因此得到啰唆的评价。总之，这是一本力图简明的科普之作。

在追求简单的过程中，常常有个度的问题。事实上任何一个细胞过程都很复杂，教科书或者论文中对某个细胞事件的描述都很简略，那么这种简略要达到什么程度才合适呢？比如对**细胞凋亡**的介绍，初中课本中可能止于现象，如细胞膨大、DNA 断裂；大学教材中可能深入分子机制如**细胞色素**的释放；学术论文中则常给出更细致的，甚至包含动态过程的介绍等，会涉及更多的专有名词。我想，一个合适的度是：如果你想改变某个细胞过程，你能想到某种方法，那么这就是一个最低的度。比如对于细胞凋亡，如果只知道细胞膨大、DNA 断裂，那么你是不会了解如何改变它的；假如知道了细胞色素释放等，那就可能想到改变这一事件的方法。对某一过程了解得越细致，改变这一过程的可能性就越大，能想到的方法也越多。但对于一本书而言，如果能让读者想到某种切实的方法，那就足够了。后人在评价诸葛亮时说，"三人务于精熟，而亮独观其大略"，本书的度就是试图揭示细胞的"大略"即逻辑框架，如果读者有进一步的需要，也能据此节节深入，达到"精熟"的程度。

在内容的选择上，我想凸显细胞的神奇。细胞生物学包罗万象，哪怕是教科书也会有所选择地呈现，而不可能巨细无遗。我们在课堂讲授时常常会突出所谓的重点和难点，这本书也力图做到这一点。但这本书还想体现细胞的神奇，而这一点在一般的教材中仅仅涉猎而已。比如细胞内负责水通过的孔道，有本领让水流经而又防止水中的细微物质通过，这是如何实现的呢？细胞内水的通道这种神奇的能力是值得展示的。

尽管在写作之初没有雄心，但在写作过程中我的愿望也像细胞增殖一样不可避免地潜滋暗长。我也希望像《自私的基因》的作者**理查德·道金斯**那样，传递某些形而上的，可以称为思想的东西，比如他提到的基因的自私性、**模因**的概念[1]。本书的雄心就是要显示"细胞经济学"的亮点。我在写作本书的过程中，逐渐体会到了经济性即安全高效是细胞的重要属性，而这一点在以往的教材、论文中并没有得到充分阐释。

这本书从进化的角度解读细胞，希望将细胞内部的每一个结构的来龙去脉交代清楚，而将数亿年来细胞的发展历程写明白，在一定程度上不依赖想象力是无法做到的，所以这本书的很多内容只能是一种基于想象而不是实证的解读。但读者同时也会发现，本书所有的想象都不是无迹可寻的，而是基于权威的学术专著和文献。

我也力图让这本书变得有趣。我对于这一点比以上其他的内容更有信心。这本书是文理兼容的，甚至从目录也能看出这一点，比如引用了大量的诗词歌赋。这是我自己的思维方式，不知道是否能产生共鸣。本书还有大量的比喻，希望以此降低理解的门槛。

除了以上诸多特点，这本书也吸收了细胞生物学的最新进展。细胞生物学是一门进展异常迅速的学科，其更新有时甚至达到以月、日来计算的程度。如果对这些新发现视而不见，就失之于迟钝，但如果不加选择只因为新就加以收录的话，又失之于草率。本书对新发现收录的标准是：该内容对细胞的大的逻辑框架有影响，就像一株老树的新枝，而不是新芽。比如本书单独开辟一章讲述**生物分子凝聚体**，这一概念对细胞进化具有重要意义，无法也不应被忽视。

如果没有特殊说明，这本书的主要内容大多来自**布鲁斯·阿尔伯茨**等人的《细胞分子生物学》(*Molecular Biology of the Cell Seventh edition*)（第 7版），这本书是细胞生物学领域的经典之作，上一版是在 2014 年出版，最新版是 2022 年 7 月 1 日才发售的 [2]。本书中部分内容也参考了**丁明孝**等人的《细胞生物学》（第 5 版）[3]。不可避免地，本书也引用了很多文献，这些文献选择的标准很简单，就是有较大的影响力，当然这受具体领域、发表时间的制约，无法尽善尽美。

这本书起名叫《细胞史记：造物的神奇》，有两个原因：第一个是本书对细胞结构都尽量给出进化上的溯源；第二个是在我看来，细胞本身也是一种历史的载体，是对进化中发生的重大事件的记录。

3. 这本书的目录的逻辑

这本书的目录可能是令很多人迷惑的地方，因为不同于任何一本已知的细胞生物学教材。我有必要单独说说为什么采用这样一个目录。

信息是生命的根本，所以本书从信息开始；能量是细胞的驱动者，所以本书再谈能量；在能量具备的前提下，生化过程必须达到一定的速度才能孕育生命，于是接下来谈酶——一种近乎完美的催化剂；生命之初只能通过逻辑描述，于是有了**复制子**；复制子的最初载体并非今天常见的 DNA，反而是处于附属地位的 RNA；RNA 很早就同蛋白质结合，让功能多样化，生命因而加速，而 RNA 同蛋白质组成的**核糖体**也是细胞中最古老的结构之一；DNA 虽然登场靠后，但很快展露出在复制上的巨大优势，后来居上；DNA 的优势只有等膜具备后才能凸显，而随着包裹 DNA、RNA 和蛋白质的膜的形成，最初的细胞就诞生了；随着细胞的出现，基因正式登场，尽管其最核心的基础是物理实体 DNA，基因更多是个逻辑概念，就像复制子；基因中蕴藏的生命信息需要从 DNA 经由 RNA 传递到蛋白质；在遗传信息传递中，每个环节都可调控；蛋白质调控中，对蛋白质的修饰尤其重要，需要单独讨论；基因表达生命信息的最简单个体是**原核细胞**；甚至在原核细胞中就有了**细胞骨架**的萌芽，这是复杂生命的傲骨；随着细胞的发展，能量成为短板，于是**线粒体**加盟了；线粒体大大提高了能量生产效率，只有线粒体加盟后真核细胞才发展出来，真正的**细胞核**才形成；细胞核中最明显的就是从**染色质**到**染色体**的复杂变换；细胞核蕴藏信息的传递需要一系列细胞器的支撑，其中关键则是蛋白质的分配；除了简单的分配，细胞还有复杂的高效的批量运输方式，即膜运输；细胞需要随时对外界环境做出响应，这通过**信号转导途径**实现；在众多细胞成长过程中，周期性的染色质和染色体的变换竟是某种错觉，但细胞的衰老却是实实在在的，而细胞的死亡也无法避免；细胞若想开疆扩土，需要同外界建立复杂联系；在多细胞结构中，癌症成为一个死结；尽管如此，多细胞发育还是到来了，各个组织的**干细胞**则发挥分裂能力；不同细胞形式构成的生命体间的竞争从未止息，多细胞的免疫系统得以建立。细胞的未来之路如何呢？是否会终结于人工智能？我对此有乐观的看法。

那么本书的目录为什么始于信息、终于人工智能呢？用来解释《周易》顺序的《序卦传》第一句是"有天地，然后万物生焉"。最后一句是"物不可穷也，故受之以未济，终焉"。我想，从"万物生"到"物不可穷"，可能就是宇宙中信息的发展过程，而生命则是这信息洪流的河道。

4. 这本书对谁友好？

我的这本书最初的计划受众只是我的学生，也就是医学院校学习细胞生物学的本科生。为此，我在组织材料时注意突出重点和难点，同时也覆盖大多数知识点。

除了本科生，我希望本书能影响初、高中生。他们已经具备了基本的生物学知识，但是对生命的原则、研究的方向还缺少了解，而这本书可以从这两方面提供帮助。

本书对那些以学术发现为主要目标的研究生可能也是一种参考。科学探索就是进入无人之境，本书所揭示的细胞的逻辑同样是无人之境的产物。当我们跳出具体知识的藩篱，而接触繁复的逻辑时，常常更容易对问题有宏大的视野和超然的见解，也就更容易发现问题、形成假设。

最后，我想本书揭示的生命的逻辑也可以让更多人从中受益。诺贝尔奖得主、德国化学家**曼弗雷德·艾根**曾说过："化学反应同社会行为有很多相似之处。"[4]艾根的发现可能意味着并非化学反应同社会行为相似，而是社会行为、人类智慧等其实就是基于更加基本的生物过程、化学反应，乃至物理规则，因此细胞的精彩之处对为人处世也有些许借鉴吧。德国哲学家**黑格尔**曾说："人类从历史中得到的唯一教训，就是人类无法从历史中学到任何教训。"我想细胞一定不同意黑格尔的见解，因为细胞早已将生命进程中的每个教训写在基因里，那些不接受教训的，早已在历史中消亡。从这个角度理解细胞的逻辑，一定会给我们以诸多启迪。

"胞"罗万象，"细"说众生，而逻辑则能提纲挈领，纲举目张。既然要说逻辑，就从细胞的基本原理说起吧。

目 录

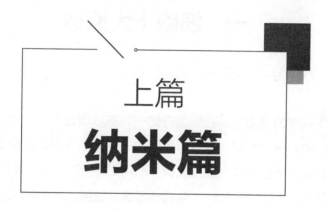

上篇

纳米篇

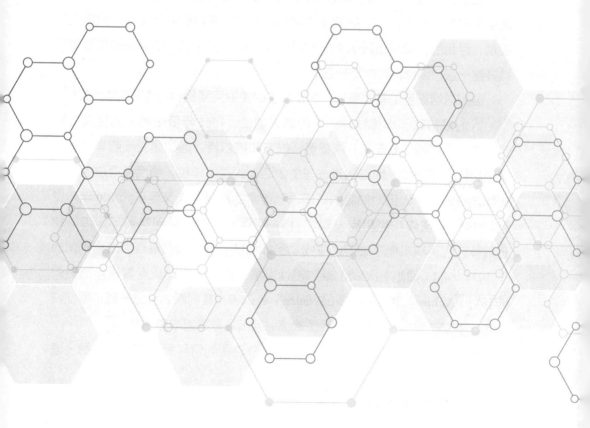

一、细胞十大原理

　　细胞生物学的逻辑体现在细胞内的一些基本原理上。原理是一个可以进行高度抽象的学科的特征，其特点是通过一些基本逻辑可以构建整个学科的大厦。最早这么做的可能是欧几里得，他用 23 个定义、5 个公设和 5 个公理为基础，撰写了《几何原本》[5]；牛顿也是这么做的，以 3 条运动定律为基础，他构造了经典力学。一般来说，对于以描述而不是抽象为主的学科，总结原理似乎容易费力不讨好。细胞生物学尤其如此，其特例如此之多，抽象变得很难。但我想，如果出版这本书的目标仅是让细胞生物学的复杂拼图变得稍微齐整一些，那也许我能实现它。

　　要想总结细胞的基本原理，先要解决的关键问题是：细胞到底是什么？

　　人们最初赋予细胞独一无二的尊崇地位。1665 年罗伯特·胡克就发现了细胞。但在约 200 年后，施莱登、施万和魏尔肖才通过建立细胞学说确立了细胞的重要地位，即细胞是一些生命活动的基本单位。稍后孟德尔等的遗传学定律革新了人们对细胞的认识。遗传学的巅峰之作又等了约 100 年，也就是 1953 年沃森和克里克发现了 DNA 双螺旋，这项发现找到了遗传的物理载体，也再次巩固了细胞的生物学圣杯角色。细胞如此重要，以至于创刊于 1974 年的《细胞》（*Cell*）杂志迅速发展，如今可以比肩有着百年历史的《自然》（*Nature*）和《科学》（*Science*）等杂志，其影响力可见一斑。顺便说一句，中文"细胞"一词出自我国晚清时期著名数学家李善兰[6]。

　　细胞的地位曾经被削弱了。《细胞》杂志创刊两年后，英国理查德·道金斯在《自私的基因》中，提出了全新的见解："我们是生存机器，一种通过无目的性编程以保护一种叫作基因的自私分子的机器。"

道金斯认为所谓的"我们"包括人、动物、植物、细菌和病毒。考虑到细胞的基本单位属性，我想道金斯也不会否认我的一个推论：细胞是基因的生存机器。

这种看法革新了人们看待细胞的视角。在此基础上，**詹姆斯·格雷克**在《信息简史》中有了新的发挥：母鸡不过是一只蛋用来制造另一只蛋的工具[7]。这种观点粗看之下令人瞠目结舌，细思之后甚觉其饱含深意。如果将蛋看作是鸡的工具，那么视野常常是一只鸡的天地，可是如果将鸡看作是蛋的工具，那么视野似乎就投向了历史的长河。鸡与蛋如果换成细胞与基因就更一目了然了：细胞不过是基因用来制造另外基因的工具。如果将基因看作细胞的工具，那么视野就是一个细胞，如果将细胞看作基因的工具，那么视野就是一部进化史。细胞易逝，而基因永存。细胞的寿命以天、周、月、年来计算，而基因的时间尺度可以长达数百万年。

然而，仅将细胞看作基因的生存机器却又低估了细胞的能动性。细胞虽然易逝，但从未中断。细胞学说建立者魏尔肖说过一句拉丁名言"*Omnis cellula e cellula*"，就是"一切细胞来自细胞"。基因虽然蕴藏了巨大的信息，但是没有细胞，信息就不能解读、不能发展，更不能进化。无数的细胞在亿万年的时空里也在不停地塑造着基因。

因此，本书打算基于这样的一个前提展开：**细胞是基因的生存机器，但也对基因施加强大影响**。正是基于基因第一性、细胞第二性，我总结了细胞十大原理。

原理一：细胞需要能量。

细胞中信息的流动、物质的变动，有些是自发的，有些则需要能量驱动。这种能量必须是可以利用的能量，而不是耗散的能量。细胞能利用的能量叫作**自由能**，通常储存在载体之中，最常见的载体是**腺苷三磷酸**。每个细胞本身也代表了一种独特的利用能量的方式。

原理二：细胞用一类特殊物质即酶来加速化学反应。

细胞中信息的流动、物质的变动的本质是一系列的生化反应，而且是加速的生化反应，只有更加高速度的反应，才能将以细胞为代表的生命同非生命世界分开。细胞中能加速化学反应的，是一种叫作酶的物质。酶大多数是蛋白质，当然有些 RNA 也能充当酶，而且还非常关键。酶之所以能加速化学反应，是因为其独特的微观结构使化学反应富集于某些微小空间，增加碰撞的机会，就像青梅竹马、两小无猜的一对，其热恋的机会远远大于广阔天地中偶然擦肩的男女。

原理三：细胞中的生物大分子存在自组织现象。

细胞中很多生物大分子即使在没有外力的情况下，也会自发形成复杂结构。核苷酸在试管中常常会根据模板序列发生聚合，形成一定长度的核苷酸链；某些病毒的**衣壳**由数十种蛋白质组装而成，同样在试管中就能实现组装。大分子的这种自发形成复杂结构的趋势，有点像一种内在驱动力，其实就是达到能量最低、状态最稳定的一种趋势。自组织的一个主要特点是使用能量的成本很低。

原理四：细胞遵循中心法则。

细胞用 DNA 作为基因载体以储存遗传信息，用 RNA 传递 DNA 携带的遗传信息，用蛋白质读取 RNA 传递的遗传信息，遗传信息的流向都遵循从 DNA 到 RNA 再到蛋白质的方向，也就是，细胞遵循中心法则。

在众多材料中，DNA 成为细胞中基因的载体，没有例外。虽然有些病毒能以 RNA 为信息载体，但是病毒并不具有细胞结构。DNA 不停地制造自我的副本，这称为**复制**。除以一维序列作为基因载体储存遗传信息之外，DNA 本身的存在方式如三维结构等也可以携带遗传信息，这是所谓的**表观遗传学**的观念，正在深刻地塑造人们对于基因的认识。

DNA 中储存的遗传信息必须被读取，但读取前需要经历一个传递的步骤，即 DNA 先将信息传递给 RNA。将 DNA 中的遗传信息誊写在 RNA 上叫作**转录**，就是转移、录制的意思。

RNA 传递来的遗传信息的解读是由蛋白质来实现的，这一过程不同于 RNA 对 DNA 中储存信息的简单录制，而是把 RNA 录制出来的内容以一种新的方式解码，叫作**翻译**。从转录、翻译这样的词汇中可以看出两者的差别：从 DNA 到 RNA 依然是核酸之间的变换，所以称为转录；从 RNA 到蛋白质则是核酸和蛋白质之间的对应，所以称为翻译。

细胞中遗传信息的流向是从 DNA 经由 RNA 到蛋白质。DNA 到 RNA 这一步即转录是可逆的，也就是从 RNA 到 DNA，这叫作**逆转录**，只见于细胞中的某些局部的罕见情形和某些病毒。从蛋白质到 RNA、DNA，或者从 DNA 到蛋白质，在自然界中从未被观察到。遗传信息从 DNA 经 RNA 到蛋白质，这叫作**中心法则**。中心法则是由 DNA、RNA 和蛋白质的结构特点决定的，可做简单的分析：假如蛋白质对 DNA 的读取方式不是只读的话，比如也能修改 DNA，那么基因稳定性的基础就不存在了，而生命也就无法诞生了。

原理五：细胞中存在反馈机制。

细胞内存在**反馈**机制，这是细胞复杂性的基础。反馈这个词最早是控制论的创始人**维纳**从电气工程中借来的，指的是一个过程中，输出端反过来影响输入端。依据输出端对输入端的影响，反馈可以分为正反馈和负反馈，前者进一步促进输入，后者进一步抑制输入。细胞中广泛存在反馈现象，反馈能让细胞内形成复杂的、类似计算机程序的环路，以对细胞进行有效调节，形成一种相对稳定的状态，称为**内稳态**。反馈的存在有喜有忧，喜的是细胞不会轻易被外界改变，忧的是当细胞出了问题后也不容易逆转。

原理六：所有细胞都需要膜与外界环境相分离。

遗传信息的储存、传递和读取本质是生化反应，必须在特定的反应容器里、达到一定浓度才得以发生，这个反应容器就是膜。组成膜的脂类和水截然不同，却互相成就。贾宝玉说过："女儿是水作的骨肉，男人是泥作的骨肉。"

但无论水还是泥，在地球这个水占到 70% 的环境中都只能随波逐流、泥沙俱下，无法遗世独立。脂类则不一样。脂类和水是互不相溶的，因此，以脂类为主的膜就能将生命同外部世界隔离开来。当遗传物质第一次披上了一张膜，生命就从此加冕了。膜绝不仅仅是生化反应的容器，膜上也能进行很多生化反应，有些甚至只能在膜上实现，比如线粒体制造能量就依赖于线粒体的膜。

原理七：细胞中存在对称性的缺失。

物理学中有一个说法，叫作对称性破缺，杨振宁、李政道获诺贝尔奖的工作就与对称性破缺有关，其概念异常复杂深奥。这里我将它引入作为生物学原理之一，但叙述比其简单得多，用来指代细胞中的结构常常缺少对称性，以便在功能上满足细胞需求。例如，细胞膜水平上并不是均一的结构，而是存在很多功能性结构；细胞膜垂直方向更是不对称的结构，所以才会内外有别；细胞核内也不均匀，而染色体的结构上甚至存在某些基因热点区域。细胞的不对称发育是多细胞生物的结构基础。对称性的缺失是细胞的重要特征之一。

原理八：细胞中很多过程是可逆的，但总在关键点上设置不可逆的开关。

细胞内很多的酶催化反应都是可逆的，也就是正反两方面都可行，但在一系列的酶催化链中，常常有一个关键的反应是不可逆的，这就保证了反应总体的方向性；细胞周期中的很多步骤也是可逆的，但当经过了某些关键的节点之后，就不能逆转；有些细胞如肝脏细胞、肌肉细胞虽具有可逆的分化潜力，但大多数细胞并非如此。似乎随着细胞的发展，不可逆性逐渐增大。

信息的方向性规定了细胞事件的方向性。**细胞周期**是一个单向的细胞事件，具体指的是细胞内发生的一系列事件，最终导致一个细胞分裂为两个子细胞。细胞周期的方向是由信息的单向传递决定的，而信息的单向传递则是由蛋白质的降解决定的，因为蛋白质降解之后信息就无法逆转了。**细胞分化**也是一个单向的过程，但同细胞周期相比，细胞分化的单向性并不严格，比如在植物损伤愈合过程中会发生**去分化**。细胞衰老同样是一个单向的过程，而且自然条件下没有逆转的可能。细胞癌变每时每刻都在发生，但是很快会得到纠正，而当癌细胞跨过某个界限之后，逆转就变得异常艰难了。

尽管以上的众多事件在自然条件下常常是不可逆的，但人类成为逆转不可能事件的主动因素。中心法则似乎也能在一定程度被逆转，比如从蛋白质到 DNA 虽然目前看来还无法直接通过酶来实现，但是大名鼎鼎的**基因组编辑技术**难道不可以被看作是从蛋白质到 DNA 的手段吗？细胞周期可以被人逆转。细胞分化的逆转已经导致了**诱导多能干细胞**的发生，并获得了 2012 年的诺贝尔生理学或医学奖。细胞衰老的逆转也吸引了很多人，2011 年，《自然》杂志中的一篇文章报道了**端粒酶**的重新激活能在小鼠中逆转组织退化 [8]。细胞癌变的逆转正是人类努力的方向。人类能在多大程度上逆转细胞事件呢？似乎没有人能说得清。

原理九：细胞是复杂的有序。

细胞是有序的。**热力学第二定律**指出：封闭体系总是倾向于无序的。由于无序度可以被更精简地概括为熵，所以热力学第二定律也可以描述为：封闭体系总是熵增的。而薛定谔指出，生命的特点就是熵减，或者也可以描述为负熵增加。负熵增加绝不是熵减的文字游戏，而是在数学上进行推导演算时更容易。生命的熵减并不违背热力学第二定律，因为是开放系统；当将生命及其环境综合考量时，依然是熵增的。有人因此推测，生命存在的意义就是为熵增加速。总之，细胞是表现为熵减的。但在这里，我还是用更容易理解的"有序"来描述。

细胞是复杂的。复杂是一个熟悉的陌生人，因为人们对它如此熟悉，但进行精确的定义和度量又如此之难。到底什么是**复杂性**呢？复杂性如何度量呢？据说复杂性的定义多达 31 个，而一个简单的概括是：某时某地用以形容一个系统的所有有趣之处所需要的信息量 [9]。之所以说细胞复杂，因为形容细胞的所有有趣之处所要的信息量很大，仅以基因数量而言，一个最简单的细胞也要 300 ~ 500 个，更不要提其中复杂的调控方式产生的信息了。

复杂似乎是达到有序的必经之路。薛定谔在《生命是什么》中曾经问过一个问题："为什么原子如此之小？"[10] 他其实想问的问题是："为什么我们如此之大？"而他给出的答案是："有机体的内在生命以及它们同外部世界的相互作用，都能被精确的定律所概述，但前提是它自身必须有一个巨大的结构。"也就是说，微观粒子因为太小、太多，趋向于无规则的随机热运动，必然是极度无序的；而随机性在较大的结构中才能降低，随着微观粒子组成原子、分子以及越来越大的结构，有序性开始显现，终于成就有序的细胞，乃至复杂的生命体。

细胞是复杂的有序，而其发展的极致，就是智能的诞生。其实从细胞角度看，是没有一个所谓的发展方向的；每个细胞、生命体都满足了复杂、有序的条件，是在某种环境下复杂和有序的一个合适解。但当我们从进化角度看待细胞的话，似乎能看到一个整体的趋势，总有一个由细胞组成的生命体会表现得更加复杂而有序。真核生物比原核生物复杂，多细胞生物比单细胞生物复杂，而拥有复杂语言和高级大脑的人类又比其他物种复杂。

那么，细胞的复杂的有序是无限发展的吗？可能并非如此，复杂的有序似乎是有最大值的。有人提到过一个对复杂性和有序度的类比，即咖啡和牛奶的混合（**图 1.1**）。左图表示两者混合时的情形，1、2、3 分别表示刚开始混合、中间阶段以及完全混合时的状态；右图表示在假想的咖啡牛奶妖的作用下，咖啡牛奶自发分离，1、2、3 分别表示刚开始分离、中间阶段以及完全分开时的状态。当将一杯咖啡和一杯牛奶分开放置时，有序度是很高的，因为二者泾渭分明，而复杂度很低，因为二者都很简单；当将两者刚刚混在一起时，有序度下降，变得混乱，而复杂度升高，因为描述这个状态需要更多信息；当搅拌至彻底混合时，有序度进一步下降到最低，而复杂度也降低，因为描述咖啡牛奶完全混合时只需要很少的信息。但生命不同于咖啡和牛奶，有序度是增加的，可以想象存在一个咖啡牛奶妖，能将混在一起的咖啡和牛奶分开，情形是什么样呢？当咖啡牛奶妖没有发挥作用时，有序度和复杂度都很低；随着咖啡牛奶妖发挥作用，有序度增加，复杂度也增加；当咖啡牛奶妖完成任务时，恢复为一杯牛奶和一杯咖啡，那么有序度进一步增加，而复杂度则降低了。总之，当综合考虑有序和复杂时，是有一个峰值的，过了这个峰值，两者不会同时增大。细胞的有序和复杂可能也存在一个临界点。

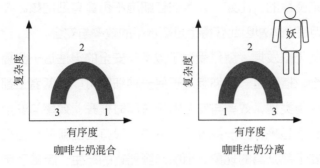

图 1.1　咖啡牛奶混合思想实验

原理十：细胞兼顾效率与安全。

细胞作为基因的生存机器，要在资源有限的窘境中有卓越表现，必须兼顾效率与安全。细胞面对的资源有限，有时是绝对的资源缺乏，有时是竞争者过多而造成相对的资源缺乏。在这样的情况下，细胞必须更快、更强地发展，同时保证安全，以达到在进化过程中枝繁叶茂，这就是效率与安全。

细胞内的各种组成和结构都是对效率与安全的保证。例如，最初 RNA 既能储存遗传信息，也能读取遗传信息；当中心法则建立后，也就是用 DNA 做遗传信息载体，RNA 做遗传信息传递者，蛋白质做遗传信息的读取者，效率与安全都得以提高。细胞中兼顾效率与安全的例子不胜枚举。

复杂有序的细胞形态伴随着效率与安全的提高。一个极端的例子是从偶然的类生命状态过渡到以细胞为基础的生命状态，复杂度和有序度都升高了，而在这个过程中，因为细胞同偶然的类生命相比更稳定，安全性就提高了；细胞还能不停地复制自己，效率也同样增加了。

自然选择就是作用于效率与安全的。达尔文所说的适者生存，这个"适"就是效率与安全。既然效率与安全是细胞的普遍特点，如何理解细胞的多样性呢？不同物种的细胞，同一物种尤其是多细胞物种中已经分化的各种不同细胞，肯定都是遵循效率与安全的，但如何解释其发展路径呢？答案是，效率与安全有很多解，在同一生境中会有很多不同的生命形式，它们都是效率与安全的一个合理设定。另外，多细胞物种的效率与安全是要以细胞整体即组织、器官来衡量的。比如，人类的红细胞不再具有细胞核，在安全性上大大下降了，但是个体却因此获得了更高水平的效率与安全。

细胞不能无限发展，就是受制于效率与安全的无法进一步提升。细胞兼顾效率与安全，指的是一种细胞对于另一种细胞可能在两者上都更优，而对于一种具体细胞类型，效率与安全常无法同时提升。效率与安全就像跷跷板的两头，一头扬起来，另一头就要沉下去。只有当全新层级出现时，才可能出现效率与安全都升高的现象。组织乃至器官的产生，突破了单个细胞的效率和安全的瓶颈，让生命大踏步向前。

效率与安全不仅是单个细胞内部遵循的原则，也是单个细胞本身、多细胞发育、组织和器官形成、个体发生，乃至于社会运行的重要原则。我会在全书中阐明这种观点，并给出具体的佐证，但也不妨在这里举一个有趣的例子。一种叫作**多头绒泡菌**的单细胞生物可以解决复杂的**运输问题**。这个运输问题不是简单的道路疏通，而是关于最优资源分配，是一个数学和经济学中的有趣也重要的问题，却能被多头绒泡菌解决。多头绒泡菌是一种单细胞真核细胞，地理分布广泛，形态变化也很大，有时它们会呈现一种亮黄色的、含有多个细胞核的巨型管网结构，延伸可达 30cm，以获取营养。为了了解多头绒泡菌是否能解决运输问题，2010 年，日本一个研究组设计了实验，他们模拟东京及其周边 36 个城市的相对地理分布，构造了一个 $17cm^2$ 的环境，将多头绒泡菌放在相当于东京的位置，而在相当于其他 36 个城市的点放置了多头绒泡菌喜欢的燕麦片，看它们如何铺设菌丝。结果是令人惊讶的，科学家发现多头绒泡菌铺设的菌丝同经过复杂人为设计的东京铁路系统类似，表现出了低成本、高效率和安全（对偶然中断的连接的容忍程度）的特点，这些研究结果发表于《科学》杂志上 [11]。这个例子生动地说明了效率与安全在细胞中的重要地位。

十大原理的介绍到此为止。接下来，该从信息详细说起了。

词汇表

罗伯特·胡克（Robert Hooke，1635—1703）：英国博物学家，第一个发现细胞的人。

马蒂亚斯·雅各布·施莱登（Matthias Jakob Schleiden，1804—1881）：德国植物学家，细胞学说创始人之一。

西奥多·施万（Theodor Schwann，1810—1882）：德国生理学家，细胞学说创始人之一，也是末梢神经系统中施万细胞的发现者、胃蛋白酶的发现和研究者、酵母菌有机属性的发现者，以及术语"新陈代谢"的创造者。

鲁道夫·魏尔肖（Rudolf Virchow，1821—1902）：德国病理学家、政治家和社会改革家，细胞学说创始人之一，一位在多个领域有杰出建树的非凡人物。

詹姆斯·沃森（James Watson，1928—　　）：美国分子生物学家，1953年同克里克一起发现DNA双螺旋。

弗朗西斯·克里克（Francis Crick，1916—2004）：英国分子生物学家，1962年获诺贝尔生理学或医学奖。

《细胞》（*Cell*）：1974年创办于美国，是具有最大影响力的生物学杂志之一。

《自然》（*Nature*）：1869年创办于英国，是具有最大影响力的自然科学杂志之一。

《科学》（*Science*）：1880年创办于美国，是具有最大影响力的自然科学杂志之一。

詹姆斯·格雷克（James Gleick，1954—　　）：美国作家和科学史家，被认为是有史以来最杰出的科学作家之一。其著作有《混沌》《牛顿传》《费曼传》《信息简史》等。

李善兰（1811—1882）：浙江海宁人，是我国近代著名的数学家、天文学家、物理学家和植物学家等。

自由能（free energy）：指可以做功的能。在细胞内，自由能蕴藏在各种载体分子（如腺苷三磷酸等）里。

腺苷三磷酸（adenosine triphosphate，ATP）：也叫腺嘌呤核苷三磷酸，由一分子的腺嘌呤（A）、一分子的核糖和三分子的磷酸组成，其中后两个磷酸之间的键蕴藏了较高的能量（ > 29.32kJ/mol），所以是一种很好的能量载体。

ATP、鸟苷三磷酸（GTP）、胞苷三磷酸（CTP）、尿苷三磷酸（UTP）是合成 RNA 的材料，GTP 偶尔也会用于能量提供，CTP 和 UTP 的使用要更少。为什么进化单单垂青 ATP 呢？一种说法认为是概率。也有更细致的解释，例如在 ATGU 中，只有 A 不携带氧原子，可能在地球远古没有氧气的时期由 A 组成的物质有更悠久的历史，因此被遴选为能量载体。烟酰胺腺嘌呤二核苷酸（NAD）、黄素腺嘌呤二核苷酸（FAD）、辅酶 A 等都是细胞内重要的代谢中间物，其中包含的也都是腺嘌呤，部分支持腺嘌呤（A）在进化上有更早起源。

酶（enzyme）：生物催化剂，能极大地提高反应速度，是促进生命诞生的重要物质。大多数酶是蛋白质，某些 RNA 也有酶活性。

复制（replication）：以亲代 DNA 为模板合成子代 DNA 的过程，称为复制。复制是生命或者细胞的最重要特征之一。

表观遗传学（epigenetics）：研究非 DNA 序列变化情况下，相关性状的遗传信息通过 DNA 甲基化、染色质构象改变等途径保存并传递给子代的机制的学科。表观遗传学深刻地塑造了人们对遗传学的认识。

转录（transcription）：将 DNA 的遗传信息誊写、录制在 RNA 之中，称为转录。

翻译（translation）：指细胞内以 RNA 分子为模板得到蛋白质的过程。

逆转录（reverse transcription）：将 RNA 中的遗传信息反向传递到 DNA 中，称为逆转录。

反馈（feedback）：系统中输出反过来影响输入，称为反馈。本来是电气工程学概念，被维纳拿来用于控制论。反馈环路能让细胞内事件形成具有逻辑计算能力的程序。

诺伯特·维纳（Norbert Wiener, 1894—1964）： 美国应用数学家，控制论创始人。

内稳态（homeostasis）： 也叫自我调控，是所有自组织系统的基本特征，在生物学领域，内稳态指保持稳定的内部环境的状态。这个词是法国生理学家克劳德·伯纳德（Claude Bernard）（他也是双盲实验的提出者）提出来的，法语叫作 milieu interieur，后来被美国生理学家沃尔特·坎农（Walter Cannon）改为 homeostasis。

细胞分化（cell differentiation）： 在多细胞生物中，干细胞转化为各种具体类型的过程，常常涉及基因表达调控。

基因组编辑（genome editing）： 一种基因工程技术，可以实现在活的有机体内针对 DNA 的插入、缺失、修饰以及替换等操作。同较早的基因工程技术相比，基因组编辑可以实现在特定位点的编辑。基因组编辑始于 1990 年前后，经历了兆核酸酶（meganucleases）系统、锌指核酸酶（zinc finger nucleases, ZFNs）系统、转录激活因子样效应物核酸酶（transcription activator-like effector-based nucleases, TALEN）系统以及 CRISPR 系统。其中 CRISPR 系统更精确、成本低和易于操作，詹妮弗·杜德纳（Jennifer Doudna）和艾曼纽·沙尔庞捷（Emmanuelle Charpentier）因发展基因组编辑的方法，于 2020 年获得诺贝尔化学奖。

熵（entropy）： 一个衡量系统混乱程度的概念，最初于 1865 年由德国物理学家鲁道夫·克劳修斯（Rudolf Clausius）提出，在公式表述上是一个商数。1923 年物理学家普兰克在中国南京讲学时提到 entropie，我国物理学家胡刚复灵机一动，在商数的商旁边加了个火，创造了熵这个字。

埃尔温·薛定谔（Erwin Schrödinger, 1887—1961）： 奥地利物理学家，量子力学奠基人之一，因发展原子理论和保罗·狄拉克（Paul Dirac）分享了 1933 年的诺贝尔物理学奖。著有《生命是什么》一书。

复杂性（complexity）： 这是一个最常见的概念，却也是被了解得不深入的概念，指某时某地用以形容一个系统的所有有趣之处所需要的信息量。

多头绒泡菌（*Physarum polycephalum*）： 一种黏菌，有不同的形态和广泛的地理分布，其生命周期中的一个阶段为变形体（类似疟原虫）阶段，表现为明亮的、黄色的、由一个多核腔肠细胞形成的交错网络。

运输问题（transportation problem）：一个数学和经济学问题，指的是交通优化和资源分配的问题，最早在 1781 年由法国数学家加斯帕尔·蒙日（Garspard Monge）提出。

二、信息：一切事究竟坚固

1. 细胞，信息最好的容器

如果想穿越时光的长河留下印记，什么是最好的方式呢？

"十年不见老仙翁，壁上龙蛇飞动。"十年的时光，墙壁上的墨迹可能宛然犹在。

"百年老屋，尘泥渗漉，雨泽下注。"百年的老房子已经破败不堪了，尘土污泥浸着水迹，如果一下雨，就涌流如注。

"千年石上古人踪，万丈岩前一点空。"千年的石头上古人的踪迹更加难以辨识，空空如也。哪怕是刻在石头上的文字也难耐时光消磨。秦代石鼓文是中国最早的石刻，但经历雨淋日晒，难免有笔画缺失，甚至到了唐代辨认就成了问题。韩愈写过《石鼓歌》，提到石鼓文经历"雨淋日炙野火燎"，以致"年深岂免有缺画"。

"节物风光不相待，桑田碧海须臾改。"万年、百万年、亿年则几乎足以冲刷任何痕迹。美国拉什莫尔山上的总统雕像由花岗岩雕成，每万年风化损失 2.54cm 厚度，考虑到每个雕像的鼻子有 609cm 高，经过 240 万年，总统像将面目模糊，不可复认。喜马拉雅山脉曾是一片汪洋，然而，约 3000 万年前，印度板块和亚欧板块撞击，世界上最高大雄伟的山脉拔地而起。顽石会风化，山海也可移动，那么，什么样的记忆会长存呢？

很显然，在漫长的地质过程中，无机世界并未留下什么痕迹。然而，以细胞为基础的生命一经诞生，就从未中断。细胞已经在地球上存在了约 35 亿年，经历了无数灾难，如太空星体撞击地球、冰河期等，并发展成五彩斑斓的生命世界。我们可以通过细胞中的结构、DNA 的组成了解地质史上发生过的重大事件，如氧气的增加等。细胞不仅在时光长河中留下印记，还在塑造着世界。岁月不饶细胞，细胞亦未曾饶过岁月，细胞记忆能长存。

时光长河中的印记，就是信息。细胞是地球上记录信息的最好方式。

2. 信息的自我读取

如何读取信息是最大的问题。1977 年 9 月 5 日，美国国家航空航天局发射了"旅行者 1 号"探测器，致力于探索太阳系以外的宇宙。截至 2023 年 8 月，"旅行者 1 号"距离地球已达 240 亿 km，是地球上发射的航行最远的人造物品。除动力、通信系统和一系列科学设备之外，"旅行者 1 号"还携带了一张黄金唱片。这张黄金唱片上刻有 116 张照片和各种声音，包括自然声响如动物叫声、各种文化的音乐声、来自 59 种语言的问候声，以及时任美国总统吉米·卡特、时任联合国秘书长库尔特·瓦尔德海姆的简短问候。中国音乐入选的是管平湖先生的古琴曲《流水》。给"旅行者 1 号"携带唱片的目的是希望黄金唱片中的信息能被其他智慧生命读取。然而，这些信息对不具有读取能力的个体而言就如同死物。

以细胞为基础的生命体最大的特点，不仅是携带了信息，而且可以自我读取携带的信息。早在 1855 年，在德国维尔茨堡大学任教的**魏尔肖**就提出了"一切细胞来自细胞"的著名论断。这个论断最深刻之处在于，细胞仅仅携带信息是不够的，还要能够同时读取信息。否则，现在的一个手机的存储能力都足以容纳哪怕是最大的**基因组**，细胞来自细胞的重要性又是什么呢？病毒不具有同细胞相当的地位，同样因为它们无法自我读取，病毒中携带的信息只有在细胞中才能复苏并产生影响。信息自我读取是细胞最重要的特征。

细胞的信息读取能力如此之强，以至于进化上相距极远的两个物种的细胞常常可以读取彼此的信息。现在的遗传信息操作技术可以将大肠杆菌的遗传物质转移到人类细胞里面，或者反过来，这些异种的信息可以互相读取。

信息读取是非常重要的，所以在进化上需要保持一致。或者说，信息读取方式的稳定性可能比信息本身还要重要。信息是不断发展的，如果读取的方式不稳定，那么信息的增加和复杂化也就没有了意义，所以即使经过了亿万年，细胞中信息的读取方式很少发生大的变化。

3. 复杂信息的储存和读取不可兼得

信息的储存和读取是可以用同一个载体的。在地球最初的时期，信息非常简单，储存和读取可以由单一载体实现。这就像一个氯化钠分子的状态指导另一个氯化钠分子同自己结合，最终形成大的晶体。但随着信息的进一步发展，信息变得复杂，储存和读取无法由同一载体实现。

4. 细胞信息的核心

那么，从进化尺度上看，细胞中到底有些什么信息呢？一个矛盾的答案是，本质上，细胞中蕴藏的信息就是如何被读取。就像一本日记，记录的唯一信息是如何阅读日记自身。病毒作为最简单的遗传信息载体，其中记录的就是病毒自身如何感染、传播、复制等。细胞中包含了更多的信息，但无非是如何更好地读取并传递信息。

35亿年，细胞就携带了两件东西，一件是可以传递到永远的遗传信息，另一件是只能私相授受的细胞组分。只有这两者组合，生命才能延续到今天，并走向看不到边际的未来。细胞是大自然创造的承载信息的最坚固的容器。

然而，信息在细胞中的流转不是免费的，需要支付费用，而这费用，就是能量。

词汇表

美国国家航空航天局（National Aeronautics and Space Administration，NASA）：
美国联邦政府下辖的一个独立机构，负责民用太空计划、航空学研究和太空研究，成立于 1958 年。

旅行者 1 号（Voyager 1）：是由 NASA 于 1977 年 9 月 5 日发射的一个太空探测器，作为旅行者计划的一部分，用于研究外太阳系以及太阳风层之外的星际空间。需要说明的是，旅行者 1 号虽然称为 1 号，但比旅行者 2 号晚 16 天发射。

三、能量：夸父的追逐

1. 可控的火

夸父与日逐走，入日。渴，欲得饮，饮于河、渭，河、渭不足，北饮大泽。未至，道渴而死。

——《山海经·海外北经》

人类一直在寻找能量，那么哪种能量最值得拥有呢？从奥林匹斯山上的普罗米修斯到黄河、渭水旁的夸父，他们共同的追求是火。但这种火并不是好的能量来源，因为不可控。夸父逐日求火，但这火过分炽热，使得夸父因渴而死。好的能量应该是可控的火。

对细胞而言，可控的火是最好的能量来源。细胞是生命活动的基本单位，而生命所具有的众多特征中，有序是非常重要的一点，但有序不是免费的。**根据热力学第二定律**，封闭系统倾向于无序。要想实现有序，需要支付费用，这费用，就是能量。细胞能利用能量制造有序，这能量，就是可控的火，这可控的火，就是有机分子的氧化。

有机分子的氧化也叫**有氧呼吸**。因为地球上 92 种常见元素中 C、H、O、N 这 4 种元素的含量占 96.5%，而其中 O_2 是最活泼的分子，N_2 是最不活泼的分子，所以有氧呼吸主要指的是 C、H 同 O_2 的结合；又因为在众多碳、氢的氧化物中 CO_2 和 H_2O 是最稳定的，也就是能量最低，所以有氧呼吸的终产物就是 CO_2 和 H_2O。有氧呼吸所以得名，是因为始于 O_2 而终于 CO_2，而人的呼

吸也是始于 O_2 而终于 CO_2。

　　无论是人的呼吸还是细胞水平的有氧呼吸，都需要氧气。但人们意识到，呼吸的本质是**氧化还原反应**，而氧化还原反应的本质并非氧气的加减，而是用电子的得失和转移来定义。因此，从最纯粹的氧化还原反应的定义，即使没有氧气，电子得失与转移也依然存在，从这个角度看，呼吸也可以进行，于是就有了**无氧呼吸**。

2. 柔和的光

　　有氧呼吸是走下坡，也就是说有机分子中积累的能量会释放出来，同时转化为无机分子如 CO_2 和 H_2O。如果没有富含能量的有机分子的积累，有氧呼吸就不能持续，而生命也就无法存在了。有氧呼吸的逆反应就是**光合作用**。光合作用利用 CO_2 和 H_2O 这些简单的无机物，制造氧气和富含能量的有机物（如糖）。

　　光合作用得以发生，有赖于阳光中的光能。光能得以利用，太阳距离地球的远近很关键，这个距离让光能不至于过大或过小。如果日地距离过远，太阳不足以给地球提供足够多的能量，但如果日地距离过近的话，太阳的能量则会巨大到甚至无法形成稳定的有机物。

3. 精巧的电

　　除了可控的火这种化学能，柔和的光这种光能，细胞还可以利用电能。在众多的能量形式中，核能的尺度过于微小，机械能的尺度过于宏大，这些能量为生命所用，要等到智能发展出来才能实现。光能是细胞的能量基础，而化学能是众多细胞可以有效利用的第一种能量。但随着细胞结构尤其是膜的出现，电能也可以发挥作用了。膜利用自己的选择性通透作用，在两侧形成了**电势差**，从而精巧地捕捉了电。正是电能的出现让细胞发展插上了翅膀，极大提高了细胞的效率，比如细胞中主要供能的机器**线粒体**就是利用电能制造化学能的，而高效的能量使得细胞更复杂，甚至组织分化、器官形成也因而变得可能。

4. 能量货币

细胞要想生存，能量的储存是必不可少的。细胞有氧呼吸和爆炸的本质几乎是一样的，不同点在于：一、爆炸能量过大无法驾驭，而细胞有氧呼吸的能量则相对温和；二、爆炸的能量在瞬间释放，造成破坏，而有氧呼吸的能量则储存起来，供未来和他处使用，可以孕育生命。

细胞内，有氧呼吸和糖酵解的能量储存在**活化载体**分子上，这些活化载体是细胞内的能量货币。马克思在《政治经济学批判》中说过："金银天然不是货币，货币天然是金银。"金银成为货币有两个条件：一是金银自身有价值；二是金银体积小易于携带和兑换，比如汉代的晁错在《论贵粟疏》中写道："其为物轻微易藏，在于把握，可以周海内而无饥寒之患。"活化载体要成为能量货币，第一要本身具有较高能量，第二要比较容易地跨过细胞内的膜系统，易于在细胞内转换。

细胞内的能量货币有很多种，最重要的是**腺苷三磷酸（ATP）、还原型烟酰胺腺嘌呤二核苷酸（NADH）和还原型烟酰胺腺嘌呤二核苷酸磷酸（NADPH）**。腺苷二磷酸（ADP）和磷酸能利用有氧呼吸产生的能量生成ATP，ATP也可以水解为ADP和磷酸，并释放能量，而这些能量可以用来完成一系列非自发的反应，如DNA的**复制**、RNA的**转录**、蛋白质的**翻译**等。NADH和NADPH则是高能电子的携带者。如果说能量是黄金，ATP就是和黄金直接挂钩的国际中心货币，而NADH和NADPH则是一般国际货币，它们常常需要兑换成ATP。

5. 能量银行

ATP可以充当能量货币，但是货币要想源源不断，需要能量银行提供保障，细胞的能量银行发行的储蓄产品中，包括活期的小额存单，如糖原，以及定期的大额存单，如脂肪。

脂肪贮存能量的能力比糖原强得多。1g 脂肪氧化后产生的能量是同质量糖原的 2 倍。不仅如此，糖原还需结合大量的水，以致要想制造同样多的能量，糖原的质量将是脂肪的 6 倍。一个普通成人储存的糖原只够一天的常规活动之用，储存的脂肪则能满足近一个月的相似活动所需。如果我们用糖原而不是脂肪储存能量，那么平均每个成人的体重要增加约 27kg，所以没错，脂肪才是那个让你变瘦的家伙。

可控的火、柔和的光保证了安全，精巧的电提高了效率，能量货币和银行则同时提高了安全与效率。

细胞内的能量可以制造，可以流通，可以储存，更可以使用，这是通过一系列化学反应来实现的，但不是一般的化学反应，而是高效且安全的化学反应。细胞内化学反应的高效和安全，靠的是一种叫作酶的神奇物质。

词汇表

有氧呼吸（aerobic respiration）：有机大分子同氧气反应，经由糖酵解、三羧酸循环和氧化磷酸化，生成水和二氧化碳，同时制造腺苷三磷酸（ATP）的过程。有氧呼吸过程中每分子的葡萄糖可以产生 30 个 ATP，是无氧呼吸的 15 倍。

氧化还原反应（redox reaction）：最初是由氧原子的加入或者移除来定义的，与氧化合的反应，称为氧化反应，从含氧化合物中移除氧的反应，称为还原反应。后来人们发现氧化还原反应的本质可以用电子转移来概括：失去电子的是氧化反应，得到电子的是还原反应。

无氧呼吸（anaerobic respiration）：呼吸的本质是氧化还原反应，氧化还原反应的本质是电子的转移，有氧呼吸以氧气做电子转移的接受者，无氧呼吸以除氧以外的其他分子做电子转移的接受者，包括硫酸根（SO_4^{2-}）、硝酸根（NO_3^-）或者硫（S）。古菌常常采用无氧呼吸的生活方式。

光合作用（photosynthesis）：植物以及一些其他生物（如蓝藻）将光能转化为化学能，即利用水和二氧化碳制造碳水化合物（如糖和淀粉）的过程。

电势差（electric potential difference）：通称电压。

活化载体（activated carrier）：用于储存化学能的分子，如 ATP 等。

腺苷二磷酸（adenosine diphosphate，ADP）：比 ATP 少一个磷酸基团，可以和磷酸生成高能化合物 ATP。

还原型烟酰胺腺嘌呤二核苷酸（reduced nicotinamide adenine dinucleotide，NADH）：代谢过程中一种重要的辅酶，存在于所有的活细胞之中，参与氧化还原反应，携带电子，主要涉及分解代谢。

还原型烟酰胺腺嘌呤二核苷酸磷酸（reduced nicotinamide adenine dinucleotide phosphate，NADPH）：同 NADH 类似，主要涉及合成代谢。

糖原（glycogen）：多分支的葡萄糖多糖，在动物、真菌和细菌中作为能量储备。

四、酶：无限猴子的座椅

1. 生命：莎士比亚全集

话说天下大势，分久必合，合久必分。分分合合是世间万物的规律，在分子尺度上也是如此，化学反应从某种意义上看，就是分合。但这分合，关键的是时间，也就是在一个"久"字上。无机世界，化学反应中的分合自有节律，耗时长久；生命的别致，在于让化学反应分合的速度大大增加，从而使耗时大大缩短。细胞内化学反应的分合分别有"姓名"，前者也被称为**分解代谢**，后者则被称为**合成代谢**，人事有代谢，往来成古今。细胞内代谢得以发生，依赖于一种叫作**酶**的催化剂。

酶最重要的特点是加速化学反应。如果没有酶的加速，即使一个必然发生的事件，也常会花费极长的时间，这就将理论上可能的事变成事实上不可能的事。曾经有一个"**无限猴子定理**"，说的是给无限只猴子每只猴子一台打字机，如果时间足够长，总有一只猴子能打出莎士比亚全集。但这个时间是多长呢？甚至可能超过宇宙的寿命。但如果猴子按键的速度极大提高呢？那么诞生一本由猴子写出的莎士比亚全集的概率就会增加。如果说细胞类似莎士比亚全集，化学反应是猴子打字的话，酶就是一种能成百上千倍提高猴子打字速度的东西，比如一把舒服的椅子。

那么酶的加速能力到底有多强呢？酶加速的极端是 10^{14} 倍。这个数字可能让人看了没有概念，一个例子是**乳清酸核苷酸脱羧反应**：这个反应如果没有酶催化的话，最长可能要花费数百万年才能完成，但在**乳清酸核苷酸脱羧酶**催化的情况下，只需要几毫秒即可完成。另一个更具说服力的例子是 RNA，在没有酶催化的情形下，一个原始的 RNA **基因组**建成的时间大概需要 4 亿年 [12]，而在细胞内，RNA 基因组复制的时间要短得多，比如引起严重急性呼吸综合征（曾称为传染性非典型肺炎）的病毒，它们在感染细胞后大约 5 小时就能制造出新的病毒颗粒 [13]。

2. 酶的加速之谜：井底之蛙

酶为什么对化学反应有如此强大的加速能力呢？

回答这个问题恐怕先要说说物质的本质特征。每种物质都有自己的惯性，而惯性就是物质抗拒改变的力量。**牛顿**在其名著《自然哲学的数学原理》中写道："物质的先天力量就是抗拒力，通过这种力量，每种个体无论大小都保持自己或静止或持续向前的状态。[14]"如果将化学反应看成是原子、分子的运动状态，那么物理学中的物质惯性在化学中的对应就是"化合物惯性"，也就是化合物保持自我不与其他物质发生反应的能力。

"化合物惯性"是我杜撰的词，但我想它揭示了物理和化学的一致性。就像山上的石头不会轻易跌落到山下一样，你需要先把石头推一下，一个哪怕从能量上看倾向于发生的反应，也要先克服"化合物惯性"。在我之前，化学家早已给了"化合物惯性"一个名字：**能障**。

既然物理惯性不是金刚不坏之身，是可以打破的，我们就没有理由认为能障是不能打破的。惯性定律就是牛顿第一定律，而惯性的突破就是牛顿第二定律揭示的，即惯性是如何打破的，答案是外来的力。能障也同样可以被打破，只要我们提供足够多的能量，而这种能量的本质，还是可以看作微观粒子带来的力，这和牛顿定律是一脉相承的。手推石头的能量让石头运动起来，突破化合物能障的这种能量则让化学反应得以发生，化学上称为**活化能**。

很显然，驱动一个化学反应发生所需要的活化能是和能障的高低成正比的，能障越高，所需要的活化能就越大。有些神奇的物质能降低能障，我们称之为**催化剂**，酶就是这样一种催化剂。

酶的强大加速化学反应能力的原理可能极其简单，就是酶能让参与化学反应的分子——这被称为**底物**——的局部浓度增大，彼此接近，可能因此让随机的分子运动在狭小空间里开展，因而化随机为必然。大多数化学反应就是一口井中想要跳到另一口更深井中的青蛙，但是井太宽也太深了，这只青蛙没有凭借，无法逾越；酶则能让井变窄和变浅，这样翻越就容易多了（图 4.1）。

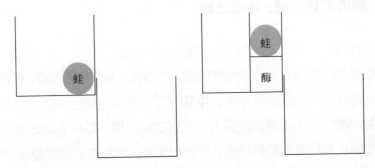

图 4.1　酶的催化机制示意图

3. 酶也是媒介

局部浓度增大只是酶发挥作用的一个方面，更重要的一个方面可以用"媒"来概括，酶也是媒。

化合物的状态是不连续的，这是事物的一个重要特点。这可以描述为一块石头，或者在山顶，或者在山脚，而不会在跌落的途中停留，也就是说我们不会在从山顶到山脚每一个位点上都看到石头。这其实是一种错觉，就像石头当然也有在跌落途中的一刻，只不过相比之下，昙花一现，也就很难被注意到了。化合物生成过程也有中间态，被称为**过渡态**，但停留时间也很短。

而酶最大的特点，是它对化合物过渡态的结合比起始底物和终末产物两种稳定态的结合更高，从而加速了反应。比如从底物到产物的过程中，就至少有底物、酶－底物、酶－产物以及产物四个阶段。

4. 酶活性中心：第三层楼

酶能让底物的局部浓度增大，所以必然呈现口袋或者凹槽的形态，以便容纳底物。酶中这种呈现口袋或者凹槽的结构称为酶的活性中心（又称**活性部位**）。酶除了活性中心就没有其他结构了吗？这是不可能的，就像一个碗不可能只有碗口没有碗底一样，或者像一幢建筑不可能只有第三层一样。事实上，酶的结构中除了活性中心还有很多其他结构，帮助酶更好地发挥作用。

5. 别构酶：通向第三层的电梯

现代文明的一个重要工具是电梯。电梯的一个重要特点是开合受按钮控制。手指对按钮的亲吻唤醒了静默的电梯，开怀容纳万千人物。

有一类特殊的酶，其口袋结构类似电梯间，也会开合，它的另外一个结构则类似按钮，会接受诸如某些小分子的亲吻而启动口袋的开合。这类酶有个别致的名字，叫**别构酶**。

别构酶的最大优势是让细胞内两种截然不同的物质产生相互作用，就像张三触碰电梯的指尖，通过电梯的按钮与开关，作用于李四踩踏地板的足弓。以轻柔的信号产生庞大的效果，这是别构酶的魔力，它对细胞功能的调控是极其重要的。

6. 酶的特异性：有什么样的屁股，就有什么样的椅子

酶能加速反应的前提是让底物分子彼此接近，而具体的化学反应千差万别，这就决定了不可能有一种放之四海而皆准的酶，酶一定是只能针对某一类特殊的反应起作用。即使对同一个分子，当它参与不同反应时，可能所需要的酶都是不一样的，这是酶除加速外的第二个特点：**特异性和精确性**。正如题目的比喻，酶是一把椅子的话，那就是针对特定形状屁股的、私人定制的一把椅子，而且椅子和屁股是严丝合缝的。

7. 酶的保全：并非金刚不坏

酶既然相当于椅子，那就能保全自我，这是酶的第三个特点。椅子能让猴子坐得舒服，打字更快，但本身却基本不会损耗。当然这是一只理想的猴子，永不疲倦，也不会在吃香蕉的时候向伙伴扔椅子。如果真的有一只猴子打出了一句诗，想站起来了，那么椅子还可以给其他猴子坐一坐。酶也是如此，在加速化学反应的同时，却不会浪费自己。如果完成了一个化学反应，酶还能被继续用在另一个反应中。从这个意义上看，酶是金刚不坏之身。

当然这只是理想的情况，事实上酶在反复利用中还是会慢慢损耗。而且这里的"金刚不坏"指的是在化学反应过程中的不坏，酶在化学反应以外并不具有如无机催化剂一样的稳定性。细胞内的酶绝不是不死身，它也会经历生老病死，这其实给酶的调节提供了更多的手段。

8. 酶的局限：常常逆流而上，偶尔左右失衡

酶能加速化学反应，这种被加速的化学反应，既可以是自发的，也可以是非自发的。前面提到一只青蛙从一口井跳到另一口井，这就是自发反应。所谓自发，在物理学上有严格的定义，指的是释放自由能，进入能量较低的、热力学更稳定的状态的过程，也可以描述为**热力学第二定律**的所谓**熵增**的过程。反过来，非自发过程指的是需要自由能以进入能量较高、热力学更不稳定状态的、熵减的过程，如同青蛙从深井跳到浅井。酶虽然也可以催化非自发的过程，但必须有自由能来源。这种能量来源既可以是直接的，也可以是间接的**能量货币**。比如动物进食高能食物，通过氧化反应，将高能食物中的大分子代谢为小分子，同时将食物中蕴含的能量释放，供自己所用，这个过程是自发的分解代谢；食物氧化的能量的一部分会贮存起来，可以用来将体内的小分子组装成大分子，这个过程是非自发的合成代谢（**图 4.2**）。富含能量的食物，如植物的淀粉通过氧化反应分解为小分子如二氧化碳和水，同时释放能量；这部分能量会以活化载体分子（如 ATP）的方式储存，供非自发反应

利用，也就是让细胞可以用小分子合成生物大分子，如 DNA 复制、蛋白质制造等。

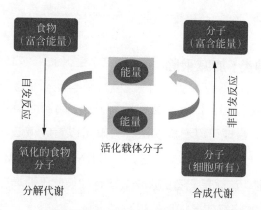

图 4.2　细胞内的自发反应与非自发反应的循环

　　酶能催化自发的和非自发的反应，那么酶无所不能吗？自然界选择酶的边界在哪儿呢？英国化学家、分子生物学家以及生命起源先驱**莱斯利·奥格尔**曾经有两个著名的判断，被称为**奥格尔法则**，其中一条是：假如一个自发的过程太慢或者太低效，一个酶总会发展出来，加速这个过程或者让这个过程更高效。奥格尔的这个法则针对的是自发过程。那么非自发过程是否有相应的酶呢？很多非自发过程中肯定有酶，但是其边界在哪儿我们尚不清楚。比如 DNA 聚合就是一个非自发过程，大自然发展出了各种 DNA 聚合酶，最常见的是催化从 5 到 3 方向的酶，而催化从 3 到 5 方向 DNA 聚合的酶同样存在[15-16]，但最终细胞拒绝对称，而选择了前者作为主导。酶是自然选择的结果。

9. 酶的大、慢、少

　　就像椅子总是比屁股大一样，细胞中酶一般来说总是比底物要大一些，这样才能容纳底物，使底物之间更容易发生反应。

　　因为酶要比底物更大，所以在细胞内的运动也比底物慢很多，甚至似乎是静止的，而酶和底物的遭遇主要是出于底物自身而不是酶的运动而发生的。底物分子的运动如此迅速和频繁，以至于细胞内数量很少的酶和底物总是会相遇。

因为酶可以反复利用，所以细胞中一般酶也比底物数量少。这也是进化中的一种经济考虑。细胞总是精打细算的，这样才能生存。

10. 酶的种类：加减乘除

化学反应五花八门，但无非是合成和分解；酶做的事基本上就是催化合成、分解两件事。合成可以看成加法，分解可以看成减法，连续的合成可以看成乘法，连续的分解可以看成除法。比如 DNA 的结构单位核苷酸含有**脱氧核糖**、碱基和磷酸，这就是三者的加法，核苷酸彼此不断增加形成 DNA 长链，就是乘法。DNA 的降解就是相反的过程。

所有的酶可以分成负责加法和乘法的酶，如**连接酶和聚合酶**；负责减法和除法的酶，如**水解酶**。某些酶虽然从名字中看不出加减乘除，但十有八九不离其本质，如**蛋白激酶**，其实就是在底物上加上磷酸基团的酶，还是加法。

11. 酶链与酶环：孤帆远影碧空尽，落花时节又逢君

如果酶只能催化一个原本缓慢的反应，那只能是令人惊讶；而令人感到不可思议的是，酶能催化一系列的反应，也就是一个酶催化的反应产物可以成为另一个酶的底物，进而生成新的产物，这样的反应首尾相连，成为酶链（图 4.3）。也就是说，不同的酶让化学反应彼此相连，通向远方，这样，一个反应物可以到达某些同初始化合物截然不同的结构与形态。比如糖酵解中，葡萄糖经过 10 步的反应转化为丙酮酸。除了物质，酶链还能传递能量和信息，例如细胞线粒体中有一整套的酶，被称为呼吸链，能将葡萄糖转化成水和二氧化碳，并积蓄能量；细胞内的一种叫作信号通路的传递信息的路径，也常常是由很多酶组成的，通过酶促反应，信息得以传递。酶链整个过程如孤帆远影，直达天际，令人叹为观止。

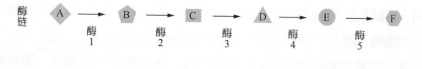

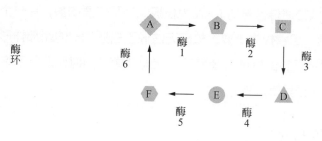

图 4.3　酶链与酶环

（一系列化学反应组成酶链，催化 A 生成 F。在酶链中，前面反应的产物是后面反应的底物，最初的底物和最终的产物不同。在酶环中，前面反应的产物是后面反应的底物，最初的底物和最终的产物相同。）

酶链能让一种底物经历一系列变化，最终转化为另一种物质，这些物质彼此不同。酶还有另一种存在方式，那就是酶环，同样能催化物质引发一系列反应，但底物首尾相同，成为一个环状结构（**图4.3**）。酶环最大的优势在于可以实现组成部分的再生，比较经济。比如几乎所有细胞中都存在的一种酶环被称为**三羧酸循环**，这个循环就是由一系列酶催化的。三羧酸循环中的很多物质是细胞的材料，可以用来生成糖、脂和氨基酸等。酶链成环不意味着从终点又回到起点，而是在这样的过程中，物质得以使用，能量得以更新，信息得以传递。酶环的整个过程就像落花时节，老友重逢，都经历了多彩的人生。

12. 核酶：孤独的巨人

并非所有的酶都是蛋白质。在 1981 年以前，几乎所有人认为酶只能由蛋白质构成，除了 3 个人，他们是**卡尔·乌斯、莱斯利·奥格尔**和大名鼎鼎的 DNA 双螺旋结构发现者之一的**克里克**，3 人都认为 RNA 可能充当酶。但这 3 人仅仅看到了 RNA 具有的可能充当酶的复杂二级结构，却并没有直接证据。1978 年，**西德尼·奥尔特曼**发现了某些酶复合物中 RNA 发挥重要作用。**托**

马斯·切赫和奥尔特曼分别于 1981 年和 1983 年发现了由 RNA 构成的酶，并命名为**核酶**，两人在 1989 年因核酶研究获得诺贝尔奖。

现存的核酶都发挥着极为重要的作用，而且都和 RNA 有关，最重要的有两个，一个是以携带遗传信息的 RNA 为模板制造蛋白质的酶，另一个是对 RNA 进行加工的酶。尽管极为重要，核酶无法像蛋白质构成的酶那样形成复杂的可进行类似逻辑运算的酶链或者酶环。核酶就像史前时代遗留下来的远古巨人，虽功能强大但异常孤独。

13. 酶的效率与安全

酶本身已经让化学反应的速度近乎无限地提高了，还能做得更好吗？细胞内，酶可以形成大的复合物，就像大型市场或者集成电路一样，让功能更加集中，这样效率就进一步提高了。酶链和酶环就像流水线一样，都能增加酶的效率。细胞内酶提高效率的方式就是组合，既有结构上的直接组合，也有功能上的间接组合。

不仅如此，酶链甚至酶环还能让链条中不同的环节之间产生作用，比如某个酶作用的产物会反过来作用于此前隔着几步的酶，这样的作用叫作**反馈**，反馈关系又包括**反馈激活**和**反馈抑制**（图 4.4）。反馈激活与抑制让酶催化的反应有了类似程序或者算法的特征。如果说计算机是用电路运行的程序或者算法，那从某种意义上看，酶催化的反应链条就是生命的程序或者算法。

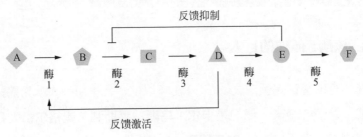

图 4.4 酶的反馈

（酶可以形成复杂的反馈关系，例如在 A 至 F 的酶链中，中间产物 D 可以反过来激活酶 1，这是一种反馈激活；中间产物 E 可以抑制酶 2，这是一种反馈抑制。）

酶具有强大的力量，却无法复制自己，就像战功赫赫的骁将，却没有获得世袭罔替的资格。酶需要自己的主人。地球上酶最初的主人，叫作复制子。

词汇表

合成代谢（anabolism）：指用小分子构建大分子的代谢过程，需要能量，是代谢中合成的方面，也叫生物合成（biosynthesis）。

分解代谢（catabolism）：指将大分子分解为小分子的代谢过程，释放能量，是代谢中分解的方面。

代谢（metabolism）：生物体内用于维持生命的化学反应。

无限猴子定理（infinite monkey theorem）：统计学中对概率的一种描述。最初来自法国数学家和政治家埃米尔·博雷尔（Émile Borel），后来被英国物理学家亚瑟·爱丁顿（Arthur Eddington）引用。

乳清酸核苷酸脱羧反应（OMP decarboxylation）：催化乳清酸核苷酸脱羧生成尿嘧啶核苷酸的反应，自然发生非常缓慢。

乳清酸核苷酸脱羧酶（OMP decarboxylase）：催化乳清酸核苷酸脱羧反应的酶。

活化能（activation energy）：物质倾向于处于更低能量状态，但是这个过程常常不是自发的，因为存在能障，需要提供一部分能量克服能障，这个能量叫作活化能。

催化剂（catalyst）：加速化学反应的物质，在反应中不消耗。

底物（substrate）：化学反应中酶所作用和催化的物质。

过渡态（transition state）：化学反应的不稳定中间态，称为过渡态。

活性中心（active site）：酶分子中发生特定反应的部位。

别构酶（allosteric enzyme）：能够被某些效应分子结合而改变酶活性的酶。

核苷酸（nucleotide）：由碱基、核糖或者脱氧核糖和磷酸组成的化合物，是RNA 和 DNA 的基本组成单位。

核糖（ribose）：一种五碳糖。

脱氧核糖（deoxyribose）：2 位脱氧的五碳糖。

碱基（base）：含氮化合物，分为嘌呤和嘧啶。

连接酶（ligase）：催化两个大分子之间形成化学键以连接的酶。

聚合酶（polymerase）：合成 DNA、RNA、蛋白质等长链的酶。

水解酶（hydrolase）：催化水解反应的酶。

蛋白激酶（protein kinase）：在蛋白质底物上添加磷酸基团的酶。

核酶（ribozyme）：具有催化功能的小分子 RNA。

卡尔·乌斯（Carl Woese，1928—2012）：美国微生物学家和生物物理学家，
　　最著名的发现是确定了古菌，他于 1977 年基于核糖体测序的系统发育分
　　类学鉴定出古菌作为生命的重要分支。

莱斯利·奥格尔（Leslie Orgel，1927—2007）：英国化学家、分子生物学
　　家，因生命起源研究而闻名。他有两个著名的判断，被称为奥格尔法
　　则（Orgel's rules），除了文中提到的第一条，第二条是：进化比我们聪明
　　（Evolution is cleverer than you are）。

西德尼·奥尔特曼（Sidney Altman，1939—2022）：美国分子生物学家，1989
　　年因核酶研究获得诺贝尔化学奖。

托马斯·切赫（Thomas Cech，1947—　　）：美国化学家，1989 年因核酶研究
　　获得诺贝尔化学奖。

五、复制子：宇宙的第二次推动

1. 复制子的一小步，宇宙的一大步

理查德·道金斯在其《自私的基因》中，将生命的起源归结为**复制子**：

"在某一时间点，一个非凡的分子偶然形成，我们称之为**复制子**。同周围其他分子相比，复制子可能既不是最大的也不是最复杂的，但其与众不同之处在于，这是有史以来第一个具有复制自己能力的分子。"

复制子的形成是宇宙间的一件大事。在复制子诞生之前，万事万物都严格地遵循**热力学第二定律**，倾向于能量的耗散和熵的增加，所以"高岸为谷，深谷为陵"，所以"飞流直下三千尺"，所以"随风满地石乱走"。然而，复制子的出现似乎在一定范围内打破了这种过程。复制子能从环境中摄取物质，累积能量，而减少熵的增加；复制子一经产生，虽然作为个体都不免死亡，但作为整体，却一直在发展壮大，所以"昔我往矣，杨柳依依"，所以"一行白鹭上青天"，所以"两岸猿声啼不住"。复制子当然不能在根本上逆转热力学第二定律，但是可以在有限范围内逆天而行。复制子的出现，是生命乃至意识诞生的号角。恰恰是这种复制自己的能力，让复制子在数十亿年后，在地球上繁盛，并获得了一个新名字——基因。

到现在为止，宇宙间似乎只有三件大事：第一件大事是宇宙的诞生，发生于约138亿年前，这件事也被称为第一推动；第二件大事就是复制子的形成，发生于约35亿年前；第三件事则是人类意识的出现，如果将人类语言的形成

作为意识出现的象征的话，发生在 8 万～ 10 万年前。还有和这三件相提并论的大事吗？如果有的话，我想就是意识找到了除细胞以外的新的载体，但我不确定这是否会真的发生。这三件事中，第二件事即复制子的形成尤其不可思议，因为复制子一旦得以形成，哪怕意识的发生也不是那么难以理解了。

2. 生命诞生的费米悖论

复制子形成的概率可能极小。具有稳定性的生命的发生，是一种遵循自然规律的必然吗？即使是，似乎概率也极低。宇宙诞生于约 138 亿年前，地球形成于 45 亿年前，而地球生命诞生于约 35 亿年前。即使单从地球上来看，生命也要花数亿年才能发展出来，这还要考虑地球得天独厚的宜居环境，从这个意义上讲，生命诞生的概率是极低的。著名科学家**图灵**曾打过一个比方，我想可以用来形容复制子形成的概率，即把一支粉笔从教室这头扔到那头，并在黑板上写下一句莎士比亚诗句的概率。佛教《杂阿含经》卷十五记载了另一个类似的比方：大地是一片汪洋，其中有一只瞎眼的龟，每百年浮出水面一次，海水中还有一块带着一个孔的浮木，随风东西 [17]。复制子形成的概率，类似瞎眼龟浮出水面时，头刚好伸进浮木的孔里的概率。

1950 年，美国新墨西哥州洛斯阿拉莫斯国家实验室的一次午餐会上，诺贝尔奖得主**费米**问出了后来被称为**费米悖论**的问题：他们（外星人）都在哪儿呢？

费米悖论的具体内容是：

银河系包含了数千亿颗星星，其中可能有数十亿颗同太阳类似；

这些星星中的一些很可能同地球类似；

根据**哥白尼原则**，地球并非宇宙中心，智慧生命很可能存在于类地行星之中；

这些智慧生命很可能已经发展出高科技，甚至可以星际旅行；

星际旅行可能耗时长久，但只要有很多像太阳一样的星星已经存在了数十亿年，那么星际旅行就可能发生；

考虑到这些可能性，为什么我们从未发现外星人的蛛丝马迹？

费米悖论的关键在于上述每种可能性的具体概率数值。费米对每个生命节点都用了可能这个词，却没有意识到具体的数值。至少从地球的有证据的演化过程来看，费米可能大大高估了这些数值，而生命的发生概率可能比最保守的估计还要低。

3. 稳定者生存

概率既然如此之低，复制子到底是如何形成的？这是一个极难回答的问题，所以很多聪明人干脆放弃了对它的回答，而转向对它进行描述。比如老子说"天之道，损有余而补不足""人之道，则不然，损不足以奉有余"（《道德经》第七十七章）。天就是整个世界，天道遵循热力学第二定律，有余的会损去，不足的会被填补，达到热力学平衡状态，能量耗散、熵增加；人就是生命，人道尽管在总体趋势上是遵循热力学第二定律的，但是独特之处在于，生命在某时某地可以"损不足以奉有余"，即物质得以摄取，能量得以积累，而熵得以减少。甚至**薛定谔**也没有走得更远。薛定谔将热力学第二定律概括的热力学平衡发展为熵的变化，提出一个封闭的系统倾向于熵的最大化；但同时他也指出，生命具有从环境中获得负熵的能力。然而，薛定谔从未说明，为什么生命具有这样的能力。

敢于回答复制子产生问题的人，常常需要引入**生命力**的概念。坦白讲，生命力这个概念自有其优势，它唯一的不足在于缺少可信的物理学解释，因此似乎违反了"**奥卡姆剃刀**"的原则：若无所需，勿增实体。

道金斯曾试图在可接受的物理学框架内回答这个问题，他认为复制子产生的原因可能是"稳定者生存"。在《自私的基因》中，道金斯写道："**达尔文**的适者生存可能是一种更广泛原则即稳定者生存的特例。"可能在地球这样的环境中，复制子的出现，确实达到了一种前所未有的稳定性。这种稳定性的发展日新月异，以至于产生了智慧生命，而智慧生命在稳定性上，比一块石头、一摊清水要高得多。

道金斯比达尔文走得更远吗？似乎是的。"适者生存"从传递的信息上看，和"生存者生存"没有太大区别，因为生存两个字给出了 **1 比特**的信息，即在生存和死亡中表现为生存，而适者两个字也还是在同一个维度定义生存，所以并没有传递更多的信息，整句话还是 1 比特的信息量。"稳定者生存"则完全不同。稳定还是不稳定和生死是不同维度的描述。"稳定者生存"将稳定与否和生死抉择放在了一起，从而传递了 2 比特的信息。

4. 经济性能增加稳定性

具有稳定性的生命的概率固然是极低的，另一个关键问题是，如何实现稳定呢？或者说，可能在"稳定者生存"的基础上再增加信息量吗？

经济性是一个可能的维度。当我选择经济性这个词的时候，我想到的其实是效率与安全，但因为经济性具有更好的概括性，能节省信息量，我就采用了经济性这个词。复制子若要在生存竞争中获胜，只有稳定是不够的，必须在稳定的质量与数量上都占优势，才可能胜出。安全衡量的是稳定的质量，效率则实现了对稳定的定量衡量。

5. 复制与长生

如果说稳定是事物发展的态势的话，那么复制子的确实现了某种程度的稳定。但是，实现稳定的途径似乎绝不仅是复制。因为，至少有两种实现稳定的策略：长生和复制。这里所谓的策略，并非指有意识主体（如人）经过精心谋划之后的理性选择，而是纯粹出于对现实存在的一种描述。为什么我们从未见过长生，却淹没在复制的海洋里呢？

或者可以这样问，同复制相比，长生的优劣在哪里呢？长生的优势是经验的积累。这种经验并非指的是智能生命后天习得的本领，而是事物对外界扰动的应对手段。长生使得事物在漫长的生活史中对各种扰动产生了反应策略。长生的劣势则在于风险。在古代印度的佛教、中国的佛教和道教中都有一个共同时间单位——**劫**。以劫难的劫作为时间单位，反映了两种宗教共同的世界观：长生不可避免地会遭遇风险也就是所谓的劫数，也就无法长生。

因此，复制和长生相比，劣势在于经验无法传递，优势则在于降低风险，增加安全和效率。复制通过产生大量的产物，在各种环境中生存，从而大大降低了风险，多个复制产物"你方唱罢我登场"，效率也得到了保证，从而实现了整体上的长生。换句话说，复制是稳定的一个更优解，尽管同长生相比，略带哀伤。

从复制与长生的比较中，似乎也可以得到一个对于复制的更好的描述：复制指的是子代和亲代有类似的结构，却没有完全一致的经验，即两者之间信息是类似的，物质组成和能量运转的时空都不同。从这种描述中，我们也能看出，晶体的生长不算是复制。

道金斯提到："**凯恩斯·史密斯**提出了一个饶有兴趣的看法，他认为我们的祖先，即第一批复制基因可能根本不是有机分子，而是无机的结晶体——某些矿物和小块黏土等。"

晶体的生长是在自身之上生长，具有一致的经验，时空接近一致，这绝对不同于复制子，后者最大的特点是相对独立性。或者换句话说，只有会发生**分裂**的复制，才是真的复制。

6. 复制与分裂：相见时难别亦难

复制与分裂是一个问题的两个方面。复制重要，分裂更重要。复制后如果不分裂，那就和晶体的生长类似，陷入死寂了。分裂才增加了复制子的生存概率。

复制与分裂似乎是一对矛盾的存在。在体外的体系中，当放入**核酸**作为**模板**时，哪怕没有酶的存在，游离的**核苷酸**也会自动聚合。诺贝尔化学奖得主**曼弗雷德·艾根**提到过一个例子，当把多个**腺嘌呤单核苷酸**（A）和模板即短的多聚**尿嘧啶**（U）混在一起时，即使没有酶，腺嘌呤单核苷酸也会自动聚合成多聚腺嘌呤[18]。但这种聚合可以看作复制吗？复制的一个重要特点是互补模板的分离和各自独立的聚合，这两种反应似乎很难在没有酶的情况下发生[19]。假如聚合是自发的，那么没有任何外力的分裂就变得不可理解了，因为很难想象复制出的核酸链会自动分裂。复制与分裂的矛盾在细胞诞生后可以通过酶和能量来解决，在古老的复制子时代，可能仅仅出于偶然的外力。

7. 复制子与阴阳

那么，复制子采用怎样的方式来复制自己呢？似乎可以有两种方式：从头模拟和互补复制。

假定想要在短时间内复制大量的秦始皇陵兵马俑头部，可以怎么做呢？似乎可以用一个兵马俑头部为模板，一边看，一边利用材料（如黏土）雕塑出一个全新的兵马俑头部，这就是从头模拟。这种方式不但很难做到一模一样，而且速度也很慢。另外一种方式则是以一个兵马俑头部为模板，用黏土将兵马俑头部拓出来，这样就做出了一个相应的新的模板；当然这个新模板和原来的兵马俑头部是不一样的，而是完全互补的；然而，用这个新模板为基础，再填充进去泥土，就可能做出来一个新的兵马俑头部。这种方式就是互补复制。这样做，只要在泥土填充环节注意，就能保证复制品和原始模板的一致，即复制的安全；另外，互补复制比从头模拟的操作要更简单，因而兵马俑头部的制作也更加快捷，即复制的效率大大提高。总之，同从头模拟相比，互补复制在安全和效率上，都有更好的表现。

地球上最早的复制子极可能采取的是互补复制的方式。互补复制的方式显然更具有优势：首先在复制的忠实程度上要更好，甚至当复制子发生某种变异后，还能通过互补实现修复；其次是在速度上，互补型复制显然效率是更高的，因此，互补复制就固定下来了。多年以后，基因也采用了这种互补复制的方式。诺贝尔生理学或医学奖得主、法国科学家**弗朗索瓦·雅各布**认为，进化以修补者而不是工程师的方式工作[20]。

互补复制的经济性即效率与安全的秘密，藏在指数里。以一个兵马俑头部为模板进行对照重塑的方式，类似于线性扩增，就是从一个兵马俑头部开始，复制出 1 个、2 个、3 个、4 个、5 个，等等。以兵马俑头部的互补模具进行生产的方式，从一个头部和其互补的模具开始，每个都可以产生与之互补的模具，因此可以实现 1 个、2 个、4 个、8 个、16 个，等等。指数式扩增是自然界中最神奇与伟大的力量之一。它的力量有多大呢？比如一个成人是由 10^{13} 个也就是 100 万亿个细胞组成，那么要想得到如此多的细胞，需要多少次的一分为二的扩增呢？因为 $10^{13} \approx 2^{43}$，所以答案是差不多 43 次就够了。如果没有指数的神奇，可能现在生命还在进化的路上踽踽独行，直到宇宙的尽头也诞生不了哪怕一个细胞。

互补型复制双方一开始可能是彼此分离的，但随着时间的推移，两者很快结合在了一起。兵马俑头部棱角分明，高低错落，也就很容易发生碰撞，磨损棱角；互补的模具也一样凹凸不平，两者互补嵌合在一起，将兵马俑头面部埋藏在整个结构的内侧，就一定程度地避免了棱角的损坏，从而实现了更大的安全性。但是，互补型复制双方的结合是有代价的，就是复制的效率变低了，因为在实施复制之前，互补的双方必须先分开，而这需要额外的消耗。对于两件不同的事物，可能存在一种比另一种在效率与安全同时更优的情况。但对于同一件事物，想同时增加效率与安全有时是不可能的。若想同时增加效率与安全，必须做出重大改变。

复制子互补复制的特点很像阴阳。老子在《道德经》中指出，"万物负阴而抱阳，充气以为和"，复制子就是这么干的——阴阳互补。

8. 复制子的分工：和而不同

复制子互补的一对在一开始可能看起来没什么两样，但是逐渐可能渐行渐远了。互补中的一条复制子可能逐渐专攻复制，而另一条复制子则可能主要负责帮助复制，也就是具有某些酶的特征 [21]。这互补的一对在此时还只是有轻微不同，但在多年以后，它们就几乎分道扬镳了。这种互补复制子的不对称性为分化提供了基础。

9. 复制子源自比特，却不仅是比特

复制子复制的到底是什么呢？复制子显然是能复制自己的构成材料的，而复制子的能量利用的方式也在物质复制的同时得到重现。但仅有这些吗？

詹姆斯·格雷克在《信息简史》中提到"万物源自比特"（it from bit）。复制子复制的，除物质载体、能量利用方式以外，其实也是信息，生命的信息。复制子能令他时他处的复制子和自身类似，这是因为复制子本身携带了信息。复制子热爱稳定，稳定能保证信息的储存、传递和表达；复制子青睐互补，因为互补能让信息流乘上指数的快车；复制子包含互补的双方，在信息的安全与效率上实现了优化。复制子若要携带足够多的信息，必须具有复杂的结构。但复制子的结构若是非常复杂，又给复制带来了麻烦，所以一个好的解决办法就是基于简单结构的各种排列组合产生的复杂性。

10. 雪中送炭是能量，锦上添花正是酶

复制子从事的是熵减和自由能增加的工作，因此，需要能量来复制自身。

复制子从事的也是单调而又费劲的工作，因此，复制子需要酶的高效解决单调。综上所述，可以看出复制子的一些特征：稳定、互补、彼此结合、具有由简单的组合带来的复杂性，需要能量和酶。那么，什么是复制子的优良载体呢？DNA、RNA 都有成为复制子的潜力。DNA 的复制能力最强，RNA 次之，蛋白质似乎从未发展出自我复制的能力。虽然在今天，几乎绝大多数的物种都用 DNA 充当复制载体，然而，在遥远的过去，RNA 可能才是复制子的甄选。

词汇表

复制子（replicon）：生命诞生之初有能力得到自己一份拷贝的物质。它可能是某种我们并不清楚的物质，但目前科学界一致认为最可能是 RNA。DNA 出现后成为绝大多数复制子的载体，今天某些病毒以 RNA 携带遗

传信息，也可看作是复制子。复制子更是一个思维产物，常常并不确定它对应的物理实体。道金斯在他的《自私的基因》中提到的地球生命之初偶然形成的具有自我复制能力的分子，是基因的前身。

理查德·道金斯（Richard Dawkins，1941—　　）：英国进化生物学家，1976年出版名著《自私的基因》。

阿兰·图灵（Alan Turing，1912—1954）：英国数学家、计算机科学家，以其名字命名的图灵奖是计算机领域最高奖项，被誉为计算机界的诺贝尔奖。

恩利克·费米（Enrico Fermi，1901—1954）：意大利裔美国科学家，世界上第一个核反应堆的设计者，卓越的理论和实践物理学家，1938年诺贝尔物理学奖获得者。

费米悖论（Fermi paradox）：1950年，诺贝尔奖得主费米在去吃午饭的路上同几名科学家讨论不明飞行物（UFO）、超光速旅行等问题，在吃午饭的时候，费米提出：外星人在哪呢？（where is everybody?）这被称为费米悖论。

哥白尼原则（Copernican principle）：地球上或太阳系中的人类不是宇宙的特权观察者，来自地球的观察代表了来自宇宙平均位置的观察，简单说即地球并不特殊。

生命力（vital force）：原来叫Élan vital，法国哲学家、作家亨利·柏格森（Henri Bergson）于1907年在他的著作《创造进化论》（*Creative Evolution*）中提出的概念，用来解释进化和发育。

奥卡姆剃刀（Occam's razor）：解决问题的一个原则，归功于英国方济会修士、哲学家、神学家奥卡姆，一种类似的说法是，当面对同样的预测时，人们应该选择基于更少假设形成的解决方案。奥卡姆剃刀在科学中有广泛应用。

比特（bit）：信息的基本单位，由克劳德·香农最初提出来。

劫（kalpa）：佛教等宗教中的时间单位。根据《丁福保佛学大辞典》，小劫1680万年，20小劫为一中劫，计3.36亿年，80中劫为一大劫，计268.8亿年。

亚历山大·格雷尔姆·凯恩斯-史密斯（Alexander Graham Cairns-Smith，1931—2016）：英国有机化学家和分子生物学家，著有《生命起源的七条线索》等。

曼弗雷德·艾根（Manfred Eigen，1927—2019）：德国生物物理学家，1967年因快速化学反应的研究获诺贝尔化学奖。

弗朗索瓦·雅各布（François Jacob，1920—2013）：法国生物学家，1965年因酶的转录调控研究获得诺贝尔生理学或医学奖。

六、RNA：莽苍危境中的拓荒者

1. 生命的材料：暗夜群星

如果可以把**复制子**看作细胞的前夜的话，那么复制子的材料就是暗夜中的繁星，它们的出现要早得多。人们无法明确知道生命到来之前地球上有哪些生命的材料，可能性最大的有水（这几乎是必然的）、二氧化碳、甲烷和氨。基于这种推测，科学家尝试模拟早期地球的化学环境。他们把上述简单物质放入反应器中，并提供早期地球上可能的能量来源如紫外线、电火花等。几周过去了，科学家发现了有趣的现象：在反应器中，更复杂的分子出现了，例如**氨基酸、嘌呤、嘧啶**（见**道金斯**的《自私的基因》）。另一种说法则认为在复制子诞生的前夜，地球上就存在着氨基酸、**羟基酸**、糖、嘌呤、嘧啶和**脂肪酸**[22]。无论哪种说法，氨基酸、碱基和脂肪酸似乎早已具备了。氨基酸是**蛋白质**的材料，嘌呤、嘧啶碱基则是**核苷酸**的组成部分，后者进一步组成**核糖核酸**（**RNA**）和**脱氧核糖核酸**（**DNA**），脂肪酸则是**膜**的组成材料。总之，在细胞诞生很久以前，地球环境已经做好了材料准备。

随着时间的流逝，这些材料可能形成稍微复杂一点的结构，比如**多聚体**。有些多聚体具有一些特殊的性质，包括可以黏附在某些矿物的表面，不会轻易降解，以及可以以之为基础形成更大的聚集物。但无论如何，这些结构最后总会土崩瓦解，风流云散。

直到某一刻，复制子出现了，地球上终于出现了一种物质，它们不再简单地遵循**热力学第二定律**，刹那生灭，而是长久存在，直到今天，并将在未来继续。但构成复制子的，却不是我们最熟悉的蛋白质。

2. 蛋白质：功能的巨人，复制的矮子

蛋白质具有多姿多彩的功能，这源于其结构。蛋白质一般由 20 种氨基酸组成，所以由 n 个氨基酸组成的蛋白质，仅就其序列而言，就有 20^n 种可能的排列组合，以此为基础，有可能执行各种功能。有的蛋白质如**抗体**形成 Y 字形，便于和**抗原**结合；有些蛋白质如合成细胞内能量货币的一种酶即 **ATP 合酶**，形成一个复杂的类似水坝的结构，同真实水坝的区别在于，积累形成势能的不是水而是**质子**；有些蛋白质如**马达蛋白**有一个大脑袋和两条细腿，腿部负责运送货物，脑袋则沿着细胞内的通道移动。相比之下，核酸由 4 种核苷酸组成，所以由 n 个核苷酸组成的核酸，仅就其序列而言，就只有 4^n 种可能的排列，缺乏足够的结构多样性以承载功能。因此，蛋白质是功能的良好载体。

但是，蛋白质的复制能力不占优势。蛋白质可以很稳定，然而蛋白质缺乏互补配对的类型。尽管常见的氨基酸多达 20 种，但是没有哪两种会形成很好的互补配对结合。有些蛋白质确实能形成螺旋结构，但只是单螺旋，所以蛋白螺旋并不会形成类似 DNA 的互补结构。另外，同只有 4 种核苷酸的 DNA 相比，蛋白质也缺少简洁性，这其实不利于复制。从大自然中存在的极少数的具有复制能力的蛋白质上，我们能看到蛋白质复制的劣势。

朊病毒病可能就是由有复制能力的蛋白质造成的。朊病毒病指的是一种由朊病毒引起的疾病，其特征是可以传染。当含有朊病毒的组织被另一个个体吃掉后，这个新的健康个体体内也会积累朊病毒并发病。**羊瘙痒病**，人类的**克－雅病、库鲁病**，**牛海绵状脑病**都属于朊病毒病。朊病毒病是由朊病毒蛋白的错误折叠和聚集造成的。朊病毒蛋白一般存在于**细胞膜**，尤其是神经细胞的细胞膜表面。错误折叠的朊病毒蛋白能将正确折叠的同类带偏，并呈现多米诺骨牌样的效应。当人类吃了有错误折叠朊病毒蛋白的牛（如海绵状

脑病病牛）的肉后，也常常发病，就是所谓的**疯牛病**。朊病毒蛋白具有罕见的蛋白质复制能力。蛋白质的这种能力没有在进化上进一步发展，可能的原因很多，如缺少互补结构，没有由简单组合形成复杂的能力，等等。

功能要求的是结构的复杂，复制要求的则是结构的简单，所以，两者似乎很难同时拥有。也就是说，对于一个固定的分子，很难在提高功能多样性的同时也让复制变得容易。就像图书馆中的书：被越多的人看就会摆放得越乱，其功能也实现了最大化，但同时，这些满足读者需求实现功能最大化的书，整理起来准备搬家也很困难。

3. RNA：最初的复制子

人们一度认为 DNA 是最初的复制子，连那些最聪慧的大脑也不例外。**薛定谔**在《生命是什么》中提到最初的生命材料，并给出了一个专门词汇——**非周期性晶体**，以便和那些呈周期性排布的晶体如食盐相区别；诺贝尔奖得主、法国化学家**雅克·莫诺**认为生命起源于第一个 DNA 分子；沃森和克里克甚至认为最初的 DNA 可能不用酶就可以实现复制，或者单链螺旋可能充当酶[23]。

然而，越来越多的证据表明 RNA 才是最初的复制子，而 DNA 则可能起源于 RNA。RNA 具有还算稳定的结构，事实上，如果不是环境中充满了 **RNA 酶**——一种降解 RNA 的蛋白酶的话，RNA 可能会遍布于环境之中。RNA 是单链分子，虽然无法在整体上形成互补的结构，但在局部，它们则会按照互补配对的原则进行匹配，类似于 DNA，可以作为复制子载体。因为是单链和局部互补，RNA 以组成的简单性形成复杂性的可能性大大降低了。进一步，这种整体单链、局部互补的结构又会让 RNA 具有复杂的、不同于 DNA 而更接近于蛋白质的复杂结构，从而让 RNA 甚至可以具有酶的活性，这是一种额外的福利。另外，尽管单个的 DNA 分子比 RNA 更加稳定，但在没有膜结构的情况下，DNA 双链维持的成本可能更高。最初的复制子，只能是 RNA。

4. RNA 的中庸之道：左手复制，右手功能

RNA 作为最初的复制子，需要解决三个问题：第一是要有稳定的、互补的以及一定复杂性的结构，以便携带一定量的信息并方便复制；第二是要有自己复制自己的能力，即具有复制酶活性，这个在今天是由蛋白质完成的，但在远古，只能由 RNA 自己实现；第三是除了可复制、能复制，RNA 还必须具备一些基本的代谢能力，这同样需要酶活性。这就像一本书，携带了信息并有被复制的可能，但若要传播还需要复印机，而复印的过程还需要能量等。RNA 是可复制的，这个上面已经提到过。RNA 还要有复制自己的能力，这个值得详细说一说。

RNA 可以具有催化 RNA 聚合的能力。需要强调的是，让人信服 RNA 具有催化自身的能力是很难的，有两个原因：第一是今天的世界从来没有出现直接从 RNA 到新的 RNA 这样的情形，RNA 病毒自我复制是通过**逆转录**为 DNA，再由 DNA **转录**为新的 RNA 来实现的；第二是历史上可能存在直接从 RNA 到新的 RNA 的情形，但我们无法找到任何踪迹，因为那段历史可能距今数十亿年，足以让任何痕迹消失。那么如何让人接受可能存在由 RNA 组成的复制 RNA 的酶呢？答案只能是人工进化。1993 年的时候，科学家在实验室中得到了催化 RNA 复制的酶，起名叫作 **I 类连接酶**。I 类连接酶本身是 RNA，长 120 个核苷酸左右，自身一部分可以作为模板结合互补的 RNA，催化效率是每分钟 100 个核苷酸，这比非催化反应速度提高了 700 万倍 [24]。I 类连接酶的例子表明 RNA 确实可以有复制自己的能力。

除了复制自己的能力，RNA 还要能完成更多的催化功能。在 RNA 世界之中，这些催化功能更多的是针对 RNA 本身，如 RNA 的剪切加工等。一种负责 RNA 的加工的酶叫作**核糖核酸酶 P**，能针对 RNA 进行切割。核糖核酸酶 P 是第一个被确定的具有催化能力的 RNA，也叫**核酶**。

在复制上强于蛋白质，在功能上优于 DNA，这让 RNA 成为地球上最初的复制子、苍茫大地上生命的最初星火。

5. RNA 的进取之道：翻手为云，覆手为雨

对于 RNA，尽管在复制上强于蛋白质，在功能上优于 DNA，同时也暗示了在复制上弱于 DNA，在功能上不及蛋白质。在进化的压力下，RNA 也需要改变。

前面我们提到过，对于一件事物，同时提高效率和安全是不可能的，因为这是跷跷板上的两极，要想二者兼顾，需要做出大的改变。RNA 也是如此，一方面，充分折叠的 RNA 复制起来很难，就像面容精致的头像很难复制一样；另一方面，未能充分折叠的 RNA 又不是酶的好载体，RNA 想兼顾复制与功能，亟待突破。

RNA 的突破，从内部开始。在某个时间点，RNA 的两条链发生了劳动分工，其中一条主要负责复制，而另一条则专攻酶活性，这样，RNA 就在复制和酶活性两方面都得到了提高 [21,25]。

6. RNA 的盛世

RNA 既能复制，又能执行功能如发挥酶的作用，因而统治了早期的地球。人们认为，RNA 世界可能存在了大概 5 亿年。一个广为接受的假设是宇宙起源于 138 亿年前，太阳系和地球形成于 45 亿年前，RNA 世界则存在于 35 亿 ~ 40 亿年前，在 35 亿年前左右，第一个拥有 DNA 作为遗传材料的细胞才诞生。

既然也要执行酶的作用，RNA 就必须演化出各种精巧的结构。RNA 的存在形式虽然没有蛋白质那样多样，但还是要比 DNA 丰富得多。甚至不需要过多的证据，我们也能没有太大偏差地推断出各种 RNA 登场的顺序。

最初的 RNA 是什么呢？作为 RNA 家族的负责氨基酸运输的**转运 RNA**很可能是最早的 RNA 类型。这些 RNA 很小，只有 70 个核苷酸左右，即使在自然条件下形成的可能性也最大。转运 RNA 具有典型的单链、局部配对的结构。转运 RNA 也还能和其他的分子如氨基酸结合，可能实现了最早的对氨基

酸的驾驭。

核糖体 RNA 则可能是接下来登场的 RNA 类型。它们比转运 RNA 大了很多，可以长达 1500 个核苷酸左右，能以如此长度存在，这很可能是核糖体 RNA 结合了一些蛋白质的缘故。

信使 RNA 则可能来得更晚，是在 DNA 成为细胞之主的地位之后才发展出来的。信使 RNA 因此可以更长，序列的变化也很大。信使 RNA 是成熟的 RNA，所谓成熟，指的是它们经过了修剪，除去了一些不必要的部分，而那些未经过修剪的信使 RNA 称为**前体信使 RNA**。

核内小 RNA 只能在信使 RNA 之后出现，因为它们是负责对前体信使 RNA 进行切割以得到成熟的信使 RNA 的。

其他各种类型的 RNA，如**微 RNA、小干扰 RNA** 等则可能发展出来的时间更晚，主要是因为它们的作用都是针对 DNA 的调控设计的，并同多细胞生物的发展有关。多细胞发育中有着非常多的微 RNA，也说明了它们在进化上的姗姗来迟。**PIWI 相互作用 RNA** 则是对动物的生殖系进行保护的，其发展历程就要更靠后了。

除此之外，还有一些其他的 RNA，比如在蛋白质转运到内质网时，需要一个受体，这个受体主要由蛋白组成，但在蛋白质之中含有一个 RNA，作为铰链连接蛋白将蛋白质分成不同的区域，这个 RNA 叫作信号识别颗粒 RNA。真核细胞染色体会形成一个末端，叫作端粒，端粒中也有一种 RNA，可以用来得到 DNA 复制中损失的 DNA，叫作端粒 RNA。

还有些 RNA 也有不可忽视的作用，但却连具体的名字也没有，例如，在 DNA 复制的时候，都需要一个 **RNA 引物**，就像拉链头一样，以起始 DNA 的复制，这个 RNA 就没有名字，它们就像雨滴，只有一个总的名字，其中每一个却不会重要到需要命名（表 6.1）。

5 亿年，在第一个细胞出现前 RNA 为什么单独存在了如此长的时间呢？或者说，在这么漫长的时间里，RNA 做了些什么呢？ RNA 可能在这段时间里，实现了对蛋白质的驯化，而这，可能始于一次亲密接触。

表 6.1　RNA 类型、名称与功能

类型	名称	功能
tRNAs	转运 RNA	氨基酸转运
rRNAs	核糖体 RNA	蛋白质合成
mRNAs	信使 RNA	编码蛋白质
snRNAs	核内小 RNA	mRNA 剪接
snoRNAs	核仁小 RNA	核糖体 RNA 加工
microRNAs	微 RNA	基因表达调控
siRNAs	干扰小 RNA	基因表达调控
piRNAs	PIWI 相互作用 RNA	保护生殖系
lncRNAs	长链非编码 RNA	基因表达调控
SRP RNA	信号识别颗粒 RNA	内质网定位蛋白质运输
telomere DNA	RNA	DNA 复制

词汇表

嘌呤（purine）：碱基的一种，包含腺嘌呤和鸟嘌呤。

嘧啶（pyrimidine）：碱基的一种，包含胞嘧啶、尿嘧啶和胸腺嘧啶。

羟基酸（hydroxy acid）：同时含有羟基（—OH）和羧基（—COOH）的酸，三羧酸循环中的一些酸就属于羟基酸。

脂肪酸（fatty acid）：中性脂肪、磷脂和糖脂的主要成分。动物脂肪和植物油的一个主要差别是前者含有饱和脂肪酸而后者含有不饱和脂肪酸。

肽键（peptide bond）：由一个氨基酸的羧基与另一个氨基酸的氨基脱水缩合而形成的化学键。

抗体（antibody）：也称免疫球蛋白，是一种大的呈 Y 字形的蛋白质，被免疫系统分泌出来识别并中和外源物质如病原体和病毒。

抗原（antigen）：任何能结合于抗体或者 T 细胞受体的外源分子、分子结构或粒子。

朊病毒蛋白（prion protein）：一种蛋白质，具有错误折叠的结构并能将这种错误传递给正常蛋白质。

羊瘙痒病（scrapie）：一种存在于羊中的神经系统退行性疾病。

克－雅病 (Creutzfeldt-Jakob disease，CJD)：人类的一种退行性脑功能失调性疾病，约 70% 患者在确诊后一年内死亡。

库鲁病（Kuru disease）：人类的一种罕见的、不可治愈的、致命的神经退行性疾病。

牛海绵状脑病（bovine spongiform encephalopathy，BSE）：牛的一种不可治愈的、致命的神经退行性疾病。

非周期性晶体（aperiodic crystal）：这是薛定谔在《生命是什么》中创造的一个词，最初用来形容染色体纤丝，以同周期性晶体（如氯化钠）相区别。在薛定谔看来，周期性晶体是物理学家所能遇到的非常复杂的物质，而非周期性晶体还要复杂得多，两者是糊墙纸和刺绣的区别。

核糖核酸酶 P（ribonuclease P）：对转运 RNA 前体进行加工的酶，由 RNA 和蛋白质组成，主要活性来自 RNA。

核酶（ribozyme）：由 RNA 构成的酶。

信使 RNA（message RNA, mRNA）：用于携带基因信息的单链 RNA。

前体信使 RNA（precursor mRNA）：信使 RNA 的前体，经过加工成为信使 RNA。

PIWI 相互作用 RNA（PIWI-interacting RNA, piRNAs）：动物细胞中最大的一类非编码 RNA，主要参与针对转座子的沉默，也在生殖系中起保护作用。

信号识别颗粒（signal recognition particle）：细胞内一种丰富的、位于细胞质中的、保守的蛋白质 -RNA 复合物，在真核细胞中负责识别并引导蛋白质进入内质网，在原核细胞中识别并引导蛋白质进入细胞膜。

生殖系（germ line）：多细胞生物中将遗传信息传递给后代的细胞群。

七、核糖体：金风玉露一相逢，便胜却人间无数

1. RNA：蛋白质的创造者

在遇到 RNA 以前，蛋白质的材料**氨基酸**可能已经存在一阵子了。从生成的容易程度上看，氨基酸的产生比 RNA 和蛋白质容易得多，因此，远在 RNA 出现以前，氨基酸可能就在地球上潜滋暗长了。但是因为不能彼此结合成为蛋白质长链，氨基酸从未获得统治的力量。它们可能偶尔昙花一现，既不能啸聚山林，更无法封疆裂土。偶然相逢的两个氨基酸不过是萍水相逢，终归相忘于江湖。

但是，当氨基酸遇到 RNA 之后，情况就完全改变了。RNA 除能复制自己、催化针对 RNA 的很多反应（如剪接）之外，还能让氨基酸彼此相连，成为**多肽**。多肽进一步延长，成为蛋白质。传统意义上，2 ~ 50 个氨基酸长链称为多肽，而大于 50 个氨基酸的多肽则称为蛋白质。从这个意义上说，RNA 创造了蛋白质。

2. **核糖体：RNA、蛋白质的第一次亲密接触**

RNA 是如何创造蛋白质的呢？对于远古时代 RNA 创造蛋白质的最初时刻，我们是无法了解细节的，但是可以从今天 RNA 制造蛋白质中一窥究竟。在今天，数种 RNA 通过和数十种蛋白质形成复杂的叫作**核糖体**的复合物，共

同实现蛋白质的翻译。核糖体中的 RNA 叫作**核糖体 RNA**，核糖体中的蛋白质叫作**核糖体蛋白**。核糖体 RNA 发挥酶的作用，能够帮助蛋白质形成，而核糖体蛋白质则起到辅助的、供 RNA 附着的骨架的作用。不仅如此，核糖体 RNA 甚至也有帮助核糖体蛋白正确折叠的能力。核糖体可能代表了 RNA 对蛋白质的最初的驯化。

核糖体 RNA 是极其古老的，正因为其古老，核糖体 RNA 可以用来对不同物种进行遗传学分析，通过比较其序列分析其亲缘关系。

有趣的是，今天的核糖体作为制造蛋白质的机器，本身也包含了很多的蛋白质。其实关于 RNA 和蛋白质更准确的说法是，RNA 和氨基酸的亲密接触造就了蛋白质，而随着进化的发展，RNA 本身同越来越多的蛋白质组装成核糖体。在**原核细胞**中，核糖体中的蛋白质多达 55 种，而在**真核细胞**中，核糖体中的蛋白质超过 82 种。

3. 核糖核酸酶：RNA、蛋白质的再次亲密接触

除了核糖体，一种叫作**核糖核酸酶 P** 的结构代表了 RNA 和蛋白质的再次接触。简单的切割和连接是 RNA 最紧迫的任务，如复制需要连接而分裂需要切割。核糖核酸酶 P 主要从事的，是切割 RNA。具体地说，核糖核酸酶 P 能把一种负责运输氨基酸的 RNA 的半成品切成成品。例如大肠杆菌的核糖核酸酶 P 中一个 RNA 具有酶的活性，而一个蛋白质则作为辅助，提高效率、增加对目标的发现机会。

核糖核酸酶 P 中的 RNA 不仅发挥酶的作用，它还对蛋白质有很大的影响。大肠杆菌中的核糖核酸酶 P 的 RNA 能发挥**分子伴侣**的功能，帮助蛋白质折叠。分子伴侣是一种细胞内帮助蛋白质正确折叠的物质，主要是由蛋白质组成的，但最近发现 RNA 也具有分子伴侣的功能。有趣的是，大肠杆菌中的核糖核酸酶 P 的 RNA 不但起分子伴侣的作用，还能发挥质控作用：假如蛋白质发生了某些**突变**，RNA 会加速蛋白质的降解 [26]。

核糖核酸酶 P 同样非常的古老，它几乎存在于所有的细胞之中，包括现在地球上的三类主要细胞：细菌、古菌、真核细胞。核糖核酸酶 P 也同样可

以用来对物种亲缘关系进行分析，虽然在保守性上可能不如核糖体，比如针对**糖单胞菌**的亲缘关系判定时，使用核糖体中的一种 RNA 时不同糖单胞菌中一致性高达 97.6%，而使用核糖核酸酶时，不同糖单胞菌中的一致性则为 94.5%[27]。但是核糖核酸酶用于测序时有其他方面的优势，比如序列较短、成本较低等。

4. 剪接体：RNA、蛋白质的又一次亲密接触

核糖体和核糖核酸酶 P 都非常古老，但还有比较年轻的结构也一样由 RNA 和蛋白质组成，比如**剪接体**。之所以说剪接体年轻，是因为它是针对真核生物中特有的基因中的特殊序列进行加工的，因此其只存在于真核细胞之中。剪接体是细胞内对一种叫作**前体信使 RNA** 进行加工的结构，也是由 RNA 和蛋白质组成的，而其中具有活性的依然是 RNA，蛋白质只起到辅助作用。

5. 政由蛋白质，祭则 RNA

RNA 和蛋白质的结合，是一种双赢。对于 RNA 来说，它的简单结构注定了酶活性缺少上升空间，蛋白质可以完全弥补 RNA 酶活性的不足；对于蛋白质而言，它无法复制和壮大，遇到 RNA 就像找到了组织，恰似久旱逢甘霖。RNA 与蛋白质的结合，好比金风玉露的相逢。而随着蛋白质逐渐显露它的强大功能，RNA 逐渐让贤了。

这当然也不是一蹴而就的，从 RNA 主导功能到蛋白质主导功能，经历了很长一段时间，比如一开始 RNA 依然没有撤离，而是扶上马、送一程。真核细胞中有种负责将蛋白质运输到**内质网**的结构，叫作**信号识别颗粒**，就是由 RNA 和蛋白质组成的，其中的 RNA 已经不再有识别蛋白质的能力，而仅仅是作为铰链骨架结构维持着整个结构的稳定。

随着蛋白质功能的充分发挥，细胞内大部分功能都由蛋白质主导，但这不代表 RNA 的重要性降低了。恰恰相反，RNA 依然负责最主要的部分，也就是蛋白质的翻译。

6. 简并性的伟大之处，得猛士兮守四方

RNA 编码蛋白质的能力看起来很神奇，但其实比想象的要简单。

编码的关键在于一一对应，就像电话其实就是声音和电流之间一一对应一样。对应的内涵有两个，首先是质上的。RNA 同蛋白质一一对应的基础就是两者之间的一一匹配，物理基础就是两者之间的相互作用。RNA 的组成单位即核糖核苷酸需要和氨基酸有适中的相互作用力，如果太弱，编码无从实现，就像声音转换的电流过弱，甚至不比噪声强，因而无法被解析一样；但如果核苷酸和氨基酸的结合太强也不合适，这样核苷酸就无法进一步传递信息，氨基酸也无法形成有效的蛋白质。

其次，核苷酸和氨基酸在数量上也要精确匹配。核苷酸有 4 种，氨基酸则有 20 种，如果一对一或者二对一，即一种或者两种核苷酸对应一种氨基酸，核苷酸显然无法掌控所有的氨基酸；但如果三对一，即 3 种核苷酸对应 1 种氨基酸，4^3=64，那就太多了，核苷酸的组合远多于氨基酸并不是件好事情，因为这意味着多余（64–20=44）的核苷酸组合并不编码氨基酸，那么这些组合就可能被识别为一些特殊信号，如氨基酸合成的终止，这样至少也降低了编码的效率，因为在编码机器扫描 RNA 时，大多数遭遇的将是没有意义的信号（（64–20）/64≈2/3，即 64–20=44 种编码（占 2/3）是无意义信号）。于是核苷酸和氨基酸之间的对应选择了在 4^2 和 4^3 之间的折中：首先由 3 种核苷酸对应 1 种氨基酸，这就至少在数量上保证了每一种氨基酸都有至少一个对应，其次在核苷酸和氨基酸对应时以前两种核苷酸为主，第三种核苷酸即使不同也能识别同样的氨基酸，这种策略，就实现了 4^2 和 4^3 之间的折中。这种不同核苷酸却能识别同样的氨基酸的机制，称为**简并性** [28]。

不得不说，简并性是一项伟大的发明。为了贮存遗传信息、方便复制，核酸的结构要简单，当然也不能太简单，于是 RNA 和 DNA 的核苷酸数量都是 4 个。蛋白质的结构更复杂，氨基酸数量达到了 20 个。而在 4 与 20 之间进行安全、有效的匹配，这就是简并性的巨大力量。

有了核苷酸和氨基酸之间的匹配，RNA 就能编码蛋白质了。英明君主就获得了驾驭良将的能力，得猛士兮守四方。

7. 高谈阔论 RNA，守口如瓶蛋白质

假如你把秘密泄露给了风，就不应责怪风把秘密泄露给了森林。而 RNA 把秘密泄露给了蛋白质，因为蛋白质是秘密的忠实守护者，秘密到此为止，永远不会再传出去。遗传信息从 RNA 传到蛋白质，却不会从蛋白质传回 RNA，这是**中心法则**的后半部分。中心法则是遗传信息的传递法则，完整的内容是：遗传信息可以从 DNA 传递给 RNA，从 RNA 传递给蛋白质，但却不会从蛋白质传递回 RNA[29]。遗传信息的传递是不可逆的。

为什么不存在利用蛋白质得到 RNA 的酶呢？原因可能很多。一个关键的原因是，充分发挥功能的蛋白质结构是复杂的，常常有各种折叠，这让解读信息变得不容易，当然这并非不可逾越的鸿沟，DNA 同样经历复杂折叠。蛋白质在形成过程中还会经历某些修饰，如切割，这种情况还原为核酸就不大可能了。另一个关键的原因则可能是简并性的存在。不同的核苷酸序列可以编码同样的氨基酸以形成蛋白质，那么由氨基酸还原为核苷酸的话，要选哪个呢？这几乎是一个不可完成的任务。正因如此，没有从蛋白质到核苷酸的酶，遗传信息的传递只能是单向、不可逆的。

中心法则是一种否定的原理。自然科学中大多数的结论都是肯定性的，否定的极少，但如果有，那就一定非常重要。物理学中否定性原理很多，如热力学第一、第二定律，两者的另一种描述方式分别是第一类和第二类永动机制造不出来，还有如**宇称不守恒定律**、**泡利不相容原理**等。中心法则规定了遗传信息的流向，可能就像时间的不可逆一样重要。

8. RNA 遗迹

当 RNA 取得统治地位并成功驾驭蛋白质之后，更强大的复制子 DNA 也开始浮出水面了，RNA 的统治地位的终结也就不那么奇怪了。

一个令人奇怪的现象是，假如 RNA 曾经繁盛一时，为什么我们从未见过以 RNA 为遗传信息载体的细胞呢？确实有所谓的 RNA 病毒，它们中 RNA 充当遗传信息的载体，外面包被一层蛋白质称为**衣壳**，但病毒不同于细胞，

必须依赖细胞才能存在。另外，RNA 病毒在进行复制时，必须首先转化成 DNA，这被称为**逆转录**，然后才能复制。没有以 RNA 为遗传信息载体的细胞。一个可能的解释是 RNA 的结构特点注定了它只能成为复制子，却无法成为细胞中的主宰。RNA 成就了复制子，但也只能留下遗迹。

　　如果 RNA 有独立性格，它一定会说："夫运筹策帷帐之中，决胜于千里之外，吾不如 DNA。镇国家，抚百姓，给馈饷，不绝粮道，吾不如膜脂。连百万之军，战必胜，攻必取，吾不如蛋白质。此三者，皆人杰也，吾能用之，此吾所以取天下也。"但让 RNA 没有想到的是，自己只是那个运筹帷幄之中，决胜千里之外的角色，而 DNA 才是不求事必躬亲、垂拱而治的君主。随着 DNA 的到来，RNA 作为主宰的时代，就黄鹤一去不复返了。

词汇表

多肽（polypeptide）：通过肽键连接的氨基酸短链。超过 50 个氨基酸残基组成的常称为蛋白质；氨基酸残基数量少于 50 多于 20 的肽称为多肽；氨基酸残基数量少于 20 多于 2 的肽称为寡肽，包括二肽、三肽和四肽等。

糖单胞菌（saccharomonospora）：一种细菌。

简并性（degeneracy）：不同密码子识别同样氨基酸的特点。

热力学第一定律（first law of thermodynamics）：能量转化与守恒定律。

热力学第二定律（second law of thermodynamics）：有很多描述，其中一种是封闭系统熵增。

宇称不守恒定律（parity nonconservation）：弱相互作用中，互为镜像的物质的运动不对称。

泡利不相容原理（Pauli exclusion principle）：在费米子组成的系统中，不能有两个或两个以上的粒子处于完全相同的状态。

八、DNA：我来，我见，我征服

1. 复制子天然不是DNA，但DNA天然是复制子

复制子稳定、青睐互补、渴望彼此结合、具有由简单的组合带来的复杂性，因而能够携带复杂信息，在以上的每一方面，DNA都超出了RNA。

DNA可以看作RNA的某种特殊和复杂形式。RNA和DNA的组成相差很小。RNA和DNA都是由**核苷酸**组成，而核苷酸则是由**碱基、核糖**或者**脱氧核糖**以及**磷酸**组成。RNA和DNA的第一个不同在于核糖，RNA中的是核糖，DNA中的则是脱氧核糖，也就是在糖环的第二位上少了一个氧原子。RNA和DNA的第二个不同在于碱基，RNA中的碱基采用的是**腺嘌呤（A）、鸟嘌呤（G）、胞嘧啶（C）、尿嘧啶（U）**，而DNA中则是用**胸腺嘧啶（T）**替代了尿嘧啶，两者只差了一个**甲基（—CH₃）**。在DNA中腺嘌呤和胸腺嘧啶配对（A-T），鸟嘌呤和胞嘧啶配对（G-C），而在RNA中，则是腺嘌呤和尿嘧啶配对（A-U）（**表8.1**）。同RNA中的核糖相比，DNA中的脱氧核糖可以看作一种特殊的形式；同RNA中的尿嘧啶相比，DNA中的胸腺嘧啶可以看作一种复杂的形式。

表8.1 RNA和DNA的差异

组成	核酸	
	RNA	DNA
碱基	A、U、G、C	A、T、G、C
糖	核糖	脱氧核糖（2位脱氧）
配对	A-U、G-C	A-T、G-C

DNA 比 RNA 稳定的原因很简单：核糖发展为脱氧核糖，稳定性大大提高了。RNA 核糖糖环的第二位包含有一个活性氧，会攻击核糖与磷酸之间的**磷酸二酯键**，这也是 RNA 不稳定的原因之一；从核糖到脱氧核糖，RNA 的糖环的二位的活性氧被移除了，所以 DNA 更加稳定。尿嘧啶（U）转化为胸腺嘧啶（T），依然可以同腺嘌呤（A）配对，即从 U-A 变为 T-A，而且变得更加安全了。因为化学结构的稳定性，胞嘧啶（C）有自发脱氨基变成尿嘧啶（U）的倾向，这种倾向如此强烈，以至于**真核细胞**每天要经历大概 100 次的胞嘧啶脱氨基事件。也就是原来的胞嘧啶（C）和鸟嘌呤（G）按 C-G 配对，而脱氨基后变成了错配的 U-G 配对。因为 U 并非 DNA 中常见碱基，错配的 U-G 在 DNA 中可以通过修复机制得以纠正；但通过脱氨基产生的 U 在 RNA 中却无法被识别，错误也就累积了。因此，尿嘧啶转化为胸腺嘧啶进一步增加了稳定性。

DNA 天然具有互补的双链结构，并将变化包裹在内部。在 DNA 的结构中，核糖和磷酸形成在外的骨架，而配对的碱基包在内侧。这样的结构，让携带信息的碱基更安全。相比之下，多数天然 RNA 基本上是单链的，只在内部存在局部配对，参与配对的双螺旋占总数的 40% ~ 70%。

因为更稳定，DNA 具有形成长链的巨大优势，这样，DNA 就具有由简单的组合实现极大复杂性的能力。RNA 只能形成短的结构，而 DNA 以双螺旋的方式不断延伸，天矫多姿，腾挪辗转，跨越了时空，在一片沉寂的无垠宇宙中透出一抹亮色。

2. DNA 的王者路，后来居上

因为 DNA 的巨大优势，RNA 被替代就只是时间问题了。DNA 来自 RNA 有支持证据[30-31]。最直接的证据是 DNA 的组成单位**脱氧核糖核苷三磷酸（dNTP）**来自 RNA 的组成单位——**核糖核苷三磷酸（rNTP）**，这由核糖核酸还原酶实现。

DNA 与 RNA 相差的是核糖与脱氧核糖、尿嘧啶（U）与胸腺嘧啶（T），整个过程由两步完成。第一步是含有尿嘧啶（U）的 DNA（**U-DNA**）的产生，这是因为 rNTP 有 4 种即 **ATP**、**CTP**、**GTP** 和 **UTP**，它们经历从 rNTP 到 dNTP 的改变也只能产生 **dATP**、**dCTP**、**dGTP** 和 **dUTP**。由 dUTP 组成的 DNA 就是 U-DNA。一个证据是某些现代病毒用 U-DNA 作为基因组。RNA 转化为 DNA 的第二步则从 U-DNA 转化为含有胸腺嘧啶的 DNA（**T-DNA**），即 dUTP 转化为 dTTP（**图 8.1**）。

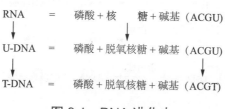

图 8.1　DNA 进化史

3. DNA 的王者路，艰难的旅程

DNA 虽然具有优势，但替代 RNA 绝不是轻而易举的，可能要经历艰难而漫长的旅程。

首先是发展出由**蛋白质组成的、以 RNA 为模板的 RNA 聚合酶**。最初在 RNA 世界里，RNA 自己可以同时实现复制和执行具体功能。例如人们在实验室中得到了**由 RNA 组成的、以 RNA 为模板的 RNA 聚合酶**[32]，而且通过进一步的筛选得到了活性更好的聚合酶，如能以 RNA 为模板精确地添加 95 个核苷酸[33]。但是，RNA 结构多样性毕竟受限，所以后来发展出了由蛋白质组成的、以 RNA 为模板的 RNA 聚合酶。今天的病毒中都含有由蛋白质组成的、以 RNA 为模板的 RNA 聚合酶，例如大名鼎鼎的**脊髓灰质炎病毒**、**新型冠状病毒**。其次要有能以 RNA 为模板合成 DNA 的酶。在 RNA 世界里有很多 RNA，同时 rNTP 也经历了到 dNTP 的转变（前面提到了），欠缺的就是以 RNA 合成 DNA 的酶，即所谓的**逆转录酶**。再次是要有能以 DNA 为模板**复制 DNA 自身**的酶，也就是 **DNA 聚合酶**。最后还要有以 DNA 为模板**转录成 RNA** 的酶，即 **RNA 聚合酶**。逆转录、DNA 复制和 DNA 转录都涉及复杂的

DNA，其实就是中心法则的前半部分，即 RNA 和 DNA 之间的关系。事实上，逆转录酶、DNA 聚合酶和 RNA 聚合酶是同源的，可能都来自古老的以 RNA 为模板的 RNA 聚合酶（图 8.2）。

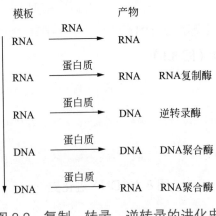

图 8.2　复制、转录、逆转录的进化史

4. DNA 复制过程，2+2=3+1

RNA 复制自己还是相对容易的，因为即使在今天，最长的 RNA 也不过几千个核苷酸，在远古时期显然更短。DNA 复制自己绝不容易，在今天，DNA 可能达到数亿个碱基对，比如人类一号染色体含有高达 2.2 亿个碱基对[34]，即使是大肠杆菌，也有几百万个碱基对。那么，DNA 复制是如何实现的呢？

DNA 在复制时，双链必须部分打开，就像两个字母 Y 头碰头聚在一起一样，这样的结构有个名字，叫作**复制叉**。一种叫作 **DNA 聚合酶**的酶会结合在复制叉上，启动 DNA 的复制。随着复制的进行，复制叉不断变大。

DNA 复制首先是**半保留复制**。具体的情形是，DNA 双链先要成为不完全分开的 2 条单链，并以每一条为**模板**进行复制，由 2 变 4。这就像字母 H 想变成 2 个 H，那需要先撕开 H 变成 2 个大写的 I，它们是原来就有的；以每一个 I 为模板，生成配对的 I，最后变成 2 个 H，这 2 个新的 H 中的每一个都有一条新的 I，一条旧的 I。因为这 4 条链中必然有 2 条是旧的，所以 DNA

复制也叫半保留复制。这个半保留其实还有隐含的意思，也就是 2 条旧链彼此之间的联系也是暂时部分保留的，而不是完全分开，这固然是一种无奈，却也未尝不是一种幸运，因为这种联系让以不同链为模板进行纠错成为可能。

DNA 复制还是**半不连续复制**。DNA 复制时有两旧两新，但两新差别很大。严格地说，DNA 的 H 形结构的 2 条 I 的两端并不一致，它们和铁轨不一样，2 条铁轨中的每一条都没有方向，DNA 的 H 形结构中的 2 条 I 其实更像是筷子，是有方向的，方向是从 5 到 3，就像筷子的一端标记为 5，另一端标记为 3 一样。这所谓的 5、3，指的其实是组成 DNA 的脱氧核糖核苷酸中，磷酸结合在糖环上的位置，是糖环的第 5 个或者第 3 个碳原子。因为 DNA 是互补的双链，所以每个 DNA 的 H 形结构中的 2 个 I 是 2 根方向相反的筷子。所以在复制时，新生链的方向理论上也有 2 个，一个是从 5 到 3，一个是从 3 到 5。然而，事实上是所有的 DNA 在复制时都是从 5 到 3 的方向，这就导致了两条新生链中，一条是立即复制的，称为**先导链**，另一条则是当复制叉打开、暴露出较长的从 5 到 3 的方向的一段后，才会起始，称为**后随链**。基于此，DNA 复制也是半不连续复制，因为两条新生链中一条是连续的，另一条是不连续的。

概括下来，DNA 复制是半保留、半不连续复制（**图 8.3**）。也就是说，DNA 复制是 2+2，即两旧 + 两新，但是两新又有所不同，一条是连续的新链，和两条旧链一样，另一条是不连续的新链，所以是 3+1，3 条连续的链和 1 条断续的链。从这个意义上，2+2=3+1。

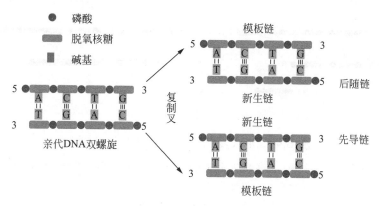

图 8.3　DNA 半保留、半不连续复制

DNA 的半保留复制是互补性结构的天然产物，或者说，DNA 的互补配对结构决定了只能采取半保留复制。相比之下，DNA 的半不连续复制似乎就没有那么不可替代了。难道细胞不能发展出从 3 到 5 方向的 DNA 聚合酶吗？这样，当复制叉打开后，两个不同的酶，一个从 5 到 3 复制，一个从 3 到 5 复制，并驾齐驱，你追我赶，效率将大大提高。细胞正因为只有从 5 到 3 方向复制的酶，才带来后续的一系列拉低效率的事件，比如后随链的连接，再比如后面将要提到的**端粒**的复制。那么，细胞半不连续复制的根源在哪里呢？

5. DNA 聚合酶的不对称，非不为也，实不能也

事实上，细胞中是存在从 3 到 5 方向的聚合酶的，酵母中存在一种向**转运 RNA** 上沿着从 3 到 5 方向添加核苷酸的酶[16]。然而今天大多数 DNA 聚合酶只能催化从 5 到 3 方向的聚合，很可能是因为从 3 到 5 方向复制的成本过于高昂（**图 8.4**）。

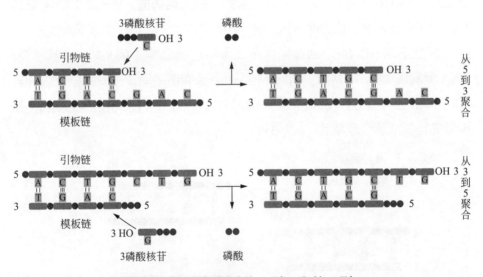

图 8.4　DNA 复制时从 5 到 3 和从 3 到 5

（*大多数 DNA 聚合酶总是催化从 5 到 3 的复制，由即将到来的核苷三磷酸提供磷酸基团，由引物链上 3 端提供羟基。假定存在从 3 到 5 的 DNA 聚合酶，将不得不由即将到来的核苷三磷酸提供羟基，由引物链上 5 端提供磷酸基团。*）

DNA 为什么采用这种从 5 到 3 的单向复制的方式呢？或者说为什么从 3 到 5 方向的 DNA 聚合酶没有发展起来呢？一个可能的解释是概率，如果是从 5 到 3 方向复制，将是游离的核苷三磷酸提供磷酸，而生长中的 DNA 链提供 3 端羟基，这是一个有利的反应方向，因为核苷三磷酸水解产生磷酸的过程是产生能量的过程。如果是从 3 到 5 方向复制，将是生长中的 DNA 链提供磷酸，而游离的核苷三磷酸提供 3 端羟基，这同样是一个有利的反应方向。问题在于，在这从 3 到 5 方向的反应过程中，将有两个磷酸基团，因为存在相对浓度，很显然高浓度游离核苷三磷酸攻击 DNA 链羟基端的概率要更大，而低浓度 DNA 链磷酸攻击游离核苷三磷酸羟基的概率要低得多。

另一个可能的解释是纠错成本更低。在从 5 到 3 方向复制过程中，如果新到的核苷酸错配，常会水解掉，结果是裸露的羟基依然可参与后续的聚合反应，因为游离的核苷三磷酸总是携带有磷酸基团。在从 3 到 5 方向复制过程中，如果新到的核苷酸造成错配，当然也可以水解掉，但是水解掉后剩下的 5 端磷酸就秃了，无法攻击游离磷酸的羟基端。这样，纠错的成本将是复制的终止，这是 DNA 复制无法承受的。

综合下来，从 3 到 5 方向 DNA 复制的成本过于高昂，今天细胞中 DNA 复制就仅采取了从 5 到 3 的方向。

6. DNA 聚合酶：可以反复使用的拉链头

DNA 链和拉链有很多相似之处，也有明显不同。两者的不同之处在于，拉链是没有方向的，而 DNA 双链中的每一条都有方向，或者从 5 到 3，或者从 3 到 5。

两者之间相同之处有两个：第一个是拉链的拉头也是附在两条链之上的，而 DNA 复制时，DNA 聚合酶会结合其上，这是通过特殊的蛋白质实现的；第二个是拉链互相咬合的两条链尽管匹配，但是要想起始一条拉链，需要拉链尾部的插销和插座先对好，而 DNA 复制时，光有模板也不行，还需要一小段已经同模板匹配的核酸才能起始。起始 DNA 复制的这一段核酸短序列叫作

引物，这是由一种叫作 **DNA 引物酶**的蛋白质添加的。

对于先导链，每次起始一条 DNA 链的复制，一个引物就够了；但对于后随链，一个引物却不够，因为后随链是当复制叉打开后，一段一段合成的，每合成一段 DNA，都需要一个引物（图 8.5）。

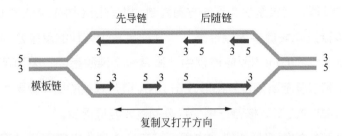

图 8.5　DNA 复制时的先导链和后随链

（随着复制叉的打开，暴露出从 5 到 3 和从 3 到 5 两条模板链，其中只有一条链可以用作模板实现连续复制，这就是先导链；另一条只能不连续复制，之后再进行连接，这就是后随链。）

有趣的是，DNA 复制起始的引物并不是 DNA，反而是 RNA，这可能也是 RNA 时代留下的遗迹。这些引物 RNA 在完成历史使命后，会被 DNA 替换。这看起来似乎是一种很浪费的方式，因为要先合成 RNA，然后再替换，如果选择 DNA 引物，就不要替换了。那么，为什么不直接采用 DNA 作为引物呢？

答案可能还是效率与安全的权衡。之所以需要引物酶，是因为 DNA 聚合酶无法从头起始；DNA 聚合酶之所以无法从头起始，是因为 DNA 聚合酶有很强的纠错能力。结果就是，有纠错能力的 DNA 聚合酶无法从头开始，同样，可以从头起始的 DNA 引物酶的纠错能力很差。事实上，DNA 引物酶的出错率大概是 1/100 000，这远远高于 DNA 聚合酶的出错率，将导致错误 DNA 的大量积累。用 RNA 做引物，相当于天然地给这些位置做了标签，从而可以很容易地移除或者替换。

7. 长链 DNA 的复制，夜深千帐灯

DNA 是通过简单的组合实现巨大复杂性的典范，然而，随着 DNA 的增长，复制变得异常艰难。

DNA 的解决之道就是增加**复制起点**的数量。对于短的 DNA，复制的起始点有一个也就够了，对于长的 DNA，比如人类细胞中的 DNA，则需要数量很庞大的复制起点，才能满足复制的效率要求。大肠杆菌 460 万个碱基对的 DNA 只有一个复制起点，这说明它的效率是很高的，事实上大肠杆菌中 DNA 复制的速度是 1000 碱基对每秒，这样的话，大肠杆菌全部 DNA 复制只要 1 个多小时就完成了，这也解释了为什么细菌长得这么快。真核细胞则无法达到这么高的复制效率。人类细胞 DNA 复制的速度是 50 碱基对每秒或者每个核苷酸 0.02 秒，如果按照每个染色体有 1.5 亿个核苷酸（人类基因组含有大约 32 亿个碱基对、64 亿个碱基，如果除以 23 对 46 条染色体，平均每条染色体大约有 1.5 亿个核苷酸），那么复制一条染色体的时间是 0.02 秒 / 个 × 1.5 亿个 ≈35 天。很显然，35 天这个时间是无法让细胞接受的，那意味着无法适应外界环境的迅速变化。事实上，人类基因组中共有 3 万～5 万个复制起点，在浩瀚的基因之漠中如点点灯火。结果，人类细胞全部 DNA 的复制速度大概也是 1 小时。尽管同原核细胞相差极大，但真核细胞通过增加复制起点的数量，将 DNA 复制速度居然追平，这是非常惊人的。

8. DNA 螺旋的破解之道，扭曲是扭曲者的通行证

DNA 通常不仅长，还有着复杂的扭曲。DNA 首先形成**双螺旋**，这是由其自身结构决定的，因为双螺旋是长链最稳定的状态；随着 DNA 长度的增加，它们会进一步扭曲成更复杂的螺旋，这同样是由能量的最低倾向或者说**热力学第二定律**决定的。

DNA 的扭转同样给复制带来了麻烦。有一种酶能解决这个问题，这就是**DNA 解旋酶**，它们能打开 DNA 双链，就像破竹的刀子一样。当然，打开的

双螺旋就像撕开的胶带，还是会互相黏合，有种蛋白质能解决这个问题，这就是**单链 DNA 结合蛋白**，它们就像胶带的隔离层一样。DNA 解旋酶只能针对双链，对 DNA 的高度扭曲的拓扑学结构是无能为力的，有种酶能解决这个问题，这就是 **DNA 拓扑异构酶**。所有这些酶以扭曲对扭曲，使得 DNA 的复制变得可能。

9. 染色体的起源，从 0 到 1

　　DNA 拓扑异构酶等确实能一定程度解决 DNA 扭曲的问题，但自有限度，这种限度可能决定了 DNA 的存在形式。大多数原核生物的 DNA 是环状的，比如大肠杆菌的 460 万个碱基对是存在于一条环状 DNA 分子之中的，线粒体的 DNA 也是环状的。但是真核生物的 DNA 大多是线状的。为什么会这样呢？一个很可能的原因是，环状 DNA 相当于两端固定，当其中一部分打开用于复制或者转录的时候，热力学趋势导致其扭转高度复杂，以至于解决 DNA 空间结构的问题变得过于棘手。而线状 DNA 两端不固定，缓解拓扑学扭曲要容易得多。线状 DNA 或者说染色体的出现，可能是解决 DNA 扭曲问题的大招。

　　那么环状和线状 DNA 存在的分界在哪里呢？似乎可以做一个推测，大肠杆菌的 460 万个碱基对的 DNA 是环状的；已知的最大的环状 DNA，是有 1300 万个碱基对的**纤维素囊泡黏杆菌**基因组 [35]；而人的最小的 21 号染色体含有 4800 万个碱基对，则是线状的 [36]。因此，可能 1300 万左右就是环状 DNA 的极限了 [37]。线状 DNA 固然突破了环状 DNA 的极限，仿佛实现了从 0 到 1 的跨越，然而，这种转换却不是没有代价的，这个代价就是 DNA 末端的复制。

10. 端粒，DNA 的手套

　　DNA 末端给复制出了个难题。DNA 总是从 5 到 3 方向复制的，对于线状 DNA 末端，总有一条单链是先导链，DNA 聚合酶完全可以用它做模板，从头复制到尾，尾巴就是 DNA 的末端；但是对另一条互补的单链即后随链来说，则只能从 DNA 的末端开始，不连续地复制。由于后随链的复制需要一段 RNA 作为模板，之后被 DNA 替代，于是这段位于 DNA 尾部的、从 5 到 3 方向的 RNA 就应运而生了，可是它却不能被替换。之所以如此，是因为用于替换的 DNA 聚合酶无法从头起始，而需要替换的这条 RNA 上面没有更多位置了，于是 DNA 聚合酶没有办法对付这最末端的 RNA。如果没有任何其他机制，DNA 复制一次就会短一次，短的部分就是 RNA 引物的长度——大概 10 个核苷酸大小（**图 8.6**）。

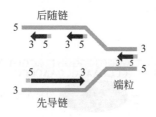

图 8.6　端粒复制的困境

（DNA 复制端粒时，先导链没有问题，一路到底，复制开始时的 RNA 引物（浅灰色）会被替换，替换的方式是由 DNA 聚合酶实现的，它们从上游走来，一路贯通；后随链中其他的片段 RNA 引物的替换也没有问题，有问题的是最靠近末端的 RNA 引物，它没有上游，也就不会有 DNA 聚合酶来对它进行修复。如果没有其他机制，每复制一次，端粒将变短一些。）

　　原核细胞基本没有这个问题，因为大多数原核细胞的 DNA 是环状的，环状 DNA 没有所谓的 DNA 末端。于是，真核细胞在染色体末端发展出一种叫作**端粒**的结构。端粒中含有特殊的 DNA，是多个短序列的重复。在人类的 DNA 中，这种短序列是 GGGTTA，而重复可达 1000 次。有了端粒，DNA 的末端就不再是末端了，所以后随链可以由 DNA 聚合酶从容复制。端粒就像是手套，可以减少手的磨损（**图 8.7**）。

　　但端粒在复制时末端也依然存在无法修复的问题，就是手套也会磨损，怎么办呢？细胞中发展出一种叫作**端粒酶**的蛋白质，可以修补端粒，就像给手套打补丁（**图 8.7**）。端粒酶的效率有多高呢？理论上没有端粒保护的 DNA 每复制一次 DNA 可能减少 10 个碱基对，而在人类的 DNA 中，每年 DNA 末端才减少 70 个碱基对，可见端粒酶是极其强大的。

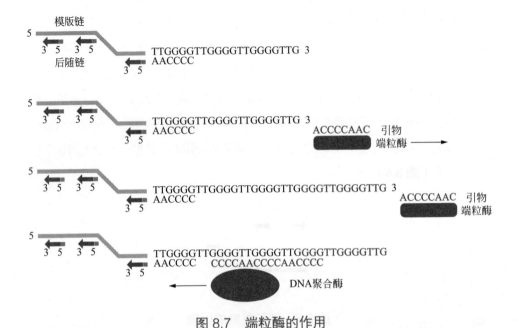

图 8.7　端粒酶的作用

（DNA 端粒存在短的重复序列，在图中所示的四膜虫中其序列是（TTGGGG）$_n$。这个序列的存在让后随链最靠近端粒端的 RNA 引物也得到了替换，从而解决了 DNA 末端复制问题。端粒的重复序列当然也会变短，因为最末的序列还是无法复制，但是端粒酶能不断延伸 DNA 末端重复序列，从而避免了 DNA 的变短。）

11. 端粒酶，老而不死是为贼

端粒酶虽然强大，但本身也受到调节。有些细胞中端粒酶活性下降，于是在复制过程中，DNA 缩短加速，最后会导致问题 DNA 的形成，以至于细胞永久退出分裂，这个过程叫作**复制性细胞衰老**。复制性细胞衰老并不是毫无益处的，它能防止不可控的细胞增殖，也就是癌症的发生。对于细胞而言，老而不死是很危险的。

12. 什么是我？什么又是死亡呢？

复制子稳定、互补、彼此结合，都是为了更好地复制自我；DNA 结构稳定，并有由简单组成带来的序列复杂性，从而让复制自我的过程变得更安全和高效。但问题是，什么是"我"？"我"的终结就是死亡吗？或者，从 DNA 的角度而言，什么才是"我"呢？什么又是死亡呢？

中外对"我"的理解不同。在中文中，"我"字左边是个提手，右边是个戈。对于"我"，宋朝人徐锴解释道："从戈者，取戈自持也"，清朝人陈昌治则解释为："凡我之属皆从我"，也就是需要防御的、一致对外的是"我"。可见中国古代对"我"的理解是：**需要与外界划分界限并要防御的实体**。西方文化中的"我"用 ego 表示，意思是：自我就是感受、行动和思考的东西（the self, that which feels, acts, or thinks）。西方文化对"我"的定义似乎不够明晰，他们自己也说：对我进行定义就像试图咬自己的牙齿（Trying to define yourself is like trying to bite your own teeth）。

相比之下，我觉得中国人对"我"的理解更好。基于此，什么是"我"取决于怎么划分界限，而一般来说，我们选择的是个体这样一个界限。然而，有什么理由阻止我们选择其他的界限呢？或者说，选择个体的合法性在哪里呢？又或者说，是什么原因造成了我们约定俗成、根深蒂固地将"我"建立在个体之上呢？

我们之所以将"我"这一"需要与外界划分界限并要防御的实体"建立在个体之上，很可能是因为进化过程中，个体是最简单和显而易见的能够与外界划分并需要防御的实体。这是因为同最接近的群体相比，个体似乎变化更小、一致性更大，或者在漫长的生命历程里，个体也经历齿更发长到齿落发秃，但其变动远比一个种群要小，哪怕种群没有任何其他变动，只有平稳地变老，那么其变动也是个体的 n（群体中的个体数量）倍。比较小的变化可以用来降低需要识别界限的实体的难度，而个体是我们在漫长历史中找到的最合适的实体单位了。然而对于一只蚂蚁，很显然"需要与外界划分界限并要防御的实体"似乎就不是个体，而是整个蚁群本身，单一的蚂蚁无法实现繁殖与生存这两重任务，因此蚂蚁的"我"就是蚁群，而且可以做到为了蚁群鞠躬尽瘁、死而后已。我们在鉴别"需要与外界划分界限并要防御的实体"时，选择的一个标准是实体的功能完整性和变化度。

当我们意识到细胞是生命活动的基本单位后，我们是否可以将"需要与外界划分界限并要防御的实体"建立在细胞之上呢？细胞的变动是否比个体要小从而让细胞可能成为更好的实体单位呢？有种说法：只要7年，人身体的每个细胞都会更新一次。追本溯源，这个说法来自2005年发表在《细胞》杂志上的文章[38]。如果这种说法是可信的话，那么选择个体作为我的边界是否合适呢？当然所有细胞7年更新一次是一种并不严谨的解读，事实上，这篇文章揭示的恰恰是不同细胞的更新时间相差很大，大脑皮质细胞的寿命可能和个体寿命一样长。那么，是不是个体大脑皮质的细胞才代表了真"我"呢？很显然，细胞中的某些群体如大脑皮质细胞的变化度似乎适合代表"我"，但是功能完整性似乎又不足。

而当我们进一步意识到细胞乃至个体的生存秘密都藏在基因里面，我们是否可以将"需要与外界划分界限并要防御的实体"建立在基因之上呢？也就是说，"我"就是个体特定的所有基因的组合，也就是**基因组**呢？按照变动最小的标准，基因组的变动毫无疑问是极小的；按照功能完整性的标准，基因组也蕴藏了细胞乃至个体的全部功能。所以基因组似乎优于个体和细胞，是"我"的最好代表。

因此，结论就是基因组＝我，或者近似地，DNA＝我。

13. DNA 的错误率，学我者死，似我者生

DNA＝我，这个公式对 DNA 做出了严格要求：DNA 不能不变，但也不能变动太大。DNA 不能变化太大容易理解，为什么不能不变呢？因为如果DNA 不变，就不可能在环境变化时做出因应，因而也就谈不上对外界进行防御了。学我者死，说的就是完全一致没有改变的话，DNA 是不可能存在至今的；似我者生，说的是按照一定频率发生的改变，才能生存。但所谓的"似"的程度是多少呢？

我们知道，DNA 天然地经历各种改变：单个碱基的改变，称为**点突变**；DNA 的较长片段的丢失，称为**缺失**；DNA 片段的反常扩增，称为**重复**；DNA

顺序的颠倒，称为**倒位**；DNA 从一条染色体转移到另一条，称为**易位**。那么，DNA 允许变化的度是多少呢？古希腊的**赫拉克利特**说，人不能两次踏入同一河流。而赫拉克利特的学生**克拉底鲁**则说，人甚至不能一次踏入同一条河流。如果后者是真的，那么河流就不存在了，因为无法被定义。对于 DNA 而言，什么是可以区分"你不能两次看见同一条 DNA，但你可以一次看见同一条"的合适的变化度呢？

似乎可以用各种细胞的突变发生频率来做近似的估算。在回答突变频率之前，先要对细胞做一简单区分，即**生殖细胞**和**体细胞**。生殖细胞是产生后代的细胞，是基因之河的洪流，滚滚向前；体细胞是维持个体的细胞，是基因之河的堤坝，静止不动。对于单细胞生物，这种区分意义不大，但是对于多细胞生物而言，这种区分非常重要，因为只有其中的生殖细胞的突变会传给后代。体细胞的变异虽然也有害，如导致癌症，但是相对不那么重要。

具体的细胞突变频率在不同物种中反直觉地一致。**大肠杆菌**是一种常见的细菌，每 30 分钟分裂一次，其突变频率是在每代细胞中，100 亿个碱基中有 3 个改变。真核生物（如人的生殖细胞）的突变频率则是在每代细胞中，100 亿个碱基中有 1 个突变。也就是说，尽管大肠杆菌与人在生殖方式、每一代时间上截然不同，但其突变率都非常低，并在一个数量级之内。

我们是不是可以认为，百亿分之一左右，就是 DNA 得以成就自我的突变概率。百亿分之一已经低到超出我们的经验范围了，可以做一个类比：1 粒大米按 0.02g 计算，100 亿粒大米是 200t，大概可以装 4 火车皮，也就是说，细胞中 DNA 突变的概率，大概就是 4 火车皮大米中，只有 1 粒米生虫。

14. DNA 聚合酶，抓麻将的手

那么 DNA 如此低的突变率是如何实现的呢？事实上，DNA 的变异的频率似乎应该高得多。DNA 互补配对并不是铁板一块。虽然 DNA 双螺旋中是 G-C、A-T 配对的，但是当双螺旋的几何结构发生微小改变时，G 和 T 也可配对，而对于长链的 DNA 双螺旋而言，其几何结构几乎总是很容易就发生变化

的。即使双螺旋的几何结构没有发生明显变化，4种碱基（A、T、G、C）自身的变构也会偶尔发生，概率介于万分之一和十万分之一之间，以致发生错配，如C和A配对。如此算下来，DNA突变概率应该很高。

然而事实是DNA保持了约百亿分之一的突变率，这依赖于一系列机制。在众多确保DNA忠实复制的机制中，最重要的一条是DNA聚合酶的强大的纠错机制。DNA聚合酶的校对作用发生很早，尚在一个新的核苷酸加到生长的DNA双螺旋之前就开始了。正确的核苷酸比错配的核苷酸对于移动的DNA聚合酶的结合能力更强，从而起到了"只选对的"的效果。当DNA聚合酶抓到了核苷酸之后，尚未添加到DNA双螺旋链之前，还会发生改构，让活性位点更加收紧，从而进一步选择对的核苷酸添加。DNA聚合酶就像一只慎重地抓麻将的手，第一次先信手拈起一张新牌，这步需要注意效率，但是当它真的要把麻将加入自己的牌中时，还要再细细感受下麻将的花纹，判断一下是否做出了正确的选择。

15. 外切核酸酶，谁都会犯错误，所以才在铅笔的一头装上橡皮

基本上，DNA聚合酶是一个近乎完美的书写者，它誊写的DNA序列极少出错，如果出错的话，DNA聚合酶还有擦除错误的能力，这得益于它的**外切核酸酶**活性。

当DNA聚合酶偶尔掺入错配时，继续延伸会变得困难，于是DNA聚合酶上不同于负责聚合的结构就启动了错配DNA的移除。

外切核酸酶活性是件很奢侈的装备，所以负责RNA合成的RNA聚合酶和负责蛋白质合成的**核糖体**都没有。这也导致了RNA和蛋白质的错误率高达万分之一，远远高于百亿分之一错误率的DNA。当然，一方面因为无论是RNA还是蛋白质的错误，都没有DNA错误的危害来得大。RNA和蛋白质的错误远不至于影响后代。而另一方面，如果也拥有外切酶活性的话，RNA和蛋白质的生产效率将大幅度下降。细胞从不做画蛇添足的事，总还是在效率与安全间平衡。

16. DNA 错配修复，如何识别披着羊皮的狼

DNA 虽然极少出错，但是万一出错了，怎么办呢？不急，有**链导向错配修复**机制能够识别错配的酶。

但问题是，已经发生的错配如果在复制之初没有被发现，又如何再发现呢？比如一个碱基 A 在复制时被错误地和 G 而不是同合适的 T 配对，那么在错已铸成的情况下，如何修补才好呢？虽然我们知道应该把 G 改成 T，但是细胞如何避免把 A 改成 C 呢？如果把错配比作狼的话，这个错配是披着羊皮的狼，我们如何赶走披着羊皮的狼，而不是把另外一只长得相似的无辜的羊撵走呢？

很显然，需要一种能区分模板链和新生链的策略。细胞区分这两种链的方法就是添加标签。接下来的问题是，如何添加标签呢？是填在旧链上呢还是新链上？是基于"衣不如新，人不如故"选择给旧链加标签，还是考虑"但见新人笑，那闻旧人哭"而给新链加标签呢？DNA 添加标签考虑的还是经济原则，成本最低者胜出。一般来说，突变倾向于在新链上发生，所以如果将标记放在新链上，这个标记一般就只能用一次，随着错配新链的纠正，这个标记就失去价值了，如果将标记放在旧链上，那么这个标记可以用于基于这条旧链的所有的新链。

大肠杆菌区分新旧链的方式，是在旧链而不是刚刚复制出来的新链上添加标签，当然新链很快也变成旧链，也会加上标签，但在最初的时刻是没有标签的，这个时间点非常重要。添加的标签是在碱基 A 上的，而且不是在所有的 A 上，是在 GATC 固定序列的 A 上添加，就像在老路上种树，但树的间距很大，这样省钱。通过这样的方式，新链和旧链得以区分，只有新链上错配的碱基得以修复。

真核细胞区分新旧链的方式更简单。由于 DNA 复制是半不连续的，两条新生链中的一条是暂时带有**切口**的，可以据此判断新旧，至于没有切口的那条的判断方式，人们现在尚不知悉。

看来真核细胞的 DNA 选择了一种简洁的方式，为什么大肠杆菌不采用

同样的方式呢？既然 DNA 新生链是半不连续的，这样它就天然地带有识别的方式，而为真核生物细胞所用。原核生物如大肠杆菌不选择这种方式，很可能是因为安全的问题。原核生物复制得非常快，可能切口不足以提供区分度，因此采用了加标签这种方式。

17. DNA 修复的策略，伐谋、伐交及攻城

总结下来，DNA 校对可以概括为定期保养、暂停小修、出问题大修。定期保养就是 DNA 聚合酶的强大能力，它们能防止错误碱基掺入，是一种预防性的校对；暂停小修就是 DNA 聚合酶所包含的外切核酸酶活性，它们能最快地发现错配，然后通过暂停实现问题的迅速修复；出问题大修则是 DNA 错配修复。这三种方式纠错能力近似逐渐下降，对 DNA 复制的影响则顺次上升，所以定期保养是伐谋，暂停小修是伐交，出问题大修是攻城。DNA 修复的 3 种策略，共同将 DNA 突变率控制在百亿分之一（表 8.2）。

表 8.2　DNA 修复策略

修复方式	特征	
	错误率	时间
DNA 聚合酶	$1/10^5$	聚合前
DNA 聚合酶的外切核酸酶活性	$1/10^2$	刚聚合后
DNA 错配修复	$1/10^3$	聚合后很久

18. DNA 自发突变的修复：补牙与植皮

复制过程中的错误并非 DNA 碱基改变的唯一来源。DNA 并非金刚不坏之身，作为长的链状分子，哪怕岁月静好，它也会经历各种自发突变。比如一种叫作**脱嘌呤**的改变，在哺乳动物细胞中，每一昼夜可以发生高达 18 000 次。

DNA 的这些变异如何去清除呢？有两种方式，可以分别看作补牙和植皮。

一种叫作**碱基切除修复**的修复方式类似补牙。有时 DNA 经历某个碱基的改变，但是 DNA 整体结构完整，就像掉了一颗牙，这时候就可以启动这种修复。方式很简单，剪掉带有碱基的核苷酸，再根据碱基互补配对，添上正确的核苷酸就是了。另一种叫作**核苷酸切除修复**的修复方式类似植皮。有时 DNA 经历超过一个碱基的改变，如**嘧啶二聚体**，就像掉了一块皮，这时候就可以启动这种修复。这种方式稍微麻烦一点，因为不只需要剪掉发生改变的碱基，还要向两端扩大些，就像植皮前的扩创，然后再根据碱基互补配对，添上正确的核苷酸。

在核苷酸切除修复过程中，为什么要切掉一块较大的错配 DNA 呢？一个可能的原因是这么做比较划算。如果只切掉发生变异的具体的小段核苷酸，如嘧啶二聚体，那么可能需要特殊的酶。根据酶的特异性，那么针对每种具体的 DNA 改变，都需要一类特殊的酶，这样做的成本是很高的。针对一类 DNA 改变，统一切掉两边一段看似浪费，实际上反倒是笔好买卖。

19. DNA 修复与转录，妆罢低声问夫婿

核苷酸切除修复常常和转录——DNA 的遗传信息誊写在 RNA 上准备翻译相联系，就像植皮美容后马上嫁人一样。细胞发展出对 DNA 的监视机制，不停扫描 DNA，但是在修复的选择上，却更多倾向于那些需要表达的 DNA，这是因为资源是有限的。细胞选择修复的，是那些需要转录的 DNA，就像一家的几个女儿，精心打扮的，常常是那个马上出嫁的。

20. DNA 双链损伤，火车车厢与并排铁轨

碱基切除修复和核苷酸切除修复只能解决较小的和单链上发生的问题，如果 DNA 两条链都发生了问题，该怎么办呢？有两种方法，一种叫作**非同源末端连接**，就像火车的一节车厢不翼而飞，那就不管它，把剩下的连接起来就好。这是一种安全性很差的方式，比如丢掉的一节是餐车怎么办呢？但在实际情况中两害相权取其轻，反倒是安全的方式。

另外一种修补双链的方式则是**同源重组**。很多物种都是**二倍体**，也就是有一对染色体，相应地，DNA 双螺旋都是两份，也就是一共两对共计四条单链 DNA，这两对 DNA 互相称为**同源 DNA**。同源重组指的是一对 DNA 双螺旋利用另外一对同源的 DNA 作为模板进行修补的情况。同源重组就像一条铁轨上出了问题，用平行排列的另一条铁轨来帮助修复。

21. 为什么二倍体这么常见？福双至，祸单行

可以将同源重组看作 DNA 的福气，它提供了一种保障，当 DNA 双链同时出问题时，还可以利用另一条染色体上的同源 DNA 进行修补，这就极大程度赋予 DNA 以安全。当今包括人类在内的很多物种的基因组都是二倍体，同源重组因而可以进行，比只有一条 DNA 双链优越得多。从这个意义上来说，可以说"福双至，祸单行"。

22. 同源重组修复 DNA，挥向自己的刀

同源重组的过程微妙精巧，宛若凌波微步、罗袜生尘，其最具创造力的一步，在于对双链断裂处上游 5 端的扩创。在前面提到的核苷酸切除修复中，扩创的目的可能是减少对特异性酶的需求，而在同源重组修复中，扩创的作用可能更大。首先，这让未扩创的 3 端无所附着，而只能从姐妹染色单体中同源的 DNA 获得配对，于是启动了链交换。其次，当未扩创的 3 端以姐妹染色单体 DNA 为模板进行合成、跨过断裂处后不久就得以回归。之所以如此，在于当未扩创的 3 端以姐妹染色体 DNA 为模板进行扩增时，跨过断裂处后，它同游离的另一侧的 3 端配对的机会大增，而继续以姐妹染色单体 DNA 为模板的阻力则增大，如需要克服 DNA 解旋等问题，于是这个未扩创的 3 端就浪子回头了（图 8.8）。双链断裂处上游 5 端的扩创，是 DNA 挥向自己的一把刀，许多问题迎刃而解。

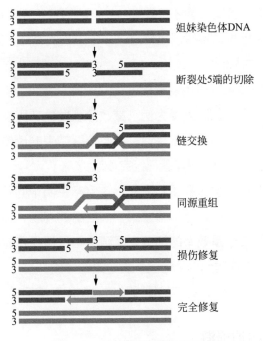

图 8.8 同源重组修复 DNA

（当姐妹染色单体中的一条发生双链断裂时，自身是无法修复的，只能依靠另一条染色体中的 DNA 为模板进行修复。首先是双链断裂处 5 端上游被内切酶对称切掉一部分，断裂处 3 端未经切割，转而同姐妹染色单体上完好的同源序列配对，并进行 DNA 合成。当合成跨过了断裂处时，同源重组结束，直至完全修复。）

23. 性，DNA 重组的终极检验

同源重组不仅用来修补出错的 DNA，还用于**减数分裂**，也就是**配子**即精子和卵子的产生。但是用于减数分裂的同源重组有两个自己的"个性"，一个是，起始的双链断裂不再是一种被动的灾难事件，而是主动的选择；另一个是，重组发生在来自父系和母系的 DNA 之间，而不是复制后的 DNA 之间。

DNA 修复和减数分裂似乎是矛盾的。DNA 修复是为了保持自我，其中的同源重组是一种"两害相权取其轻"的不得已；而减数分裂则恰恰会很快地打破自我，因为 DNA 的 50% 发生重组。细胞为什么会主动选择减数分裂呢？或者换句话说，物种一方面要保持自我，另一方面有性生殖方式为什么成为

高等生物的标配呢？答案可能还是效率与安全的博弈。在复杂变化的环境中，从长久来看，两害相权的不得已反倒是进化中的最优策略。因此，DNA 主动采取了减数分裂的方式。

从减数分裂的发生阶段也能看出进化的深意。减数分裂最有趣的地方在于它是在个体内实现的。以人类为例，减数分裂发生在男性和女性制造生殖细胞时，而不是受精卵中。也就是说，减数分裂带来的遗传多样性不是两性交配带来的，而是在交配前多年就已经完成了。

我们假设同源重组发生在受精卵里，这会产生两个问题。第一个是安全的问题，受精卵在发育中进行同源重组，一旦出现问题，那纠正的成本几乎是不可承受的。第二个是效率的问题，同源重组是很耗费时间的，很多物种制造配子耗时经年，这对新个体的生长发育是致命的。

结婚生子的主要目的，其实就是检验自己的同源重组成果。

24. DNA 的逍遥游

细胞有办法消除 DNA 的各种错误，却无法除掉寄生者，就像你无法叫醒一个装睡的人。

DNA 寄生者即所谓的**可移动基因元件**，它们可以从基因组的一个位置跳到另一个位置。可移动基因原件有很多名字，如**跳跃基因**、**自私 DNA** 等[39]。可移动基因元件有两个特点：第一，它们在 DNA 扩张中产生，基因组中的 DNA 通过获得自己的额外拷贝而得到扩张；第二，它们对**表型**没有贡献，表型是一个遗传学概念，指的是有机体可被观察到的结构、功能方面的特性，如身高、体重等，这个概念同**基因型**相对，基因型指的是同表型相关联的 DNA 序列。换句话说，可以把可移动基因元件看作没有对应表型的 DNA。

可移动基因元件之所以能移动，依靠两种方式，一种叫作**转座**也叫**转座性重组**，另一种叫作**保守位点特异性重组**。两者的主要区别在于，前者不需要特殊的 DNA 序列，而后者则需要特殊序列实现重组，一个不精确但是有用的类比是，转座性重组常常类似复制粘贴，而保守位点特异性重组类似查找替换。

在获得可移动基因元件、跳跃基因、自私 DNA 这样的名称前，**垃圾 DNA** 曾被用来形容包括这些可移动的 DNA 在内的序列。但我们现在知道，可移动基因元件可能并非无用的。一个事实是人类基因组中超过 30% 的序列是转座子。另一个事实是，某些**转座子**，也就是以转座方式跳跃的可移动基因元件，是活跃的。转座子分 3 种：第一种**纯 DNA 转座子**，在 2500 万～3500 万年前当人类和旧大陆猴分野之前不久，它们曾经非常活跃，但是因为积累了很多失活突变，自分野之后，就在人类这一支中呈现休眠状态；第二种叫作**逆转录病毒样逆转座子**，它们在人类基因组中也只存遗迹，最近的活跃事件也要追溯到 600 万年前，当时人类和猩猩刚刚踏上不同的征途；第三种叫作**非逆转录病毒逆转座子**，它们也同样古老，但是即使今天依然在我们的基因组中移动。它们中的一种在每 100～200 个新生儿中就能见到一次，而它们对人类突变的贡献也不容小觑，大概是 0.2%。

可移动基因元件似乎在更大的时间尺度上塑造着 DNA。大多数 DNA 修复机制在细胞水平影响 DNA，同源重组似乎可以在个体水平上改变 DNA，而可移动基因元件相关的两种重组方式，则似乎在进化的巨大跨度上雕刻着 DNA。从这个意义上说，可移动基因元件也有表型，但这个表型我们无法在个体水平观察到。

在《逍遥游》中，惠子对庄子说："吾有大树，人谓之樗。其大本拥肿而不中绳墨，其小枝卷曲而不中规矩，立之途，匠者不顾。今子之言大而无用，众所同去也。"庄子则回答："今子有大树，患其无用，何不树之于无何有之乡，广莫之野，彷徨乎无为其侧，逍遥乎寝卧其下。不夭斤斧，物无害者，无所可用，安所困苦哉！"可移动基因元件就是看似无用的大树。庄子在《人间世》中又说："人皆知有用之用，而莫知无用之用也。"可移动基因元件是宏大叙事的，所以才在细胞和个体尺度看来似乎是无用的。

罗素在散文《怎样变老》中说："生命本像一条长河，初时窄小，受两岸狭迫，水流湍急而澎湃，击岩石破瀑布，急不可待涌向前。"DNA 又何尝不是这样的长河呢？它的两岸就是膜，DNA 相对于 RNA 的优势，只有膜出现后，才成为可能。

词汇表

磷酸二酯键（phosphodiester bond）：磷酸和 2 个五碳糖的羟基（3'-OH, 5'-OH）发生酯化反应形成的化学基团为磷酸二酯键，是一种共价键。在 DNA 和 RNA 长链中，磷酸二酯键构成了长轴方向的较强的作用力，非共价结合的碱基互补配对构成了垂直于长轴方向上的较弱的作用力。甚至可以说，磷酸二酯键是生命的基础。

脱氧核糖核苷三磷酸（deoxy-ribonucleoside triphosphate，dNTP）：由磷酸基团、脱氧核糖和含氮碱基组成，是构成 DNA 的基本单位，分为 dATP、dGTP、dCTP、dTTP。

核糖核苷三磷酸（ribonucleoside triphosphate，rNTP）：由磷酸基团、核糖和含氮碱基组成，是构成 RNA 的基本单位，分为 ATP、GTP、CTP、UTP。

核糖核苷酸还原酶（ribonucleotide reductase，RNR）：一种将核糖核苷酸催化为脱氧核糖核苷酸的酶。由核糖核苷酸还原酶催化最终得到的 dNTP 可以用来合成 DNA。它是一种在所有物种中都非常重要的酶。

DNA 聚合酶（DNA polymerase）：以 DNA 为模板、dNTP 为原料催化 DNA 长链形成的酶。

脊髓灰质炎病毒（poliovirus）：引发脊髓灰质炎的病毒，由 RNA 基因组和病毒衣壳蛋白组成，其 RNA 有 7500 个核苷酸，被认为是最简单的病毒。

新型冠状病毒：全称为严重急性呼吸系统综合征冠状病毒 2 型（severe acute respiratory syndrome coronavirus 2，SARS-CoV-2），引发新冠疫情的病毒，基因组为 RNA，约为 30 000 个核苷酸。

半保留复制（semiconservative replication）：指 DNA 复制过程中新生的 DNA 双链中一条来自亲本、一条是新合成的现象。

复制叉（replication fork）：在 DNA 复制过程中 DNA 双链上形成的用于复制的结构。

先导链（leading strand）：DNA 复制过程中新合成的两条新链中，同复制叉打开的方向一致的那一条链，其复制是连续的。

后随链（lagging strand）：DNA 复制过程中新合成的两条新链中，同复制叉打开的方向相反的那一条链，其复制是不连续的。

半不连续复制（semidiscontinuous replication）：先导链和后随链一条连续复制，另一条不连续复制，称为半不连续复制。

引物（primer）：所有生物中用于 DNA 合成起始的一段短的、单链核苷酸序列。在细胞内，所有的 DNA 复制采用约 10 个核苷酸的 RNA 作为引物，之后经历 RNA 引物的移除和 DNA 的替换等步骤；在体外即生命科学实验中，DNA 扩增采用人工设计的约 20 个核苷酸的 DNA 作为引物。

DNA 引物酶（DNA primase）：DNA 复制过程中用于生成一段 RNA 引物以启动 DNA 合成的酶，是一种 RNA 聚合酶。

复制起点（replication origin）：基因组中用于 DNA 复制起始的一段特殊 DNA 序列。

DNA 解旋酶（DNA helicase）：用于解聚 DNA 的酶，是一种马达蛋白，能沿着 DNA 移动，利用 ATP 水解的能量打开 DNA 双链。

单链 DNA 结合蛋白（single-stranded DNA binding protein）：结合于单链 DNA 上的蛋白质，广泛存在于病毒、细菌和真核生物中。

DNA 拓扑异构酶（DNA topoisomerase）：可以实现 DNA 拓扑学结构改变的酶，如改变 DNA 的超螺旋状态。

纤维素囊泡黏杆菌（*myxobacterium Sorangium cellulosum*）：一种土壤中富集的革兰氏阴性菌，拥有已知最大的原核生物基因组，约 1300 万个碱基对。

复制性细胞衰老（replicative cell senescence）：细胞在经历有限次数的分裂后表现出的增殖减弱、生长停滞等现象。

赫拉克利特（Heraclitus，公元前 6 世纪—公元前 5 世纪）：古希腊哲学家。最知名的见解是万物处于流变状态。

克拉底鲁（Cratylus）：古希腊哲学家。生卒年不详，最知名的事迹是他的名字出现在柏拉图的《对话录》一章的题目之中。他推崇赫拉克利特哲学并影响了年轻的柏拉图。亚里士多德的《形而上学》中也提到过他。

生殖细胞（germ cell）：多细胞生命体中产生配子用于有性生殖的细胞。

体细胞（somatic cell）：多细胞生命体中不同于配子的、组成身体的细胞。

外切核酸酶（exonuclease）：在一个多聚核苷酸链末端每次切下一个核苷酸的酶。同内切核酸酶相区别，后者在核酸长链中间切割。

链导向错配修复（strand-directed mismatch repair）：细胞内发展出的一种针对新生链而不是模板链的修复，其机制在于对新生链和模板链的区别，在大肠杆菌中这种区别的方式是新生链没有甲基化修饰，在真核细胞中这种区别方式是新生链有切口。

脱嘌呤（depurination）：指核酸尤其是 DNA 上碱基腺嘌呤、鸟嘌呤的水解释放过程。DNA 要比 RNA 更容易发生脱嘌呤。核酸也会发生脱嘧啶（depyrimidination），但是概率远小于脱嘌呤，在哺乳动物中，二倍体细胞一昼夜经历 18 000 次脱嘌呤，但只有 600 次脱嘧啶。

碱基切除修复（base excision repair）：一种 DNA 损伤修复方式，主要用来修复小的、不会影响 DNA 双螺旋的碱基损伤。

核苷酸切除修复（nucleotide excision repair）：一种 DNA 损伤修复方式，不同于碱基切除修复，主要用来修复大的、影响 DNA 双螺旋的碱基损伤。

嘧啶二聚体（pyrimidine dimers）：由光化学反应如紫外线诱导的、形成于胸腺嘧啶或者胞嘧啶上的分子损伤。

非同源末端连接（non-homologous end joining）：DNA 双链损伤修复的一种方式，损伤的末端直接连接而不需要同源模板，因而得名。

同源重组（homologous recombination）：一种基因重组方式，发生于两条相同的或者相似的 DNA 双链或者单链之间，也可能发生于病毒 RNA 之间，用于修复 DNA 双链损伤，也用于生殖细胞基因重组。

减数分裂（meiosis）：有性生殖物种生殖细胞分裂的一种方式，产生配子包括精子和卵子。在减数分裂中，一个生殖细胞经历两轮分裂，最后生成 4 个单倍体子细胞。

可移动基因元件（mobile genetic elements）：一种能在基因组之内或者不同物种之间移动的基因材料。在人类的基因组中，约 50% 属于可移动基因元件。

跳跃基因（jumping genes）：转座子，在基因组内可以改变位置的 DNA 序列。

自私 DNA（selfish DNA）：在基因组中以其他基因为代价而增强自己的转移的基因片段。

表型（phenotype）：遗传学术语，指的是某个生物的一连串的可观察的性状，如人的身高、体重，植物的花色等。

基因型（genotype）：遗传学术语，指的是某个生物的全部遗传组成。

转座（transposition）：遗传材料的水平转移，不同于父子代之间的垂直转移。

转座性重组（transpositional recombination）：含义同转座。

保守位点特异性重组（conservative site-specific recombination）：重组的一类，依赖于小范围同源序列。

转座子（transposon）：跳跃基因。

DNA 转座子（DNA transposon）：DNA 跳跃基因或者转座子，同由 RNA 构成的转座子相区别。

逆转录病毒（retrovirus）：以 RNA 作为自身基因组，并将自身 RNA 的 DNA 拷贝插入宿主 DNA 的一种病毒，如艾滋病病毒。

逆转座子（retrotransposon）：一种基因组分，可以通过将自身 RNA 转换成 DNA 后复制粘贴到宿主不同的基因组位置，最大的特点是存在 RNA 转座中间体。

逆转录病毒逆转座子（retroviral-like retrotransposon）：存在 RNA 转座中间体，需要逆转座酶和整合酶。

非逆转录病毒逆转座子（nonretroviral retrotransposon）：存在 RNA 转座中间体，需要逆转座酶和内切核酸酶。

伯特兰·罗素（Bertrand Russell，1872—1970）：英国哲学家、逻辑学家、社会改革倡导者。

九、膜：此心安处是吾乡

1. 复制子与膜，赆我含笑花，报以忘忧草

复制子拥有了膜结构，是双方共同的福音。

一方面，复制子从事复制所依赖的一系列精微反应有了依靠。复制子生存依赖的复制、分离都是偶然发生。复制子就像一杯偶然存在的盐水，在周围汪洋无边的淡水里，咸味很快就消失了。著名物理学家**麦克斯韦**曾经用一种方式描述**热力学第二定律**：热力学第二定律等价于以下表述，即把一杯水倒入大海后不可能再取回同样一杯水。但如果是倒入另一个杯子呢？那么取回这杯水的可靠性就大了无数倍。膜就是复制子这杯水的杯子。从细胞诞生以来，膜这个杯子就从未从生命的盛宴中缺席。

因此，与其说膜的作用是保护，毋宁说膜的作用是富集。膜之所以具有富集的作用，源于其组成，即脂类分子。脂类也在很早的时候就定居地球上了。地球上早期存在的有机物除了**氨基酸**、**嘌呤**、**嘧啶**，可能还有脂类。比如科学家们发现，火星上有**芳香族化合物分子** [40-41]。这意味着早期地球上可能也有生成脂类的条件。膜以脂类组成的属性，在水占 70% 的地球上，开辟了新的天地，成为复制子的安心之乡。

另一方面，膜也需要复制子。如果没有复制子，膜将会像我们饭后洗碗水中泛起的星星油花一样，做最后的绝唱而消融在下水道里。因为有了复制子，膜才能于数十亿年前在地球上悄悄降落，夜夜唱歌。比如最初的复制子是

RNA，而 RNA 可能是最早的膜的招募者。科学家发现，RNA 和膜存在一起也能促进膜的生长。RNA 挤进膜之后，可能既有利于膜，也有利于自己。当 RNA 被膜包被后，会对膜产生一定的**渗透压**，这种渗透压则能驱动膜摄取更多的脂类填充到膜中，结果就是膜的生长，当然这种生长的代价就是膜变得更加松垮了，而这是不是也有利于膜结构的进一步复杂化？不管怎样，RNA 的复制能力越强，膜的生长就越快 [42]。膜也因复制子的存在而自身得以发展壮大。

2. 最初细胞的建立，两个中心，四个基本点

最早的复制子 RNA 曾经招募了蛋白质，如今又凝聚了膜脂，而 DNA 很可能是在有膜存在的情形下，由蛋白酶催化，而成为新的复制子的。而与此同时，从 DNA 到 RNA、从 RNA 到蛋白质的中心法则也建立起来了。当 DNA 到 RNA 和从 RNA 到蛋白质这两个中心建立之后，当 RNA、蛋白质、脂类以及 DNA 这四个基本点都具备之后，细胞就诞生了。

3. 膜脂的结构，一头双尾

膜最重要的功能之一是保护和富集，最好的解决方案是**两性分子**。构成膜的主要成分之一的脂类有一个**亲水**的头部，一个**疏水**的尾部，所以是两性分子。在水环境中，脂类分子会自发地亲水头部向外、疏水部朝内，形成一层膜，把自己内部包裹成一个相对独立的空间。脂类分子是细胞自组装特性的典范，它们形成的隔绝的屏障，使在水环境中的保护和富集成为可能。

疏水尾在膜脂中的作用最为重要，主要是因为它们让膜有隔绝水环境的作用。疏水尾由脂肪酸构成，脂肪酸由碳氢链组成，不同水相互作用；除了性质上的疏水，脂肪酸链还需要有一定的长度，一般含 14 ~ 24 个碳原子，这就保证了疏水尾乃至整个膜有一定的厚度，可以更好地隔绝水，不能太短，如果太短隔绝的效果会打折扣；疏水尾既不是一条，也不是三条，刚好是两条，既保证了彼此之间的较强的亲和力，又有一定的灵活性，而且便于形成脂双

层；两条疏水尾中的一条是饱和的（不含**双键**），另一条则常常是不饱和的（含有数个双键），这就为膜的调节提供了更多的方式。

亲水头是脂类能在水环境中存在的必要条件。常见的亲水头有**乙醇胺**、**丝氨酸和胆碱**等。

连接疏水尾和亲水头的是两性腰部，又分为两部分，其中一类主要是磷酸。亲水和疏水分子并不会很容易地结合，需要一个中间连接，而在众多可作为连接的分子中，大自然拣选了磷酸。磷酸根（PO_4^{3-}）结构中除一个 $P{=}O$ 双键外，有 3 个 O 各带一个负电荷，其中两个 O 分别连接亲水头、疏水尾，还有一个 O 保持负电荷。这个带有负电荷的 O 非常重要，在核酸（DNA 和 RNA）中能够防止磷酸和核糖、脱氧核糖之间的二酯键被水解，还能让核酸滞留在膜内。因此，以磷酸为骨架的结构是两性分子中间连接的最好选择，同 P 处于同一**主族**的 N 就没有这样的能力（**图 9.1**）。1987 年美国著名化学家**威斯特海默**在《科学》杂志上发文《为什么大自然选择磷酸》[43]，就分析了磷酸的这些得天独厚的特点。正因如此，最丰富的膜脂是**磷脂**。

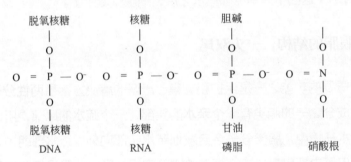

图 9.1　为什么磷酸如此重要？

（磷酸最大的特点是磷可以连接 4 个 O，其中两个可以连接不同的基团，在 DNA 中这些基团是脱氧核糖，在 RNA 中这些基团是核糖，在脂类中这些基团是胆碱和甘油等；另一个 O 同 P 形成双键 $P{=}O$，还剩一个 O 带有一个负电荷，该 O 虽然能同 H 形成 OH，但在水溶液中常常解离，因而带负电荷。相比之下，硝酸根（NO_3^-）如果用来做连接分子，就将不存在带一个负电荷的 O。）

连接疏水尾和亲水头的两性腰部的第二部分，有很多选择，最常见的是**甘油**，也有用**鞘氨醇**的。之所以要有除磷酸外的第二部分，因为磷酸的第三个 O 需要保持负电荷，而甘油即丙三醇有三个**羟基（—OH）**接口，可以分别连接两个疏水脂肪酸尾巴和磷酸，所以最常见的磷脂就叫**磷酸甘油酯**。另外较少见的则是鞘氨醇，它同甘油一样也有三个接口，不同点在于这三个接口分别是两个羟基和一个**氨基（—NH₂）**，以及一个脂肪酸长链。由鞘氨醇作为磷酸和疏水尾连接的磷脂不同于磷酸甘油酯，叫**鞘磷脂**。

最常见的磷脂是磷脂酰乙醇胺（脑磷脂）、磷脂酰丝氨酸、磷脂酰胆碱（卵磷脂）和鞘磷脂。细菌和植物细胞中的糖脂中连接主要是甘油，而动物细胞中的糖脂中连接主要是鞘氨醇。

除磷脂外，细胞中的膜脂还有糖脂和胆固醇。胆固醇同样是两性分子，但同磷脂相比，其极性头部要小，其非极性尾部要短（**表 9.1**）。

表 9.1　常见膜脂类型

组成	类别					
	磷脂酰乙醇胺（脑磷脂）	磷脂酰丝氨酸	磷脂酰胆碱（卵磷脂）	鞘磷脂	糖脂	胆固醇
尾部	脂肪酸（14～24）	脂肪酸（14～24）	脂肪酸（14～24）	脂肪酸（14～24）	脂肪酸（14～24）	短碳氢链（7）
尾部-磷酸连接	甘油	甘油	甘油	鞘氨醇	甘油或鞘氨醇	固醇环
磷酸	磷酸	磷酸	磷酸	磷酸		
头部	乙醇胺	丝氨酸	胆碱	胆碱	糖	羟基

4. 脂类分子的运动，永不停歇的舞步

脂质分子在水环境中会自发形成脂双层，但脂双层并非如竖起的栅栏一样静止不动，而是会翩翩起舞。膜脂分子的"舞蹈"分四种：第一种是双腿弯曲之舞，就是疏水链的弯曲；第二种是自身旋转之舞，就是以自身长轴为基础的旋转；第三种是水平移动之舞，就是沿着膜水平移动；第四种是腾挪跳跃之舞，就是从膜双层的一边翻转到另一边。这些不同类型的舞蹈的难度是不一

样的，就像摆腿、转身、行走和空翻的难度依次增加一样，脂类分子的摆动、旋转、水平移动和从一侧翻转到另一侧的难度也依次增加，出现的概率依次降低。脂质分子的舞步再次印证了**薛定谔**的疑问"为什么我们如此之大"，在脂质分子的例子中，随着分子组成的复杂和增大，随机的热运动逐渐演化为具有规律的舞动形式，如摆动、旋转、水平移动和翻转。脂双层是二维的流体，处在不停的运动之中。

尽管脂分子会自发形成脂双层，而且脂双层也在不停运动，但是细胞之间以及细胞内不同的膜结构并不会轻易融合。这是因为脂双层外附着着水分子，若要实现不同膜的融合，水需要被替换，而这并不是一件容易的事。细胞内的融合需要特殊的蛋白质才能实现。

5. 膜脂的流动性，思君如流水，何有穷已时

膜处于一个二维的流体状态，那么具体的流体状态由什么决定呢？膜脂分子的流体状态是其特定结构下的热运动状态决定的，所以主要取决于内外两个因素，即脂类分子结构和环境温度。决定膜的流动性的外因就是温度，因为温度本身就是微观分子热运动的表现。另一个决定膜的流动性的因素是膜的组成。疏水尾彼此接近，对膜的流动性影响极大，凡是让疏水尾结合增强的，就降低流动性，凡是让疏水尾结合减弱的，就增加流动性；疏水尾越短其结合就越弱，所以增加流动性；疏水尾的不饱和程度越高（含有更多双键）其结合也越弱，所以也增加流动性。

胆固醇是神奇的分子，它们掺入膜之中，增加膜的渗透屏障效果，也就是更好地防止小分子的进出，但同时却不会降低膜的流动性。这主要由胆固醇的结构和同膜脂分子的结合区域决定。胆固醇插入脂双层之间，其小的羟基头部靠近磷脂的极性头部，而其刚硬的、平板状的固醇环结合并固定磷脂中挨着极性头部的碳氢链，因为胆固醇的碳氢链短很多，结果就像高大的丈夫抱起娇小的妻子。胆固醇同磷脂（**图 9.2**）的这种结合意义重大，因为固定了磷脂头部，防止其形变，降低了对小的水溶性分子的通

透性，同时防止磷脂碳氢链互相作用，因而增加了流动性。

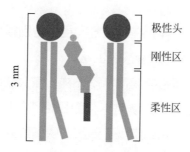

图 9.2　胆固醇同磷脂

（胆固醇的极性头靠着磷脂的极性头；胆固醇腰部有个坚固的刚性区。）

膜的流动性显然对细胞而言是至关重要的，对于细菌、酵母等无法调节体温的物种，就只能通过调整膜的组成来调节流动性，以防止温度偏低时细胞活动停止；而高等生物已经发展出了恒定的体温，就不需要频繁改变膜的组成了。

尽管大多数物种担心的是温度降低、膜的流动性的下降，很多物种也会担心温度过高，过大的流动性导致膜的解体，而解决之道也在于膜脂的组成和结构。某些能在极端高温下生活的古菌具有不同一般的膜脂结构。组成这些古菌膜脂的不是一般的脂肪酸链，而是**萜类**；另外这类古菌膜脂萜类疏水尾不仅是对着，而且是犬牙交错的类似拉链的形式，结合更紧密，这大大提高了它们的抗热能力。

6. 脂筏，不系之舟

膜具有流动性，是不是说其中没有一个固定的实体呢？不是的。膜虽然有流动性，但是其中却有一些有功能的单位。膜是脂类的星辰大海，看上去一望无际，彼此相同，其实却不同，里面有很多脂类的小舟，我们称之为**脂筏**。脂筏就像水面的小船，看不到缆绳，"泛若不系之舟"。这些脂筏有大有小，小的可能只有几个分子，大的则可以通过电镜进行观察，如负责蛋白质**内吞**的**囊泡**。脂筏使膜上有了很多执行不同功能的单位，就像水面不同的船，有的可以打鱼，有的可以钻油。

7. 内外有别

膜不但在水平上不一样，在垂直方向更是差别很大，这称为膜的不对称性，能决定膜内外的正负、动静甚至生死。

正负说的是膜内外所带电荷常常不一样。在人红细胞膜中，含有带正电荷的胆碱（如磷脂酰胆碱、鞘磷脂）作为极性头的脂都分布在膜的外表面，而含有带负电荷的氨基（如磷脂酰乙醇胺、磷脂酰丝氨酸）作为极性头的脂都分布在膜的内侧。总的来说，膜是内负外正的，其中的脂类也呈现这种特征。

动静说的是膜内外的差别可用于从外向内传递各种信号。**蛋白激酶 C** 是一种重要的传递信号的蛋白质，结合于磷脂酰丝氨酸富集的、膜的胞质面，需要带负电磷脂调节自身活性。

生死说的则是动物细胞有时用膜的不对称性区分死活细胞。磷脂酰丝氨酸通常存在于细胞膜的胞质面，但当细胞经历凋亡时，磷脂酰丝氨酸则会暴露出来到细胞膜的外表面，这种暴露会给其他细胞（如吞噬细胞）传递信号，于是死掉的细胞被吞噬，不会给活细胞带来危害。

8. 脂肪细胞，皮薄馅大

尽管大多数膜都是脂双层结构，但是也有一类特殊的膜结构是由单层膜组成的，这就是**脂肪细胞**。脂肪细胞储存的是中性脂类，也就是没有极性头部的脂类，如**甘油三酯**、**胆固醇酯**。因此，脂肪细胞的膜不需要也不应该含有一个胞内的极性头部，而呈现单层膜结构，只是一般细胞膜厚度的一半；脂肪细胞的细胞质中很大部分都是脂肪。从这个意义上说，脂肪细胞皮薄馅大。

脂肪细胞是特化的储存脂类的细胞，含有一个巨大的脂滴；非脂肪细胞内也有脂肪储备，但脂滴小得多，数量也多些。

9. 膜蛋白，为何螺旋如此常见？

膜是一个矛盾的存在，既要发挥保护、富集的作用，这要求膜的坚固、封闭，又要发挥物质、能量和信息的流通作用，这恰恰要求膜的通透性。"鱼我所欲也，熊掌亦我所欲也"，膜既要坚固又要通透，仅靠膜脂是无法实现的，于是有了膜蛋白。如果说膜脂就像隔离之墙，那膜上的蛋白质则类似墙壁上开出的门。

因为坚固和通透同样重要，膜脂和膜蛋白的比例也近于 1:1，但在不同的细胞中，膜蛋白含量在 25% ~ 75%。

膜蛋白是如何结合到膜上的呢？主要有三种方式：第一种是形成类似膜脂的两性分子形式，第二种是通过脂类同膜连接，第三种是通过第一种蛋白质间接同膜连接。第一种方式其实就是形成两性蛋白质：既然膜是两性分子，蛋白质若要结合其上，就必须也形成两性分子的结构。好在蛋白质序列多样性能够保证实现两性分子的要求。当然两性蛋白质分子不一定跨膜两端，也可能只存在于膜的一侧。第三种方式是蛋白质通过和第一种蛋白质在膜一侧的结构结合而间接附着在膜上的。

第一种膜蛋白，即两性蛋白质分子，最值得详细审视。按理说在常见的20 种蛋白质中，有 8 种是疏水氨基酸，分别是**丙氨酸、缬氨酸、亮氨酸、异亮氨酸、脯氨酸、苯丙氨酸、色氨酸**和**甲硫氨酸**，这似乎足够蛋白质发展出疏水尾部，以便结合于膜之上。事实确实如此，这些氨基酸能形成疏水结构与膜亲和。然而蛋白质中有一个在脂类中不存在的问题，那就是连接氨基酸的肽键，它们是亲水的，会同膜的疏水部分造成抵牾。一个缓解肽键同膜的矛盾的办法就是肽键自身通过**氢键**连接，而当蛋白质形成规律的 α 螺旋结构时，肽键之间的氢键达到了最大化，同膜脂之间的不和谐最小，正因如此，膜蛋白的跨膜结构常常形成 α 螺旋结构。

除了跨膜蛋白的螺旋、DNA 双螺旋，螺旋还存在于很多细胞内结构之中，如细胞骨架微丝呈现双股螺旋，胶原蛋白呈现三股螺旋。

除了 α 螺旋，**β 折叠**也能实现自身氢键连接，形成疏水结构（**表 9.2**）。

表 9.2　α 螺旋与 β 折叠比较

特征	类型	
	α 螺旋	β 折叠
硬度	较柔软	坚硬
数量 / 个	1 ~ 7	8 ~ 22
形成结构	转运蛋白	通道
形变	有	无

10. 细胞膜内外离子梯度，捕电者

膜将 DNA 同外界隔离开来，让复制子在小小天地里生长。但正如英国诗人约翰·多恩说的，"没有人是一座孤岛"，也没有细胞是一座孤岛。为了能让 DNA 携带的遗传信息在细胞内不停地流转，膜要能实现细胞内外物质、能量和信息的交互。其中的物质交互包括细胞需要的原材料的吸收和废物的排出，前者包括糖、某些氨基酸等，后者则含有 CO_2 等。细胞内的 pH 值也需要一定的稳定性，否则酶无法发挥正常功能。细胞内能量货币如 ATP、NADH 等需要在不同位置流转。信息当然也有自己的载体，如各种信号分子。所有上述具体的物质、能量和信息的载体常常是小分子，细胞需要对它们进行复杂的跨膜运输。

细胞在进行小分子跨膜运输时，有几个非常重要的考虑。第一个是到底哪些物质需要运输？对于 O_2、CO_2 这样的可以自由出入脂双层的分子而言，不存在运输问题，当然对于多细胞生物，需要发展出呼吸系统来让 O_2、CO_2 穿越组织和器官屏障，但那不是这里讨论的内容。水这样的极性分子虽然能跨膜自由扩散，但速度似乎不足，而水又极其重要，所以细胞需要发展运输水的方式。ATP 是能量货币，当然也要运输。对于更大的分子，细胞有时要在运输和自身合成之间进行权衡，以氨基酸为例，大多数植物和细菌自行合成全部氨基酸，但是动物因为以植物或者其他动物等为食，自行合成似乎就不是必需的，可以通过食物获得，于是就必然发展出特定的氨基酸运输蛋白质。细胞在进行小分子跨膜运输时的第二个考虑是运输的能量来自哪里呢？

假定细胞急需的 A 分子存在于细胞之外，浓度远远高于细胞内，那么在浓度驱动下，A 分子有进入细胞的趋势，这时候细胞不用额外的能量运输 A；但如果细胞急需的 B 分子存在于细胞之外，浓度却远低于细胞内，那么细胞就只能从其他地方获得能量来运输 B 分子了。

细胞内小分子运输的这些考虑其实就是安全与效率的博弈。对于第一个考虑，哪些物质要运输，动植物细胞给出的答案反映了安全与效率的权衡。植物和细菌在获得资源方面不具有强大的优势，选择自行合成氨基酸是一种安全的计算；动物有更大的活动空间，因此从效率的角度上选择了通过运输的方式获得某些氨基酸。

对于第二个考虑，运输的能量问题，有些小分子是顺流而下的，属于自带能量，而其他一些小分子则要逆流而上，其运输的能量来源当然可以依靠细胞中储存的 ATP，但 ATP 生成的过程中能量会损失，使用 ATP 其实是一种比较浪费的能量利用方式，细胞需要其他使用能量的方式。

细胞内外离子梯度就是安全与效率博弈的最优解。离子梯度最大的作用是在膜内外建立了电势差，于是电被细胞捕捉来可资利用了。离子梯度造成了细胞的内负外正的电场，形成了将阳离子驱进细胞、将阴离子泵出细胞的态势。细胞原本只是一个化学反应的容器，而膜内外离子梯度的建立则让细胞可以驾驭电了。就像人类驾驭了电之后在能量（如电能）和信息（如电话）方面都有了质的飞跃一样，细胞在捕获了电之后也获得了新的能量和信息。各种物质如葡萄糖、氨基酸的运输有了直接的能量来源，而不一定需要事先储存的 ATP。例如钠离子是胞外高于胞内，这样钠离子就可以用来将很多小分子如葡萄糖带入细胞。同 ATP 作为能量来源不同，钠离子跨膜直接提供能量让另一种小分子进入或者离开细胞，前者可以看作掏钱支付，后者可以看作以物易物，掏出的钱在交易中是有成本的，不够经济但可靠，以物易物更节省。而事实上，ATP 的生成也是由离子梯度实现的。电信号还能以极快的速度传递信息。例如，钙离子有着胞内外最大的差异，可以用来迅速传递信息。离子梯度还能通过细胞内外的浓度梯度实现渗透压，驱动水进入细胞内部，离子的存在让细胞的水源得以保障。总之，细胞内外的离子梯度是细胞内一种革命性的力量。

表 9.3 显示了很多的阳离子，阴离子只有氯，似乎阴阳不平衡。事实上细胞是电中性的，除了氯离子，细胞还有很多其他带负电荷的成分没有列在表中，包括 HCO_3^-、PO_4^{3-}、核酸，等等。表中呈现的钙离子、镁离子浓度指的都是游离离子。事实上细胞中钙和镁还以各种形式结合于蛋白质、游离核苷酸甚至 RNA 之上，其中钙离子又广泛存在于各个细胞器之内，这样算下来，细胞内镁离子的浓度可达 20 mmol/L，钙离子的浓度可达 1 ~ 2 mmol/L。

表 9.3　常见离子细胞内外浓度

离子	胞质浓度 /（mmol/L）	胞外浓度 /（mmol/L）
Na^+	5 ~ 15	145
K^+	140	5
Mg^{2+}	0.5	1 ~ 2
Ca^{2+}	1×10^{-4}	1 ~ 2
H^+	7×10^{-5}	4×10^{-5}
Cl^-	5 ~ 15	110

11. 浓度雨露均沾，电位厚此薄彼

当离子梯度建立了以后，决定溶质进出膜的力在单一的浓度基础上增加了电位。根据热力学第二定律，溶质倾向于从浓度高的地方向浓度低的地方扩散，所以**浓度梯度**是驱动小分子跨膜的一种力量。在离子梯度出现之后，由于细胞膜内外是有电荷差异的，这也会在膜两侧形成一种有推动性的力量，称为**膜电位**，一般内负外正。膜电位当然会影响带电荷分子的跨膜，比如根据同性相斥、异性相吸的原则，阳离子倾向于进入细胞而阴离子倾向于离开细胞。浓度适用于所有的溶质，而电位只覆盖带电荷溶质。所以一般来说，带电荷分子和离子跨膜的主要动力是浓度梯度和膜电位的综合，被称为**电化学梯度**。浓度梯度和膜电位差异不见得是同方向的，比如 Cl^- 的胞外浓度大，倾向于进入，但它带的是负电荷，却倾向于离开，最终 Cl^- 进出膜即电化学梯

度的方向，取决于浓度与电位两者实力的对比。

12. 细胞转运蛋白，滑梯与电梯

现在需要具体分析一下决定物质跨膜的各种因素，以及重要的小分子的运输方式。

除了浓度、电荷外，极性和大小也是影响小分子跨膜的重要因素。浓度对小分子跨膜的影响很简单，根据热力学第二定律，小分子总倾向于从浓度高的一侧移到低的一侧，直到实现平衡。电荷对小分子跨膜的影响如上所述，因为细胞内负外正，所以正电荷离子倾向于进入而负电荷离子倾向于走出。浓度和电荷主要是针对亲水分子或者说极性分子的，但不要忘了膜是脂双层结构，所以疏水性分子很容易跨膜，因此极性也是决定小分子运输的主要因素之一。最后，分子大小也能影响跨膜，如果一个分子过大，哪怕是疏水的，也不容易越过。

细胞需要吸收 O_2、排出 CO_2，另外 N_2 充斥于空气中，固醇类激素对动物身体调节至关重要，所有这些小分子均属于小的、不带电荷的**非极性分子**，跨膜最容易，细胞也就不需要发展出特定的蛋白质来转运它们。或者也可以这样说，细胞为了实现信息的快速传递，才发展出非极性的固醇作为激素的主要载体。

细胞是一个富含水的结构，代谢废物常含有尿素、氨类，合成各种组分常需要甘油。水、尿素、氨类和甘油等均属于小的、不带电荷的极性分子，跨膜能力稍差。葡萄糖还要大些，是不带电荷的极性分子，跨膜能力更差。这些小分子和葡萄糖跨膜的主要动力是浓度。

氨基酸成分复杂，其跨膜的动力与方式不能一概而论。常见的 20 种氨基酸平均相对分子质量是 110，比甘油（相对分子质量 92）稍大，不如葡萄糖（相对分子质量 180），氨基酸既有非极性的，也有极性的，而极性的又分为不带电荷的、带正电荷的和带负电荷的。因此，氨基酸的运输方式很复杂。

离子虽然很小，但是因带电荷而高度水化，所以最难跨膜。

对细胞而言，膜内外环境中那些顺着电化学梯度的物质的运输是可以不费力气的，称为**被动运输**，可以形容为"轻舟已过万重山"。细胞当然也需要跨膜运输些逆电化学梯度的小分子，这称为**主动运输**，可以形容为"溯洄从之，道阻且长"。

对于被动运输，细胞考虑的是乘势而为，一日千里，效率更重要，所以细胞膜上发展出了一种叫作**通道蛋白**的成分，让这些物质进出更方便，效率更高，就像滑梯一样；对于主动运输，细胞考虑的是逆水行舟，全力以赴，成功转运也就是安全最重要，所以细胞膜上发展出了一种叫作**载体蛋白**的成分，主动抓取这些物质（表9.4）。当然载体蛋白也能实现被动运输。就像滑梯比电梯快一样，通道蛋白比载体蛋白的效率高得多。一个通道蛋白每秒钟可以转运高达1亿个分子，比哪怕最快的载体蛋白的效率也要高10万倍。

表9.4　被动运输和主动运输的比较

蛋白质	方式	
	被动运输	主动运输
载体蛋白	√	√
通道蛋白	√	×

被动运输可以由载体蛋白和通道蛋白来实现，而主动运输则只能由载体蛋白来实现。

13. 载体蛋白和通道蛋白结构，一根筋和两头堵

载体蛋白和通道蛋白有很多不同，如装载的货物、运输的效率以及运输的方式等，但最大的不同是货物同蛋白质的结合方式。载体蛋白同装载货物的结合很紧密，而通道蛋白同货物的结合要疏松得多。这种不同有很多深远的影响，比如载体蛋白会因与货物紧密结合而发生结构的改变，通道蛋白则不会因为运输货物的通过而有太多变化。另一个影响是载体蛋白存在外侧开、内侧开和两头堵三种状态，而通道蛋白则只有一侧开、另一侧开关两种状态。如果说通道蛋白是"一根筋"的话，那么载体蛋白就是"两头堵"（表9.5）。

表 9.5　载体蛋白和通道蛋白的比较

特征	类型	
	载体蛋白	通道蛋白
目标货物	各种小分子如葡萄糖、氨基酸	水、离子
同货物结合能力	强	弱
蛋白质变构	变	不变
协同运输	有	无
效率	每秒小于 1000 分子	每秒 1 亿分子
方式	被动、主动	仅被动

　　载体蛋白同通道蛋白主要的区别在于前者同装载货物结合能力强，这引起了一系列其他的差异（图 **9.3**）。

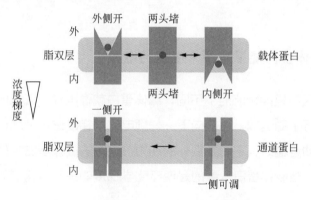

图 9.3　载体蛋白和通道蛋白的状态

　　为什么载体蛋白存在这样一个"两头堵"的状态呢？"两头堵"的状态对逆电化学梯度的运输是非常必要的。对于通道蛋白，只需要负责顺流而下，因此只要决定开关就可以了，开窗放入大江来。对于载体蛋白，尤其是负责逆流而上的运输时，需要考虑的是"逆水行舟用力撑，一篙松劲退千寻"，因此"两头堵"的存在能让已经运入的小分子没有退路，只能背水一战；另外，当两种物质协同运输时，"两头堵"的状态能让两者的运输实现偶联。

　　在进化上，"两头堵"的载体蛋白可能比通道蛋白有更早的起源。事实上，"两头堵"的载体蛋白可能始于一头堵，通过基因复制得到今天的两侧封闭的结构。而通道蛋白则始于载体蛋白，比如水通道和让裸露的多肽进入内质网的通道可能都是起源于载体蛋白，这些载体蛋白"两头堵"的门控功能丢失，可以在两侧开口，形成通道。载体蛋白和通道蛋白的起源再次说明了进化是修补者，而不是工程师。

载体蛋白和通道蛋白也逐渐进化出了开关的控制机制，从这点上似乎也能看出载体蛋白和通道蛋白的发生顺序。载体蛋白的开关主要受其负载的货物控制，但常常由 ATP 提供能量，就像一个人搭乘电梯主要由自己决定一样。通道蛋白的开关则常常不是由负载货物决定的，而是具有多种调节方式，如电压、配体和机械力都能调控通道的开合，就像开闸泄洪不是由水决定一样。通道蛋白负责的被动运输如果也由运输物质决定的话，那很显然是非常危险的事情。

14. 载体蛋白能量来源，电梯的电源

同通道蛋白只能顺流而下不同，载体蛋白就像电梯，既能向上——逆电化学梯度进行主动运输，也能向下——顺电化学梯度进行被动运输。当载体蛋白进行被动运输时，不需要额外的动力，这时的载体蛋白类型称为**单向转运体**。那么，当载体蛋白从事的是逆电化学梯度的主动运输的时候，动力来自哪里呢？

可以依据这种动力来源的不同，将载体蛋白分为三类：

第一类称为**偶联的载体蛋白**，小分子 A 跨膜逆势转运的动力来自另一种物质 B 的顺电化学梯度跨膜带来的能量，根据 A、B 的电化学梯度的方向，又可分为 A、B 同向或反向，A、B 反向时称为**反向转运体**，就像跷跷板一边坐上一个大人，让另一边坐着的小孩升起来；A、B 同向时称为**同向转运体**，则像热气球带着乘客一起升空。不管方向如何，这种转运的能量利用方式是一边产生一边使用，不需要储存，就像一边赚钱一边花，不存银行一样。用来提供小分子运输动力的物质 B 常常是钠离子，因为钠离子在细胞内外的浓度差很大，另一个原因则可能是钠离子很小，便于同其他待转运分子一起存

在于载体蛋白之内。在小肠和肾上皮细胞中有很多依赖于钠离子的同向转运体，可以将细胞所需的糖、氨基酸运输进细胞内；在神经细胞突触中同样存在依赖于钠离子的同向转运体，可以将**神经递质**重新运进细胞，以备下一次释放。

第二类称为 **ATP 泵**，就是利用 ATP 水解的能量来实现逆势转运的载体蛋白。ATP 泵又分为三种，分别是 **P 类泵**、**ABC 转运蛋白**和 **V 类泵**。P 类泵所以得名，在于它们在泵出货物的过程中会经历磷酸化，P 类泵主要的货物是氢、钠、钾和钙离子；ABC 转运蛋白所以得名，是 ATP-binding cassette transporter 的简写，它们的主要货物是小分子；V 类泵得名则是因为最初在酵母、植物的囊泡（英文首字母是 V）中发现，它们主要负责氢离子的运输。

V 类泵结构精巧，值得说一说。它们有着细胞内独一无二的类似涡轮的结构。曾有人好奇，为什么生命体在进化中没有发展出轮子，但事实上，V 类泵的涡轮结构就可以看作轮子。V 类泵由多个亚基组成，它们可以利用 ATP 将氢离子泵进**溶酶体**、神经细胞中的**突触小泡**以及植物和酵母中的**囊泡**中。

一类同 V 类泵非常近似的结构被称为 **F 类泵**。F 类泵也叫作 **ATP 合酶**，就是在线粒体中负责生成 ATP 的蛋白质复合物。F 类泵和 V 类泵结构相似，但是作用方向相反：后者利用 ATP 将氢离子泵过膜，前者则利用膜两侧的氢离子梯度生成 ATP。F 类泵存在于细菌质膜、线粒体内膜和叶绿体的**类囊体膜**之中。F 类泵之所以得名，是因为最初被称为偶联因子，用以描述它们将氢离子转运和 ATP 合成偶联起来；偶联的英文表述叫作 coupling factors，简称 CFs，所以这类泵最初叫 CF 类泵；后来为了避免和叶绿体 ATP 合酶（名字中也带有 CF 字样）混淆，就将 C 去掉，变成 F 类泵。

第三类称为**光或者氧化还原作用驱动的泵**，它们利用光能或者氧化还原反应产生的能量来驱动逆势转运。

同第一类偶联运输蛋白相比，第二类和第三类蛋白泵的能量利用方式都是先存储后使用，就像现在花以前赚的钱。需要说明的是，偶联的载体蛋白在利用能量的效率上是要高于 ATP 泵的。这是因为直接用离子梯度带来的能量时无关的消耗最少，而 ATP 的生成、转移过程都有能量损耗。

我们接下来看看各种小分子是如何跨膜运输的。

15. 第一推动，锅中的灰烬钾离子

动物细胞结构中一个重要的特征是电场的存在，具体而言就是内负外正，对细胞内外物质运输有极大的影响。那么内负外正的电场是如何建立起来的呢？虽然多种离子都对内负外正电场有贡献，但钾离子举足轻重。从这个意义上，钾离子是细胞的第一推动。

钾的英文名叫作 potassium，来源于人们获得这种元素的方式：古人曾把植物燃烧的灰烬（ash）放在锅（pot）里，从而得到钾，于是钾就用锅中的灰烬 potash 来表示，慢慢演化为现在的表述。这种表述的意义在于，它暗示了细胞内钾的含量确实很高。

钾离子建立内负外正电场的过程，其实也是钾离子跨膜运输的过程。钾离子跨膜运输有两种方式，一种是由通道蛋白负责的由内而外的运输，另一种则是由载体蛋白负责的由外而内的运输，后者对内负外正电场的贡献约 10%，前者的贡献则近 90%。为了弄清楚其中的关系，我们最好先从这 10% 说起。

负责钾离子由外而内运输的载体蛋白，不仅仅运输钾离子，也负责钠离子运输，方向是由内而外，这就是大名鼎鼎的**钠钾泵**。钠钾泵属于 P 类泵，广泛存在于动物细胞之中，消耗的能量占细胞所有能量的 1/3，这一数字在神经细胞和负责转运的如形成肾小管的细胞中要更高，甚至达到 3/4，足见钠钾在生命活动中的作用是多么重要。钠钾泵最大的特点是其运输的比例，一般的载体蛋白运输时动力来源和目标货物常常是 1:1 的，然而钠钾泵每泵入细胞 2 个钾离子，就同时泵出 3 个钠离子，钾钠的比例是 2:3。钠钾泵运送钠钾离子的这种比例，导致了每次运输都带来胞外的一个净电荷的收益，就是这一个净电荷的差，贡献了细胞内负外正的电势差的 10%。

为什么钠钾泵只贡献了细胞电势的 10% 呢？要知道，在线粒体中，氢泵贡献了大部分的电势差，植物和真菌的电势差也类似。动物细胞电势的 90%，来自钾离子的胞内外浓度差，以及**钾（渗）通道**。所谓钾（渗）通道，就是

允许钾离子从胞内渗出的通道。假设一个没有内外电势的细胞，其膜上存在钾（渗）通道，由于胞内（浓度 140 mmol/L）同胞外（浓度 5 mmol/L）相比约有 30 倍的浓度差，钾离子倾向于通过钾（渗）通道流出细胞之外，然而，这种流动一经启动，就会在身后留下等量的负电荷，于是电势产生了，而且这种内负外正的电势倾向于阻止钾离子离开细胞。这个过程会一直进行，直到钾离子的流动在浓度梯度和新制造出的电势之间达到平衡，也就是电化学梯度为 0，此时的电势，称为**静息电位（图 9.4）**。

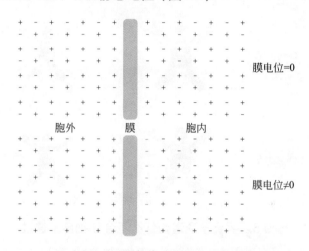

图 9.4　膜电位是如何形成的

（假定最初细胞内外电荷呈电中性（一个体系中电荷总是中性的），在某种情况下，阳离子离开胞内跨膜进入胞外，此时就形成了一个内负外正的膜电位。真实细胞中，胞内钾离子浓度远高于胞外，通过钾（渗）通道到达胞外，瞬间就形成内负外正的电位，该电位则会阻止钾离子的继续渗透，直到浓度驱动的钾离子外流和电势带来的钾离子外流的阻滞平衡，钾离子不再发生移动。）

　　离子通道最神奇之处在于它的选择性。钾（渗）通道中钾离子通过的速度是钠离子的 10 000 倍，而钠离子甚至要比钾离子小，这是如何实现的呢？钾离子通道恰恰发展出依赖离子大小的区分方式。在分子尺度小分子若要转运，必须能够和通道有相互作用，就像攀岩时手必须能搭到突出的石块一样。钾离子通道内部存在**羰基氧**（C＝O），就是这样的石块。钾离子在运输时都是和水在一起的，但通过钾离子通道最狭窄处时水必须脱去，这是耗费能量的，除非有新的物质和钾离子结合才能抵消这种能耗，C＝O 就能和离子互作，帮助离子通过。钾离子和羰基氧结合的前提是合适的距离。钾离子通道有 4 个 C＝O，其大小刚好和钾离子（0.133nm）结合；钠离子却太小了，只有 0.095nm，无法同钾离子通道的 4 个 C＝O 结合，也就无法脱去水分子，因此无法通过。这就像一个攀岩者在通过一段关键的路径时，必须身材有足够的长度，以便两手两脚同时攀援在 4 个支点之上，身材不足以达到要求的，就没有办法通过这段路（图 9.5）。

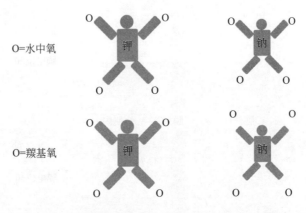

图 9.5　钾离子通道为什么不会让钠离子通过

（在经过通道前，钾和钠都以水合物的形式存在，钾、钠离子同水分子中的氧发生作用；当经过钾通道时，通道中的羰基氧同样会和钾离子发生作用，便于钾离子通过，但是钠离子比钾离子小，当经过孔径固定的通道时，无法同时与 4 个氧发生作用，也就无法通过通道。）

钾离子梯度是细胞内最重要的能量来源之一，可以看作细胞跨膜小分子运输的第一推动力。钾离子梯度的价值在神经细胞中尤其重要，但在介绍之前，先看看钠离子。

16. 细胞内的能量通货：钠离子

钠离子是细胞内能量的通货。虽然 ATP 是能量之源，但是对于频繁的跨膜运输，如果一直应用 ATP，成本还是有点高。细胞内负外正的特点和钠离子在胞外浓度高、胞内浓度低的特点，让钠离子成为由外而内的动力火车，在自己进入细胞的同时，可以用来让很多物质实现跨膜转运，这些物质包括氢离子、葡萄糖、氨基酸甚至神经递质。

为了运输其他物质（如氢离子等），依赖钠离子的载体蛋白应运而生，它们通常可以而且必须同时结合钠离子及其运输小分子。这些小分子不必然是由外而内的，也可以由内而外。

17. 最简单也最重要：氢离子

紧随于钾和钠之后的是氢离子（H^+），它们对细胞内化学反应的影响力巨大。比如大名鼎鼎的 **pH**，就是用来形容氢离子的浓度的，其他的离子没有这个殊荣。历史上，pH 的意思是氢的力量（**power of hydrogen**）。细胞内固定的 pH 对于细胞是至关重要的，绝大多数酶只有在合适的 pH 的情况下才能具有活性，比如大多数细胞质中的酶在接近中性的 pH 值（约 7.2）时活性最高，而溶酶体中的酶最喜欢的 pH 值大约是 5。

细胞需要维持 pH 的恒定。细胞内的 pH 常常偏离中性，而这会被各种转运蛋白纠正。由于氢离子的泄漏或者有产酸的化学反应，胞内氢离子常常增加使 pH 降低。细胞会发展出两种机制来将增加的 pH 再减少。一种依赖于钠离子的**钠离子 - 氢离子反向转运体**会将氢离子泵出细胞，也就是通过钠离子进入的能量将氢离子泵出。细胞内还有一种依赖于钠离子的**氯离子 - 碳酸氢根离子反向转运体**，可以通过钠离子进入的能量将碳酸氢根离子运进细胞，而将氯离子、氢离子运出细胞。这第二种转运蛋白是细胞内调节 pH 的主要蛋白质，因为它的效率是第一种的两倍：它能在运出一份氢离子的同时运入一份碳酸氢根离子，后者还能中和一份氢离子，生成 CO_2 和 H_2O。细胞内存在反馈机制，当氢离子增加、pH 下降时，两种转运蛋白都会被激活，以便让氢离子减少，pH 恢复正常。

细胞内的 pH 当然也会升高，这会激活一种不依赖钠离子的**氯离子 - 碳酸氢根离子反向转运体**，于是碳酸氢根离子被运出细胞，pH 下降。红细胞中就含有很多这种反向转运体，以便在肺毛细血管处释放自身携带的 CO_2（以碳酸氢根离子形式）。

除了细胞膜上利用反向转运体进行氢离子的调节，细胞膜内包裹的很多细胞器也有调控氢离子的需要，如溶酶体、内体和分泌小泡中的 pH 远低于细胞质中的。但是各个细胞器没有钠离子浓度差等可资利用，于是只能采用 **ATP 驱动的质子泵**来维持恒定的 pH。

需要说明的是，ATP 驱动的质子泵固然能调节 pH，而决定 pH 的质子梯度反过来也能用来生成 ATP。线粒体上的 ATP 合酶就是用质子梯度来合成 ATP 的典范。

那么是否存在氢离子通道呢？我们现在知道答案是肯定的，但是最初人们有两个疑问，一是氢离子通道是否存在，二是即使存在，是否可以看作离子通道。之所以有如此的疑问，是因为氢离子透过脂双层的能力比其他离子（如钠离子、钾离子）要高几个数量级 [44]。当然人们确实发现了氢离子通道，它们存在的意义就在于迅速地从细胞中排出氢离子，而载体蛋白常常无法提供足够的效率。

氢离子有时可以替代钠离子，作为能量提供者，以运输其他的小分子跨膜。比如下面提到的运输钙离子的钙泵，就依赖氢离子而不是钠离子。

18. 钙离子的运输：来如山倒，去如抽丝

还应该说说钙离子，其独特之处在于传递信息的能力。钙离子同钠离子类似，胞外浓度高于胞内，但钙离子主要用于信息传递而不是能量的来源，这部分可能因为钙离子的绝对浓度远低于钠离子的绝对浓度，提供能量稍显不足，传递信息却绰绰有余。钙离子传递信息的优势在于其内外浓度差。钙离子在细胞内的浓度几乎是胞外的万分之一，这样的话，即使胞外或者胞内某些细胞器中的少量钙离子进入细胞内，也会造成细胞内钙离子浓度的巨大改变，从而可以用很少的成本传递很多信息。

钙离子进入细胞内传递信息是通过通道蛋白来实现的。我们以肌肉细胞为例来说明钙离子的进出，这是因为肌肉细胞会经历反复的收缩，而这个过程是依赖于钙的进出的。在肌肉细胞中，钙离子存储于内质网，这有一个专

门的名称，叫作**肌质网**。当神经冲动传递到肌细胞膜上时，肌细胞中的肌质网会释放钙离子，引起肌肉收缩。这个钙离子的释放过程是通过肌质网上的钙离子通道来实现的，而且速度非常快，以便让机体做出合适的反应。

细胞维持钙离子浓度则是通过**钙泵**来实现的。在完成信号传递的使命之后，已经释放的钙离子还需要回到肌质网，钙泵就是做这件事的（图 9.6）。因为是顺流而下，钙通道在进行钙离子的释放时可以大刀阔斧，不需要太多顾虑；但钙泵是逆流而上，在进行钙离子抓取时却要小心谨慎，因为要防止肌质网中高浓度的钙离子不小心被释放。钙泵的结构保证了这一点：它在核心结构中拥有一个钙离子结合位点，在胞质面则有三个特殊的结构，前两个能分别结合 ATP 和磷酸，第三个则充当激活结构。这样的结构的好处可以通过一个比方看出来：钙泵就像一扇门，核心钙离子结合位点就像门内的空间，结合 ATP 的位置就像门锁的钥匙，而结合磷酸的位置就像门锁的一边，激活结构则像门锁的另一边。当 ATP 结合、磷酸未结合时，钙泵的核心对着胞质面，准备结合钙离子，就像门开着，等待乘客进入一样；钙离子结合之后，引发一系列构型改变，于是胞质面封闭了，就像人们进入、门关上了。

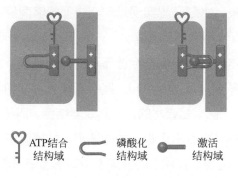

图 9.6　钙泵的结构

（钙泵有一个激活结构域、一个磷酸化结构域以及一个 ATP 结合结构域。）

19. 水通道，善利水不善利万物

现在轮到水了，水是细胞中最重要的组分之一，它是如何运输的呢？

水的细胞内外运输的动力来自离子，即细胞内的离子带来的渗透压。自然界的流水遵循着"避高而趋下"的特点。但在细胞中，由于体积的微小，水的重力甚至不如**表面张力**大，由重力驱动的水的流动在细胞尺度不再可能。渗透压却有推动水进入细胞的效果。细胞内含有很多带负电荷的有机分子以及用于平衡其电荷的阳离子，这会产生一个渗透压梯度。如果没有其他平衡机制，细胞内的渗透压会驱动水长驱直入进入细胞。然而，胞外液体环境中同样含有高浓度的无机离子，主要是钠离子和氯离子，也能产生渗透压梯度，可以部分对冲胞内的渗透压。但是胞外这些离子的对冲作用总是差那么一点，总的渗透压方向则会驱动水进入胞内。这残存的渗透压梯度就是水进入细胞内的动力。因此，可以说水成就了离子的进入，而离子也反过来成就了水的进入，两者是相辅相成的。

除了水的动力，微观状态下水的运输方式也需要重新审视。宏观状态下，在重力作用下，水同它流经的界面无论是否存在相互作用都无所谓，都可以实现流动。比如水在荷叶表面滑动，带来"出淤泥而不染"的效果，就是因为水同荷叶表面的微观结构不产生明显的相互作用。但在微观状态下，重力带来的红利几乎消失，水分子想实现运动，必须能够同经行的表面有相互作用才可以，这种相互作用常常是氢键。

细胞发展出了水通道便于水在渗透压下的快速跨膜。水通道蛋白允许水通行的一侧含有很多**羰基氧**（$C=O$），其中氧原子可以和水形成氢键，便于水通过；水通道的另一侧则是疏水的，同脂双层结合。原核细胞和真核细胞都发展出了水通道。在有高度水运输需求的细胞，如肾脏表皮细胞、外分泌腺细胞（胰腺、肝脏、乳腺、汗腺、唾液腺）中，水通道含量异常丰富。

水在运输的时候，面对一个非常关键的问题：如何防止离子浑水摸鱼。离子是溶解在水里的，随波逐流。但假如在水的运输中离子也暗随流水到天涯，那么细胞内外的渗透压梯度就很快被破坏，以致残存的驱动水进入的动力很快消解。水通道需要对付的，是在运输水的同时防止离子的进入。这绝不是一个容易解决的问题。

水通道发展出两种机制来防止离子的掺入。第一种方式很简单，就是水通道足够小。水通道如此狭窄，以至于即使水分子也只能排列成线状穿行。大多数离子虽然比水分子要小，但它们常常以水合的形式存在，这对于水通道就太大了，所以无法通过；它们当然可以选择脱去水分子而自行通过，但这一过程是需要能量的、无法自行发生，唯一的可能是通过与水通道侧壁相互作用以抵消水分子脱离带来的空虚，但这是不可能的，因为水通道的侧壁是疏水的。钠、钾、钙和氯离子等个头较大，因此无法通过水通道（图**9.7**）。

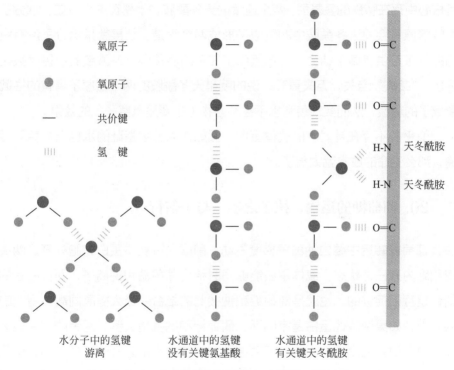

图 9.7　水通道为何能防止氢离子的通过

（如左图显示，水分子在水中会形成氢键，中心处水分子中的氧原子会和两个其他水分子的氢原子形成两个氢键，中心处水分子中的氢原子会分别和两个其他水分子中的氧原子形成一个氢键；这样算下来每个水分子可以和四个其他水分子形成氢键，而水分子中的每个氧原子有两个氢键的配额。中间图所示水通道中，每个氧原子还余一个氢键配额，因此氢离子可以利用这一配额自由通过。但如右图所示，水通道中间位置有两个天冬酰胺，可以和通过的水分子形成两个氢键，完全占据氧原子的氢键配额，于是该水分子就没有空余位置可供氢离子结合，也就阻止了氢离子的通过。）

那么个头最小的氢离子是如何被排除在水通道之外呢？氢离子如此之小，似乎应该能通过狭窄的水通道，它们被限制在水通道之外，这依赖于第二种方式：扼守水通道的重要氨基酸。水分子在狭窄的水通道里面以单分子首尾相连的形式排列，靠一个水分子中的 O 和相邻水分子中的 H 间的一个氢键相连，水分子 O 还空余一个形成氢键的位置，可供氢离子结合，这样氢离子就可以同水融合无间，自由穿行，直到它们遭遇水通道中的特殊氨基酸。水通道在其核心中存在特殊的氨基酸：两个连续的天冬酰胺。于是在这个位置，水分子中的氧原子会同天冬酰胺中的氢原子形成两个氢键，结果就是水分子没有空闲的位置可供氢离子结合，这样氢离子在水通道核心天冬酰胺的位置就被拦下了。"二夫"当关，万夫莫开，说的就是天冬酰胺的两个氢原子具有的拦截氢离子的功绩，从而实现善利水不善利万物（主要是氢离子）的效果。

似乎并不存在针对水的载体蛋白。假如作为万物基础的水也需要耗能运输，那么生命的成本就太高了。

20. 葡萄糖的运输，执子之手，与子偕行

葡萄糖转运主要由钠离子梯度驱动。前面说过载体蛋白有胞外开、两头堵和胞内开三种状态。载体蛋白能够同时结合葡萄糖和钠离子，而且两者的结合是互相促进的，也就是葡萄糖和钠彼此的结合能极大提高同载体蛋白的亲和力。如果说载体蛋白是家的话，葡萄糖和钠就是夫妻，两者的结合极大地提高了对家的牵挂。因此，葡萄糖更容易结合于胞外开的载体蛋白，这是由于钠离子的浓度是胞外远高于胞内。当葡萄糖和钠离子按比例稳定结合于胞外开的载体蛋白后，两头堵的状态接着发生了，这是一个符合热力学第二定律的状态。此后的过程不一定是胞内开，而是因随机热运动导致胞内开或者胞外开。如果是胞外开，什么也不会发生；但如果是胞内开，钠离子就会迅速离开，因为胞内的钠离子浓度很低，而一旦钠离子离开，葡萄糖也就顺理成章地到达胞内了。

21. 细胞内一切运输，ABC 载体

除了钾、钠、氢离子、钙、水、葡萄糖等，细胞内还需要运输各种重要的物质，如无机离子、氨基酸、单糖、多糖、多肽、脂类、药物，甚至转运比蛋白质载体还要大的蛋白质货物，所有这一切都是可以由称为 **ABC 载体**的蛋白质来运输的。

ABC 载体的共同结构类似剪刀。其中最重要的结构有两个，一个是结构核心中负责结合待转运小分子的部位，类似剪刀固定两片剪刀的轴；另一个是位于胞质面的两个结合 ATP 的部位，类似剪刀的两片手柄，就像剪刀手柄是负责剪刀开合一样，ATP 结合部位的作用也是让 ABC 载体开关。

ABC 载体的运输很简单，分三个不同的阶段。有两种不同的 ABC 载体，分别是细菌中的和真核细胞中的载体，它们运输的阶段是一样的，但因为小分子运输方向不一样而展现出很大差异。细菌 ABC 载体主要将小分子从胞外运进细胞质，真核生物的 ABC 载体则将小分子从细胞质中运入细胞器等位置。两种载体最初的状态都表现为剪刀结构的关闭，而两片手柄彼此分开，这样的结果是，在细菌载体中的小分子无法进入载体之中，而在真核细胞中小分子则结合到载体上；第二个阶段则是 ATP 的结合，这使载体的两片手柄贴合在一起，而剪刀剪切面打开，这样的结果是在细菌载体中小分子终于得到机会进入载体，而在真核细胞中小分子则脱离载体背离细胞质；第三个阶段是 ATP 水解，这时，载体的两片手柄又分开，剪刀合上，这样的结果使细菌载体中的小分子从载体脱离，进入细胞质，而在真核细胞中的载体又变为准备接受小分子的状态。

有一类 ABC 载体能将疏水的药物泵出细胞，称为**多药耐药蛋白**。很多癌细胞会有反常增加的多药耐药蛋白，这样它们就能在面对多种不同的化疗药物时依然生存，结果是，当癌细胞通过多药耐药蛋白发展出对某一种抗癌药的抗性的同时，也能对多种不同的抗癌药拥有抗性。有研究表明，大约 40%的肿瘤会发生多药耐药。另一个例子是疟原虫反常增加 ABC 载体，从而产生对抗疟药氯喹的抗性（图 9.8）。

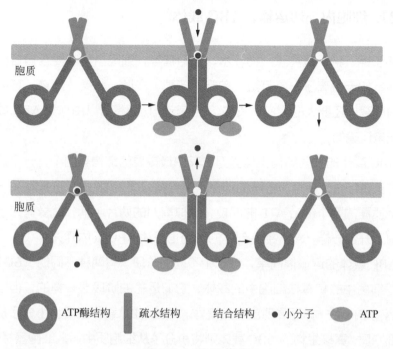

| ○ ATP酶结构 | ▮ 疏水结构 | 结合结构 | ● 小分子 | ⬭ ATP |

图 9.8　ABC 载体

（上图为细菌中 ABC 载体向胞内运输小分子，下图为真核细胞内 ABC 载体向胞外运输小分子。）

膜的出现标志了细胞的诞生，细胞为复制子提供了前所未有的庇护，可以说，安得细胞千万间，大辟天下复制子俱欢颜。一旦存在于膜包被的细胞之中，复制子就脱胎换骨，并有了新的名字——基因。

词汇表

詹姆斯·克拉克·麦克斯韦（James Clerk Maxwell，1831—1879）：英国数学家和物理学家，电磁学的创立者。1922 年爱因斯坦访问剑桥大学，主持人说他站在牛顿的肩膀上作出了伟大贡献，爱因斯坦更正，说他是站在了麦克斯韦的肩膀上。

芳香族分子（aromatic compounds）：含有苯环的化合物。

渗透压（osmotic pressure）：对于由一个仅能通过溶剂（如水）的膜分隔为两

部分的溶液（如葡萄糖溶液）而言，溶剂（如水）倾向于从浓度（葡萄糖）低的一侧流向浓度高的一侧，直到浓度一致为止，除非施加外力（如重力），阻止溶剂从低浓度一侧渗透到高浓度一侧，而在高浓度一侧施加的最小额外压强称为渗透压。

两亲性分子（amphipathic molecule）：同时具有亲水和疏水或者亲脂结构的分子，常见的如肥皂、去垢剂、脂蛋白、磷脂等。

双键（double bond）：共价键的一种，最常见的是碳碳（C═C）双键。

乙醇胺（ethanolamine）：一种自然发生的有机化合物，分子式为 C_2H_7NO，常常充当磷脂中的极性头，在细胞膜结构中发挥重要作用。

胆碱（choline）：一种化合物，不仅是膜的重要组成部分，还用来合成神经递质乙酰胆碱。

主族（main group）：元素周期表的竖列称为同一主族，如 N、P、As。

弗兰克·亨利·韦斯特海默（Frank Henry Westheimer，1912—2007）：美国化学家。

磷脂（phospholipid）：指的是由磷酸基团连接极性亲水头部和非极性疏水尾部的脂类。是构成细胞膜的主要脂类。

鞘氨醇（sphingosine）：18 碳氨基醇。常用来连接磷酸基团和疏水尾巴。

磷酸甘油酯（phosphoglyceride）：也叫甘油磷酸酯，指的是以甘油连接的磷脂，同以鞘氨醇连接的鞘磷脂相对。

鞘磷脂（sphingomyelin）：以鞘氨醇连接的磷脂，同以甘油连接的磷酸甘油酯相对。

萜类（terpenoid）：异戊二烯的聚合物以及它们衍生物的总称，通式 $(C_5H_8)_n$，松油的主要成分就是萜类。

脂筏（lipid rafts）：细胞膜上由鞘糖脂、胆固醇和蛋白质受体等组成的结构。

内吞（endocytosis）：将胞外物质裹挟进入细胞的过程。

囊泡（vesicle）：细胞内或者细胞外由脂双层包裹的结构，用于物质的分泌、摄取和运输。

蛋白激酶 C（protein kinase C）：细胞内调控信号转导的一个重要的酶，主要通过磷酸化其他蛋白质来发挥作用。

甘油三酯（triglyceride）：甘油的 3 个羟基与 3 个脂肪酸分子酯化生成的甘油酯，是细胞内脂类的储存方式。植物性甘油三酯多为油，动物性甘油三酯多为脂。

胆固醇酯（cholesterol ester）：胆固醇也是两亲性分子，结构中含有一个极性头和一个疏水尾，其极性头部同长链脂肪酸连接即形成胆固醇酯。胆固醇酯类似甘油三酯，是细胞内酯类的储存方式。

约翰·多恩（John Donne, 1572—1631）：被认为是最伟大的以英语写作的爱情诗人。

电化学梯度（electrochemical gradient）：浓度梯度和电位梯度的综合。

被动运输（passive transport）：顺电化学梯度的小分子跨膜运输。

主动运输（active transport）：逆电化学梯度的小分子跨膜运输。

通道蛋白（channel protein）：让小分子、离子和水等经行但并不同它们有强相互作用的跨膜蛋白质，负责被动运输，效率高。

载体蛋白（carrier protein）：让小分子、离子和水等经行并同它们仅有较弱相互作用的跨膜蛋白质，既能负责被动运输，也能负责主动运输，效率相对低。

单向转运体（uniporter）：转移单一物质跨膜的转运蛋白。

偶联载体（coupled transporter）：利用一种物质顺电化学梯度运输得到的能量，以实现另一种物质的逆电化学梯度运输的载体。

反向转运体（antiporter）：待运输物质和负责运输物质的电化学梯度一致的偶联载体。

同向转运体（symporter）：待运输物质和负责运输物质的电化学梯度相反的偶联载体。

神经递质（neurotransmitter）：神经细胞分泌的信号分子，可以跨越突触影响其他细胞。

ATP 泵（ATP-driven pump）：通过 ATP 水解驱动主动运输的载体。

钠钾泵（sodium–potassium pump）：所有动物细胞表面的一种载体蛋白，每消耗 1 分子 ATP 将 3 个钠离子泵出胞质而将 2 个钾离子泵入胞质。

钾（渗）通道（K⁺ leak channel）：负责钾离子顺电化学梯度自胞内流至胞外的通道蛋白。

静息电位（resting potential）：静息状态细胞的膜电位称为静息电位，以同兴奋细胞的动作电位相区别。静息电位常常是胞内为负胞外为正的。

肌质网（sarcoplasmic reticulum）：心肌和骨骼肌中的特殊的内质网，负责肌肉收缩。

多药耐药蛋白（multidrug resistance protein）：也叫作 P 型糖蛋白，属于 ABC 载体的一种，可以将疏水的药物泵出胞质。

氯喹（chloroquine）：一种用于疟疾治疗、防治的药物。

十、基因：三位一体

1. 什么是基因？

中文**基因**（gene）一词是由我国科学家谈家桢先生创造的，词义完全符合翻译"信、达、雅"的标准，按照字面意思可以看作基本因子的简称。但越是基本的概念，可能人们理解得越少。比如牛顿曾经改造过力、质量、惯性等概念，否则它们就不会适应牛顿力学的逻辑框架。基因的内涵同样是非常深刻的。

最初对英文 gene 的定义，采用的是一种颇为勉强的方法。基因的概念最初创于 1909 年，是丹麦植物学家**威廉·约翰森**提出来的："它（基因）或许适合用来表示配子里的遗传因子、元素或等位因子等，至于基因的本质，现在就提出假说还为时过早。"也就是说，约翰森当时尚无法定义基因，但觉得基因有着和**元素**类似的特点。18 世纪，英国化学家**罗伯特·波义耳**提出了对元素的新的定义：**一种不能再被分解为更基本的物质之物**。这种定义其实是一种勉强的方法，因为这种定义不依赖对目标的描述，而恰恰是依赖于对目标的无法描述。约翰森的基因定义类似元素，不同之处在于，针对元素，波义耳选择的定义方式是化学的分解，而约翰森定义基因采用的方法则是生物的**杂交**。要知道，1909 年，是孟德尔遗传学再发现后的第九年。从某种意义上说，杂交和化学反应具有内在的一致性：对某种结构（在杂交中这种结构是生命个体，在化学反应中这种结构是分子）的操控，从而找到背后的基本因素。因此，在最初，基因可以看作**一种不能再被杂交分解为更基本的物质之物**。

我们现在知道，基因的定义其实是不会被杂交束缚的。基因的逻辑载体是复制子，现实载体是 DNA。DNA 携带的遗传信息必须先传给**信使 RNA**，这叫**转录**，再由 RNA 传给蛋白质，这叫**翻译**，而蛋白质会表现出各种各样的功能。但是，从 DNA 到蛋白质远不是一对一的，同样的 DNA 会经由各种调节而产生很多不同版本的信使 RNA，同样的信使 RNA 也经过不同的控制产生更多的蛋白质，甚至蛋白质本身也会经历各种修饰。另外，基因的很多产物终于 RNA，而很多 RNA 也表现出类似蛋白质的催化、调节和结构功能。除此之外，不要忘了很多 RNA 病毒也存在于大自然之中，比如严重急性呼吸系统综合征冠状病毒 2 型（SARS-Cov-2），即俗称的新冠病毒，它们的结构组成中的遗传物质载体是 RNA，我们也习惯称之为该病毒的**基因组**。因此，现在对基因的定义是：**一段 DNA（或 RNA），它们对应着某一个蛋白质，或者某一系列蛋白质变异体，或者某个起着催化的、调节的或者结构功能的 RNA**。比如人类基因约 30 000 个，其中编码蛋白质的约 21 000 个，其余 9000 个编码各种有功能的 RNA。

2. 基因：一段 DNA

发现 DNA 是基因的载体，可能是 20 世纪最重要的科学发现，其过程纷繁复杂。1953 年 4 月 25 日，**沃森**和**克里克**发表在《自然》杂志上关于 DNA 结构的文章[45]一问世，就引起极大轰动。然而，在这篇文章里，沃森和克里克的措辞却非常低调："它（DNA 双螺旋）的结构没有逃脱我们的注意，即我们推测的 DNA 碱基配对结构暗示了一种可能的遗传机制。"

DNA 拥有复制子所需要的一切：有不错的稳定性，可以实现互补的双方嵌合，足够简单但也能通过简单的组合而实现复杂性。但我们能够说基因就是 DNA 吗？基因必须包含 DNA 以外的东西，如 RNA、蛋白质还有细胞结构。从这个意义上说，基因的逻辑属性并未完全消除，其 DNA 的物理属性也并未能够完全统治。说得更直白些，脱离细胞的基因的概念是没有意义的，这种提法甚至对病毒也适用，因为没有细胞作为宿主，病毒也无法生存。

但不管怎样，DNA 的序列对基因的影响是最大的，或者说，我们了解了一段 DNA 序列之后，可以推测出它编码的蛋白质和 RNA 参与的可能事件。因此，基因既是一段 DNA，又不仅仅是一段 DNA。

3. 基因：一种凝固的能量

基因需要 DNA 作为载体，还需要预先存在的 RNA、蛋白质、细胞结构以保证遗传信息的流动，当然为了驱动这一切，基因还需要能量。细胞需要的能量归根溯源固然来自外界环境，但细胞能量利用的方式则暗藏于基因之中。能量不是一件具体事物，而是体现在一个个具体分子之上的，如酶等。细胞将利用各种分子（如酶）获取能量的方式记录在基因组里，并在进化过程中反复修改。根据**爱因斯坦**的质能方程 $E=mc^2$，物质可以看作一种凝固的能量，而基因也可以看作一种凝固的能量，但更多地代表了能量利用的方式。

4. 基因：一份信息

基因更本质的特点则是信息。基因记载的，无非是其漫长生命历程中的信息罢了。

若要记录长时间尺度的信息，有两点至关重要：第一点是信息载体必须坚固，经得起时间的侵蚀；第二点是信息必须具有价值，因为跨越巨大时空传递信息主要障碍并非成本，而是意义。电报曾经价格昂贵所以惜字如金，但现在信息传播几乎是零成本，说明成本不是信息传播的主要问题，但是想想看，大多数人对自己的曾祖父的只言片语记住多少呢？

基因显然是信息的坚固载体，它已经存在了数十亿年，似乎比任何其他载体都要好。《三体Ⅲ 死神永生》中，主角收到 1890 万年前的信息，是刻在石头上的，经历沧海桑田，信息传达出来了，但字迹已经模糊[46]。也许时间再长些，这些信息就湮没无闻了。相比之下，基因远比石头好得多。

基因携带的信息也经过了过滤。对于个体而言，初为人父母的喜悦弥足珍贵；对于国家而言，一段艰难的奋斗历程则是很多人的共同记忆；对于一个民族，那些伟大人物更值得回忆。但这些记忆同地球进化相比，就都微不足道了。基因只记载那些在进化中有重大意义的事件，这些事件会改变 DNA 序列，而基因以这种方式记录了历史。越是久远的历史，有价值和意义的信息才能经受时空的冲刷得以留存，就像海水洗涤，大多数石头都变成沙粒，只有少数能如山峰屹立。基因记载的，就是生命进化的历史。基因只是在记录吗？基因也在书写。但从现在的情况看，基因更多地只是在记录。

基因记载的就是有意义的信息，这些信息的内容是：如何在无机世界里打造一片有机的天地。以最简单的病毒为例，它们的基因组编码的蛋白质主要是三类，分别是复制其基因组的蛋白质，包装和运送基因组到更多宿主细胞的蛋白质，以及修改宿主细胞结构或者功能从而增加病毒复制的蛋白质。也就是说，基因编码的蛋白质完全是为了基因自己的复制，这就构成了一个循环。

总之，基因是一段 DNA，是一种凝固的能量，也是信息的携带者。而且，没有离开细胞的基因，正如没有离开基因的细胞。

5. 基因型与表型，表里不一

基因编码蛋白质带来了一个问题，那就是基因的效果无法直接察觉，只能通过蛋白质显现。这导致了两个概念的产生，一个叫作**基因型**，指的是一个个体的、具体的基因组构成；另一个叫作**表型**，指的是一个个体的、可以观察到的特征。生物学中基因型与表型的关系类似于哲学中的现象与本质的关系。我们观察现象就是为了了解本质，因为了解了本质之后才可以为我所用。比如我们了解了某种疾病（表型）的原因（基因型），就可以有的放矢地改变或者改善基因型，以治疗或者改善疾病。

在人类意识到基因的本质是 DNA 之前，有独立的表型，却没有独立的基因型，因为所有的基因型都是依据表型的逻辑对应物。在人类了解到 DNA 是遗传物质之后，也有了独立的基因型，但我们只知道其序列，不完全了解它们对应的表型。随着测序技术的迅速进步，人们了解到了海量的测序结果，找到序列对应的表型是当今生物学的任务之一。

我们可能找到基因型和表型的 100% 匹配关系吗？这是不可能的。基因型是缓慢变化的，但是表型却是层出不穷的，比如汽车出现后，那么就一定有些基因会同更好地驾驶汽车有关，所以人们永远无法建立起基因型和表型的完美对应，但通过了解基因型，人们对新表型的预测可能会更加有把握。

6. 基因组，生命词典

基因的意义只在集体中才得以显现，就像词典中的所有词是循环定义的一样。基因之间彼此影响，比如 DNA 复制依赖于 **DNA 聚合酶**，而 DNA 聚合酶本身又是由 DNA 编码的。这是一个鸡生蛋、蛋生鸡的复杂问题，其答案只能是鸡和蛋同时被定义，彼此互相解释。

因此，一个更合适的概念可能是**基因组**。基因组的定义是：一段长的、包含机体及其细胞全部遗传信息的 DNA 序列（a long sequence of deoxyribonucleic acid (DNA) that provides the complete set of hereditary information carried by the organism as well as its individual cells）[2]。一个基因就像词典中的一个单词，是没有意义的，基因只有在基因组中才成为基因，就像单词在词典里面才成为单词一样。

7. 基因可抵岁月漫长，但有些基因做得更好

基因组中的基因是不同的。基因或者自发变异，或者被外界环境影响以至变异积累，而这种变异会被**自然选择**固定。在基因发生的变异中，自然选择的固定是有倾向的：有些基因变异不被允许，因为这些基因非常重要，一旦改变就会对物种造成极坏的影响，于是就以被灭绝的方式消失在进化的路途中了；有些基因的变异则可任意发生，因为这些基因不那么关键，一旦改变并不会导致物种的灭亡，于是它们的变异大量存在。这种衡量基因的 DNA 序列的改变程度的量度，叫作**保守性**。

基因的保守性差异很大。核糖体基因负责蛋白质的翻译，而蛋白质翻译在所有细胞中都是极其重要的，因此核糖体基因具有极大的保守性，可以用来判断物种在进化过程中的亲缘关系，这就是所谓的**进化树**。

8. 最初的基因组

一本最简单的生命词典，也就是基因组，会是什么样呢？可以想象应该是同义词最少的、但足以完成交流的一本小册子。最初的基因组应该是足以支撑生命，但是极其精简、相同功能或者备份功能基因很少。

现在已经很难推测出最初的细胞中的基因组是什么样的，但有两种方法可以用作推断，第一种是找出各个物种中共同的基因（**表10.1**）。在约200个为所有物种共享的基因家族中，蛋白质翻译的基因家族最多，其他的包括物质代谢、能量代谢、复制重组和修复等，这说明了细胞最需要的基因就是负责信息处理和物质代谢的。这些基因可能代表了细胞维持生命最基本的基因，可能也是细胞中最初的基因组。

表10.1 所有物种中共同的基因家族

参与事件	基因家族数
翻译	63
氨基酸转运与代谢	43
辅酶转运与代谢	22
能量生产与转换	19
碳水化合物转运与代谢	16
核苷酸转运与代谢	15
复制、重组与修复	13

注：所有物种中共同的基因按照数量排序，最多的是翻译相关，其次是物质代谢、能量转换，以及DNA复制和修复等。

另一种方法是看最简单的细胞生命所需要的基因。**支原体**是最简单的细胞结构，其全部DNA于1995年测序完成，其中最多的基因依然是蛋白质翻译相关，其次是物质和能量代谢等，与所有物种中共同的基因结果一致[47]。

9. 基因在 DNA 中的存在，两条珍珠项链

基因在 DNA 上以什么形式存在呢？最初的原核生物的基因鳞次栉比地排列在 DNA 之上，非常紧凑，类似一条短小紧绷的手链。作为原核细胞进化的遗迹，线粒体提供了一个绝佳的例子。线粒体含有 16 569 个碱基对，编码了 37 个基因，其中 13 个编码蛋白质，剩下的编码 RNA，它们紧紧排列在 DNA 之上，中间绝无空隙；不仅绝无空隙，甚至有重叠现象，有两个同 **ATP** 生成的基因就共享一段 DNA。

随着进化，基因在 DNA 上的形式发生了什么变化呢？有两个趋势，一个是基因的增多，另一个是基因内和基因间的结构发生了改变（**图 10.1**）。

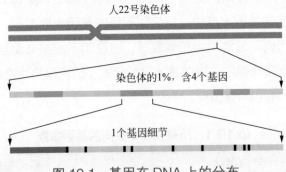

图 10.1　基因在 DNA 上的分布

（22 号染色体是人类次短的染色体，虽然一度被认为是最短的，但测序结果表明 21 号才是最短的。22 号染色体中每条 DNA 有 4800 万碱基对，含有约 400 个基因。每个基因含有调控 DNA 序列（深灰色）、内含子（浅灰色）和外显子（黑色）。外显子转录为 RNA，后者进一步翻译为蛋白质，蛋白质会经历折叠和各种修饰。）

在真核细胞中，基因在 DNA 上散在分布。同原核的紧绷手链不同，真核细胞基因的结构有点像珍珠项链。一串理想的珍珠项链最大的特点是珍珠松散优雅地分布在丝线之上。基因也是如此，一个基因内部负责蛋白质或者有功能 RNA 的序列常常散在分布，就像珍珠，我们称之为**外显子**。将外显子分开的、类似穿珍珠的丝线的序列，叫作**内含子**，它们并不参与表达蛋白质或者功能 RNA。内含子的长度一般比外显子长很多，就像一般丝线总是比珍珠长一样。

人类基因组内含子的平均长度是 3400 个碱基对，而外显子则仅是 145 个碱基对。除了外显子和内含子，基因内还有很多其他功能序列，如**启动子**、**增强子**，它们主要负责的是调节遗传信息从 DNA 中抄写成信使 RNA 或者其他 RNA 的次数，抄写次数越多，则 RNA 越多，而最终的蛋白质一般也会越多，反之亦然。

那么，不同基因在 DNA 长链上又是一种什么形态呢？这是一条更高层次的珍珠项链，现在，每个基因变成了珍珠，它们散在分布，中间间隔的是基因间序列。同基因内部的情况相似，基因间的序列也远远长于基因序列。在人类基因组中，编码蛋白质的序列仅占 1.5%。

从原核细胞到真核细胞，为什么基因组结构发生了这么多的改变呢？恐怕还是为了效率与安全。随着基因数的增多，基因间的关系就变得很复杂，基因的特定时空的表达就变得尤为重要，而基因内和基因间的序列可能就起到这样一种调节作用，从而保证高效而安全地在特定时空表达蛋白质。基因内部内含子序列长于外显子序列，基因间序列长于基因的序列，这似乎令人想到老子说的一句话："有之以为利，无之以为用"，有之就是具体作用，无之则是对具体作用的调控。

10. 基因写回文诗吗？

现在的基因大都是利用自己一个方向的序列来编辑遗传信息的，那么，如果正反向同时应用，是不是更能提高效率？听起来很好，但由于蛋白质的功能依赖 DNA 序列的复杂度，当一个方向确定后，另一个方向能携带有意义信息的可能性就大大降低了。

中国古代有所谓的回文诗，就是正反念都有意义的诗，著名的有《题金山寺》：

> 潮随暗浪雪山倾，远浦渔舟钓月明。
>
> 桥对寺门松径小，槛当泉眼石波清。
>
> 迢迢绿树江天晓，霭霭红霞海日晴。
>
> 遥望四边云接水，碧峰千点数鸿轻。

反过来念也一样出彩：

> 轻鸿数点千峰碧，水接云边四望遥。
>
> 晴日海霞红霭霭，晓天江树绿迢迢。
>
> 清波石眼泉当槛，小径松门寺对桥。
>
> 明月钓舟渔浦远，倾山雪浪暗随潮。

这首诗正着念气象雄伟端丽，反过来念则辽远空阔。但这样的诗词还是很少的，主要是两种顺序很难兼顾。

但 DNA 两个方向都有意义的情形并不少见。这就是**反义 RNA**。反义 RNA 可以和信使 RNA 一定程度地结合，并抑制其翻译，所以天然地提供了对信使 RNA 的反面调控。也就是说，反义 RNA 的意义不在于提供"是"的信息，而在于提供了"否"的信息，增加了遗传信息表达的多样性，从而提高了效率，也确保了安全。

11. 基因中的同事、亲戚和邻居

那么，在 DNA 上排列的基因是以一种什么顺序来排列的呢？为什么此基因接续彼基因呢？

先分析基因之间的关系，然后再看它们在 DNA 上的排列。人际关系主要分同事、亲戚和邻居。基因间的关系也差不多，可以分为"同事"基因、"亲戚"基因和"邻居"基因。"同事"基因指彼此配合，共同完成某些细胞事件的基因，例如一个相对分子质量 53 000 的蛋白质的基因 *TP53* 可以和一个相对分子质量 21 000 的蛋白质的基因 *P21* 一起，调节细胞的死亡等过程，所以是"同事"基因。"亲戚"基因指属于同一个家族，结构、功能都类似，常常在不同场合发挥作用，有时候也可以互相替代的基因，例如 *BRCA1*、*BRCA2* 等基因，就是"亲戚"基因，这两个亲戚基因都负责 DNA 损伤的修复，也都和乳腺癌关系密切。"邻居"基因呢？我们知道，真核细胞基因是存在于**染色体**上的，所以，在同一条染色体上位置相近的基因，就可以称为"邻居"基因。邻居基因的分布，就是基因在 DNA 上的排列。

在真核细胞中，基因在 DNA 上排列的一条重要原则是：同事基因和亲戚基因尽量不做邻居。这样做的坏处是效率下降了，但好处却是当局部出问题时基因却不至于受影响，从而确保了安全。比如，以邻居为单位，既是亲戚，又是同事，这是最好的组合，能够保证效率：基因在细胞内往返调度，是需要很大成本的，如果大家都在一起，那就像公司的员工住集体宿舍，用共同的食堂，搭乘共同的班车一样方便；然而坏处也是明显的，那就是一损俱损，一旦发生某些染色体区域的丢失，这些基因就会都受到影响，就像食堂发生食物中毒，所有员工都没有办法上班，工厂就停业了。真核细胞基因组作为一个复杂的体系，每时每刻都会遭遇各种危机，所以分散目标，把不同基因放在不同的位置，就最大程度地减少了危机。"不要把所有鸡蛋放在同一个篮子里"，基因组就是这么做的。

同事基因和亲戚基因尽量不做邻居是一种较优策略。中国赤麂和印度赤麂很好地说明了这一点（图 10.2）。中国赤麂和人一样，有 23 对染色体，印度赤麂则只有 3 对（雌性）或 3 对半（雄性）染色体，但是两者的基因非常相似，外形也是如此。2018 年中国的科学家成功地构建了只有一条染色体的酵母 [48]，而一般来说酵母有 16 条染色体。这些事实说明了同事和亲戚都是可以成为邻居的。

 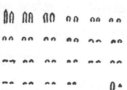 

中国赤麂　　　　　　　　　　　　　　印度赤麂

图 10.2　中国赤麂和印度赤麂

（两者的外形和基因都类似，但中国赤麂有 23 对 46 条染色体，而印度赤麂雌性和雄性分别有 6 条和 7 条染色体。）

事实上，同事基因和亲戚基因尽量不做邻居的原则并非一开始就形成的，而是进化的结果，或者说进化的方向是效率与安全的提高。所有基因在最初都是近邻＋亲戚＋同事。想想看，地球上最初的生命只有少数的基因，而这些基因都是居住在一起，共同进退，就像原始的氏族部落：协同行动，发挥所有的功能。可是随着基因家族的发展壮大，有些兄弟姐妹逐渐搬出旧居，这样就形成了庞大的"亲戚"基因。亲戚基因最初当然是居住在一起的，也是邻居，但是当它们不做邻居而又能发挥类似功能时，毫无疑问是更有优势的。这些来自不同家族的基因会组合在一起，共同完成一项事业，这就形成了"同事"基因。

虽然同事基因和亲戚基因尽量不做邻居是一种大的原则，但是基因组充满了多样性，是效率与安全的博弈，所以，存在一些个例，这些个例恰恰是基因组效率与安全兼顾的明证。比如基因组中还遗留有邻居＋亲戚＋同事的组合，这存在于一些非常古老的基因家族。同发育密切相关的**HOX 家族**基因分为 A、B、C、D 4 个亚族，每个亚族都有不到 13 个基因，很多基因共同工作，如 A 族的 9 和 10。

12. 细胞中基因数量

对于一个细胞而言，有多少个基因才能足够呢？这个问题基本等价于：多少个基因才能让一个细胞有效生存和繁殖呢？其中"有效"二字很重要。基因数量太少固然无法有效地保持自身稳定，太多了也会带来效率与安全方面的问题。基因数量总是在有限资源下的一个合适的解。

据估计，基因数量的下限可能是 300 个。一种叫作**生殖支原体**的单细胞生物拥有 470 个基因，其中 43 个用来编码各种 RNA，功能已知或者可推断的编码蛋白质的基因有 339 个，其中 154 个涉及复制、转录、翻译；98 个涉及细胞膜和细胞表面结构与功能；71 个涉及能量转换、小分子的合成和降解；46 个涉及营养物质和其他分子的跨膜转运；12 个涉及细胞分裂的调控 [38]。从各类基因的相对比例看来，也能看出细胞对各种功能的投入情况：首先最多的是同遗传信息传递有关的基因，其次是维持细胞相对独立结构的基础（即膜）的基因，最后是能量转换和物质交互的基因。对于细胞而言，首先是信息，其次是能量，最后才是物质。

　　大多数细菌、古菌等含有 1000~6000 个基因。细菌要在有限资源下迅速繁殖，要有一个适中的表面积、体积比。因为随着细菌细胞直径的增长，体积的增长比表面积增长要快得多，而表面积是营养物质进入和废物输出的渠道，细菌的直径不能太大，否则其表面积无法负担如此大的体积，也就无法承载很多的基因，所以，1000~6000 是大多数细菌中基因数的一个很好的解决方案。

　　大多数物种的基因数的上限是 30 000 左右，可能因为这样的基因数是安全与效率的极限，超过了这个极限，基因的安全和效率似乎就无法保证了。人类的基因数大概是 30 000，这算上了编码蛋白质的和 RNA 的基因。有趣的是，目前已知的含有最多基因的物种居然是**水蚤**（*Daphnia pulex*）[49]。

13. 性，最大的水平基因转移

　　既然最少 300 个基因就能满足基本需求，那么大多数物种中超过这一数字的基因是如何发展起来的呢？

　　基因可以通过很多方式产生变化，就像积木一样。一种叫作**基因内突变**，就像单个积木某个结构改变了位置；另一种叫作**基因重复**，就像两块同样的积木组合在一起；还有一种叫作 **DNA 片段移动**，就像搭好的一块积木从一个位置移动到另一个位置。这些变化都会让基因组更复杂，就像积木的变化带来了更多的新花样一样。以上 3 种基因变异的方式中，只有基因重复常常导致**基因家族**的诞生。所谓基因家族，就是结构类似、功能相近的一组基因。

　　以上所有的基因变动都是在一个细胞里面发生的，就像积木属于同一个小朋友。但有时，不同的小朋友会交换积木，即基因可以在细胞间转移，这称为**水平基因转移**。无论是一个细胞内的基因改变，还是不同细胞间的基因转移，最终都要通过细胞分裂传递给子代，这种代与代之间的基因转移，称为**垂直基因转移**，其实就是遗传。

　　基因的水平转移是原核细胞和病毒中常见的基因传递方式。在原始地球最初的复制子之中，基因的水平转移和垂直转移是一致的，这是因为最初的复制子 A 将信息传递给复制子 B 就是通过水平的方式，但也可以将 B 看成 A 的子代，所以对于最初的复制子，水平即是垂直。随着膜的出现、原核生物的诞生，细胞的基因组具有相对的稳定性，垂直基因转移成为主要方式，但原核生物依然维持了很高的水平基因转移比例。归功于水平基因转移，在过去的 40 年里，**淋病奈瑟球菌**迅速发展出了对青霉素的抗性。而据估计，在过去的 1 亿年里，大肠杆菌通过水平基因转移获得了约 18% 的基因组。

真核细胞其实也很大程度依赖水平基因转移。远古时代线粒体同厌氧古菌的无间融合，带来了线粒体基因向细胞核的水平转移，并孵育了新的生命形式，也就是真核细胞。当多细胞真核生物发展起来后，不进行遗传信息传递的**体细胞**和负责遗传信息传递的**生殖细胞**发展起来，生殖细胞被层层围绕的体细胞很好地保护起来，直接的水平基因转移无法实现，但性成为一种完美的替代品，并且成就了极大程度的水平基因转移：两性繁殖意味着每一个受精卵中，精子和卵子各自贡献 50% 的基因。

基因似乎是在水平转移和垂直转移之间平衡。基因需要在变与不变之间权衡，变得太快就失去了自我，没有了安全，变得太慢则无法应对挑战，丢失了效率。垂直基因转移侧重不变，防止迷失自我，保证安全，水平基因转移侧重改变，防止全军覆没，增进了效率。高等生物通过垂直基因转移保证自我，而通过性维持水平基因转移，但高等生物同时存在较为严格的生殖隔离，相当于给水平基因转移加上保险，还是安全与效率平衡的结果。

14. 假基因，假作真时无为有

庞大基因组中有个有意思的现象，那就是有数量不低的假基因。以人类基因组为例，其中含有约 21 000 个编码蛋白质的基因、9000 个编码功能 RNA 的基因，以及超过 20 000 个假基因。假基因既然为假，确定其身份就有一定难度，也就同样难以确定其具体数量，实际数字可能还要超过 20 000。假基因的数量居然和真基因相仿，这是违反直觉的一个现象。

假基因指的是同真实基因相近的 DNA 序列，但它们包含大量突变，无法正常表达或者即使表达也无法发挥正常功能。假基因通常是功能基因复制的结果，但积累了有害突变。假基因可以看作基因发展中的一条条死路。

死路有时也能偶尔走通，假基因中也有置之死地而后生的情形。比如有些假基因中能产生具有功能的**干扰小 RNA**，从而发挥某些调节作用。

15. C 值与 G 值矛盾

似乎可以判断，随着基因组的增大，基因数会相应增加。的确如此，但是有些小瑕疵，这就是 C 值矛盾和 G 值矛盾。

1953 年，沃森和克里克划时代的论文发表，证实 DNA 的双螺旋结构。然而，在此论文发表前 3 年，基因组的大小就被测量了。1950 年的时候，**斯威夫特**就测量了植物中基因组的大小，并将之称为 C 值，之所以叫这个名字，因为作者原文中用了 constancy 这个词，这个词有坚定不移、持久不变的意思，表示基因组大小的稳定性 [50]。与人们的直觉一致，随着物种的复杂度的增加，如从细菌到人，C 值总体上是增加的。然而，有两点不和谐，第一是在不同物种中存在一些特例，其中 C 值和物种复杂度不一致，如松叶蕨，其基因组大小达到了 1473 亿个碱基对，是人的 46 倍；第二是在同一物种中 C 值可能有极大的变化，如荸荠属的植物，它们的基因组差别可达 20 倍。这种特例，也就是物种复杂度同基因组大小的不一致，称为 C 值矛盾。后来人们又发现了 G 值矛盾，指的是物种基因数同复杂度不一致的情况，比如斑马鱼、火炬松、小麦、大豆甚至纤毛虫的基因数都比人的要多 [51]。

现在人们认为 C 值与 G 值矛盾的解决之道可能在于 I 值（信息）。I 值认为，衡量复杂程度不能仅仅看基因组大小或者基因数，还要看信息的复杂程度。信息的复杂程度并不仅由 DNA 的大小或者基因的多少决定，因为同样的信使 RNA 会经历不同的**剪接**，蛋白质也经历极多的修饰，这些信息的生成可能大大超过 DNA 的尺寸和基因的数目。C 值与 G 值都不能很好地反映复杂的基因信息，所以出现矛盾也就理所当然了，I 值则可以解决这个问题。当然如何衡量基因组的实际信息量依然是一个艰巨的任务。

16. 垃圾 DNA?

基因组测序计划发现人类基因组中编码序列仅占 1.5%，这大大出乎科学家的意料之外，所以有了所谓的**垃圾 DNA** 的说法。甚至本书引用最多的、**阿尔伯茨**《细胞分子生物学》也持这种观点。这种观点认为：很多非编码 DNA 几乎必然是可以抛弃的垃圾，就像阁楼里的旧报纸，如果没有腾出空间的压力，那么人们更容易留下每件东西，而不是找出有用的、扔掉无用的。另一项对基因组的评论则更加尖锐：在某些方面基因组可能类似于人们的车库、卧室、冰箱或者生活，高度个人化同时也杂乱无章；几乎看不到整齐组织的证据；大量积累的纷杂；几乎没有任何东西被丢弃；而少数明显有价值的物品不分青红皂白地、显然不小心地散落在各处。某些罕见的真核细胞物种支持垃圾 DNA 的假设，比如**河豚**让它们的亲戚在基因组上的浪费暴露无遗：河豚中的非编码 DNA 数量非常少，但在物种结构、行为和适应性上同它们那些含有很多非编码 DNA 的亲戚几乎一致。

我却不能同意这种垃圾 DNA 的看法。以人为例，编码的 DNA 仅占 1.5%，但需要注意，还有 3.5% 高度保守序列，这些序列因为发挥比较重要功能而序列保守，如编码功能 RNA；除此之外，可以估计内含子约占 35%，因为外显子平均是 145 个碱基对而内含子是 3400 个碱基对；人类基因组上占大头的是拷贝数很高的重复序列，约占 50%，它们常常同**染色体**结构有关。这些序列中，我们能说哪些是垃圾、旧报纸，或者说车库、卧室、冰箱中的废物呢？占 50% 的高度重复序列影响遗传物质分离，占 35% 的内含子影响基因的剪接，产生了极大的基因多样性，3.5% 的高度保守序列影响基因表达调控，从哪个角度看，这些所谓的垃圾序列都具有重要意义。

所谓的垃圾 DNA，可能通过看似冗余的、降低效率的方式，促进了基因在特定时空表达，从而提高了安全性。**詹姆斯·格雷克**在《信息简史》中指出，在语言中，"为了克服歧义和进行纠错而专门引入额外的比特"，这是一种常见现象。例如"细胞"和"喜报"、"基因"和"即饮"、"蛋白"和"单摆"等，它们作为单个词汇只看读音的话，本身的区分度并不高，为了进行区分，额外的冗余是必需的，如人们能轻易地判断出"细胞生物学"，而不是"喜报生物学"；"基因突变"而不是"即饮突变"；"蛋白酶"而不是"单摆酶"。詹姆斯进一步提到了一个公式 $H=n\log s$，H 表示讯息的信息量，n 表示讯息中的符号数，s 则表示语言中可用的符号总数。这个公式意味着，为了传递一定信息量的具体的信息，语言中可用的符号 s 越少，用于传递信息的符号数 n 就要越多。细胞基因组几乎一定可以看作是一种信息的，s 既可以看作所有物种核心基因数，也可看作某类物种的主要基因数，前者是 300~500，对于后者中的细菌，这个数字是 1000~6000；n 可以用来量度调控基因的方式；H 则可以看成对世界的适应方式。当 s 一定程度固定的情况下，若要更好地适应世界甚至改造世界，就要提高 n 的数值。这个提法似乎可以用来解释 C 值矛盾中同人相关的内容，为什么我们的基因 s 还没有水蚤多，这可能是因为我们调控基因的方式 n 更加复杂。所谓的垃圾 DNA，其实是富含对编码基因的特定时空表达的信息，提高了 n 的值。

基因一词诞生于 1909 年，但基因已经统治地球数十亿年了，那么，基因中蕴藏的生命信息是如何兑现的呢？

词汇表

威廉·约翰森（Wilhelm Johannsen，1857—1927）：丹麦植物学家，创造了 gene（基因）、genotype（基因型）、phenotype（表型）等词汇。

罗伯特·波义耳（Robert Boyle，1627—1691）：英国化学家，被认为是近代第一位化学家。发现细胞的罗伯特·胡克曾是波义耳的助手。

基因组（genome）：一个有机体的所有的基因信息。

进化树（phylogenetic tree）：类似树一样的分支图，用以根据生理和基因特征的异同来表示物种在进化上的亲缘关系。

反义 RNA（antisense RNA）：同编码蛋白质互补的单链 RNA，可以调控基因表达。

TP53：P53 蛋白基因。P53 蛋白是一个肿瘤抑制因子，被称为基因组的守护者。

P21：细胞周期蛋白激酶抑制因子。

BRCA1/2：肿瘤抑制基因，参与 DNA 损伤修复，同乳腺癌易感性有关。

HOX：一类同源框基因，同动物头尾身体模式形成有关。

水蚤（Daphnia pulex）：拥有 30 907 个基因。

水平基因转移（horizontal gene transfer）：遗传材料并非在父母子女之间而是
　　在单细胞或者多细胞之间的传递。

垂直基因转移（vertical gene transfer）：遗传材料在父代子代之间的传递。

淋病奈瑟球菌（*Neisseria gonorrhoeae*）：革兰氏阴性菌，引起淋病。

假基因（pseudogenes）：同功能基因 DNA 序列类似但无功能的基因。

C 值矛盾（C value paradox）：基因组大小同物种复杂度不一致的现象。

G 值矛盾（G value paradox）：基因数同物种复杂度不一致的现象。

休森·斯威夫特（Hewson Swift，1920—2004）：美国细胞生物学家。

垃圾 DNA（junk DNA）：没有功能的 DNA 序列。

十一、基因信息读取：一万年来谁著史

1. 基因信息含量，香农的低估

1949 年夏，**克劳德·香农**已经在前一年写出了划时代的巨著《通信的数学理论》，但这篇只有 55 页的论文的单行本尚未出版。一天，香农用铅笔在一张纸上画下了一条竖线，然后在线的左边写下了信息容量，从 10^0 到 10^{13}，在线的右边则写下了他想到的匹配的事物，比如在 10^4 旁他写的是"单行距打字页面"，在 10^9 旁他写的是《不列颠百科全书》，在 10^{14} 旁他写的是美国国会图书馆。然而令人惊讶的是，在 10^5 旁，香农写下的是人类的基因构成[7]。

我们现在知道，成人身体中细胞高达 10^{14} 个，而每个细胞中的基因组含有超过 32 亿个碱基。但这并不是信息的全部，基因组中的 DNA 会在不同时空表达不一样的信息，从而实现复杂多变的生命功能。

2. 重新审视中心法则

人类基因组虽然有 32 亿个碱基，但这其实并不是太大，而是很小。人类基因组传达的信息量远不止 32 亿，这是因为同样的基因可以制造很多的**信使 RNA**，而同样的信使 RNA 又可以制造更多的蛋白质。**中心法则**，也就是从 DNA 到 RNA 再到蛋白质的信息流向，也实现了信息的级联放大效应，从而确保了遗传信息的经济性。正因为如此，人类基因组中大多数基因只有一份。如果没有中心法则而由 RNA 同时充当信息载体和功能载体——假如那是可能的话——基因组的庞大将是无法想象的。

3. RNA 聚合酶，轻率的抄写员

从 DNA 到 RNA，这一步被称为**转录**，也就是将遗传信息从 DNA 抄录在 RNA 上，这是由一种叫作 **RNA 聚合酶**的蛋白质来完成的。

RNA 聚合酶效率非常高，这并非由于其本身有多么卓越，而是因为 RNA 分子本身。RNA 同 DNA 的结合力低于 DNA 双链的亲和力，所以 RNA 一经合成出来，马上就同 DNA 分离了。正因为这一点，以 DNA 为模板的一条 RNA 链尚未完全合成完之前，基于同样模板的另一条 RNA 链的合成就可以开始了。**DNA 聚合酶**则没有 RNA 聚合酶这样的优势，事实上，DNA 聚合酶甚至会被限制同时启动多次复制的倾向，因为这会导致基因组的不稳定性。

当然 RNA 聚合酶本身的效率还是很高的，至少比 DNA 聚合酶要高，这是因为它没有像 DNA 聚合酶那样的纠错机制。DNA 聚合酶的错误率只有 $1/10^7$，而 RNA 聚合酶的错误率高达 $1/10^4$，但这是细胞可以容忍的，因为 RNA 并不携带需要长久流传的遗传信息。细胞不是完美主义者。

4. 启动子，行李箱中的标签

远行的人常常要带足够多的装备，但是带的东西多也有自己的麻烦，比如突遇急雨，想要一下子从纷乱的行李中找到雨伞，就不是件容易的事。一个好的办法是给各种物品打上标签，这样在需要的时候，我们的眼睛观察，我们的手行动，可以顺藤摸瓜，根据标签抓取到合适的物品。

基因组也面对这样的问题，在进化中为了应对各种可能的状况，基因组需要囊括尽可能多的基因，所以 DNA 的长链包罗万象，但是在具体情况下如何从这些 DNA 中得到需要的信使 RNA，以便进一步制造适当的蛋白质呢？DNA 也存在类似标签的信号，会被特定的蛋白因子识别，于是 RNA 聚合酶知道从哪里开始，到哪里结束。

大肠杆菌中这种用于标识转录开始的存在于 DNA 上的信号，叫作**启动**

子，就像行李中的标签；识别启动子的，是一种称为 σ **因子**的蛋白质，就像眼睛；为了提高效率，σ 因子总是和 RNA 聚合酶待在一起，就像手眼协调。σ 因子和 RNA 聚合酶形成的复合物通常沿着 DNA 快速滑动，但它们和 DNA 的结合很弱，所以常常会脱落下来，然而，当它们遇到启动子的时候，σ 因子同 DNA 双螺旋形成特殊联系，结合变强，于是转录开始。

5. RNA 聚合酶的逃离，外面的鸟想住进去，笼内的鸟想飞出来

RNA 聚合酶就像一只鸟，它总是想找到启动子，开始自己的工作，但是启动子是个笼子，一旦 RNA 聚合酶找到了这个笼子，却又迫不及待地要逃离，否则就没有办法完成工作合成 RNA 了。那么，RNA 聚合酶是如何逃离的呢？

事实上，RNA 聚合酶的逃离付出了一些代价，但这是它们完全能承受的。RNA 聚合酶结合于启动子，既然轻易无法离开，那么既来之则安之，RNA 聚合酶就开始合成 RNA，但它们还做了一件事，就是将上游的 DNA 拉向自己，这会产生很大的力。这种力如此之大，必须被化解，而合成的 RNA 的释放缓解了力，并赋予了 RNA 聚合酶一个反作用力，当然此时的 RNA 聚合酶依然在启动子的势力范围之内。RNA 聚合酶不断地重复这个生产 RNA、牵拉 DNA 的过程，科学家们甚至给这个过程起了个名字，叫**流产性起始**，但这个名字从未揭示出 RNA 聚合酶的聪慧之处。最终 RNA 聚合酶积聚了足够的力，逃离了启动子，同时 σ 因子也离开了，于是开始了它们真正的 RNA 的合成，并一直延伸下去。

但 RNA 合成不会无限进行下去，当 RNA 聚合酶遇到另一类信号，即**终止子**时，转录就停止了。终止子之所以具有这种能力，是因为这段终止子 DNA 转录出来后，会形成一种发夹的结构，同 RNA 聚合酶的亲和力下降，并从 RNA 聚合酶上脱落下来。

6. 三种 RNA 聚合酶，精心策划的分工

以上提到的是大肠杆菌的转录，**真核细胞**的转录比**原核细胞**要复杂得多。

大肠杆菌只有 460 万碱基对，存在于一条环状 DNA 之上，而人类真核细胞的碱基对达 32 亿，并存在于 23 对染色体之上，关键的是基因还呈现**组织特异性**转录，也就是不同的器官、组织和细胞的基因组构成虽然一样，但是转录出来的信息却是有极大差异的，因此真核细胞的转录是异常繁复的。为了满足这样的需求，真核细胞的 RNA 聚合酶不是一种，而是三种，分别称为 RNA 聚合酶 I、II、III（**表 11.1**）。这三种 RNA 聚合酶负责的基因差别很大，反映了真核细胞中的专业化趋势。

表 11.1　真核生物 RNA 聚合酶

类型	转录基因
RNA 聚合酶 I	rRNAs（除 5s）
RNA 聚合酶 II	mRNAs、snoRNAs、miRNAs、siRNAs、lncRNAs、snRNAs
RNA 聚合酶 III	tRNAs、5s rRNA、一些 snRNAs

注：真核细胞中存在 3 种 RNA 聚合酶，核糖体 RNA（rRNAs）由 RNA 聚合酶 I 转录，信使 RNA（mRNAs）等由 RNA 聚合酶 II 转录，转运 RNA（tRNA）等由 RNA 聚合酶 III 转录。

7. 转录激活因子，大厨的下手

除了复杂多样的 RNA 聚合酶，辅助聚合酶的因子在真核细胞中也有很多。在大肠杆菌中 RNA 聚合酶最常见的辅助因子是 σ 因子，而在真核细胞中 RNA 聚合酶 II 的辅助因子则有一系列，称为**通用转录因子**。这些因子能对转录的起始有精确的控制，以满足真核细胞的需求。这是因为真核生物的 DNA 的存在形式是**染色质和染色体**，它们由核小体作为最基本的单位，又经历了复杂的组织，所以启动转录需要突破这层层的障碍。如果说 RNA 聚合酶是厨师的话，那么通用转录因子就是帮厨（**图 11.1**）。

真核细胞转录除了通用转录因子，还需要更多的蛋白质，其中很重要的一种叫作**转录激活因子**。转录激活因子会结合在某些特定的、叫作**增强子**的 DNA 序列之上，这种结合会吸引 RNA 聚合酶起始转录。如果说通用转录因子是帮厨的话，那么转录激活因子就是顾客，顾客点菜之后，帮厨准备材料，而大厨最终烹调菜肴。

转录激活因子怎么和 RNA 聚合酶互通款曲呢？这需要一种叫作**中介体**的大的蛋白质复合体。如果说转录激活因子是顾客的话，那么中介体就是大堂的服务员，可以给后厨传递信息。

最后，转录还需要**染色质修饰酶**，这是因为真核细胞中的 DNA 同原核的 DNA 主要不同在于染色质结构，所以需要一系列的影响染色质结构的酶，才能越过染色质结构的屏障，以启动转录。

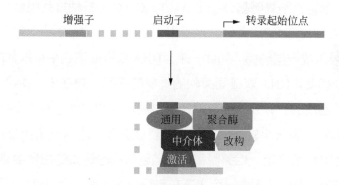

图 11.1　转录是如何开始的

（转录从起始位点开始，标记起始的 DNA 序列称为启动子，增强启动效率的序列称为增强子。RNA 聚合酶的启动依赖于启动子、增强子等被各种蛋白质结合，如通用转录因子、转录激活因子等，染色质改构也在过程中起重要作用，这些蛋白质能被中介体整合在一起。）

8. 延伸因子的替换

RNA 聚合酶依赖一系列蛋白质找到转录起始位点，但是一旦转录起始之后，RNA 聚合酶必须同这些蛋白质分离，一方面这些蛋白质需要供其他 RNA 聚合酶继续使用，另一方面，RNA 聚合酶沿着 DNA 不断合成 RNA 的过程需要一些全新的辅助蛋白质，而通用转录因子等并不擅长转录开始后对 RNA 聚合酶的辅助。延伸的 RNA 聚合酶需要的是一类叫作**延伸因子**的辅助蛋白质。

9. 超螺旋的打开，将计就计

RNA 聚合酶在转录的同时，也会制造些麻烦，不克服这些麻烦，转录就不可能持续向前，而这些麻烦，就是**超螺旋**。

超螺旋是很有故事的，这个故事中隐藏了生命的奥秘。这需要从螺旋讲起，包括 DNA 在内的很多生物大分子都是由较小的单位组成的，这称为**亚基**，在 DNA 的例子中，亚基就是成对的**脱氧核糖核苷酸**，为了方便描述，我们仅看其中的一条链，则其**碱基**分别是 A、T、G、C 的各种排列组合，另一条可以按照碱基互补配对的原则轻易地得出，即 T、A、C、G 等。我们很容易将 DNA 双链想象成一架绳梯，如此一来，DNA 双链应该是平行排列的两条线，但事实绝非如此。DNA 双链同柔软的绳梯的不同之处在于，DNA 双链都是有一定物理刚性的，另外，相邻的脱氧核糖核苷酸之间也并不平行，如 A-T 和相邻的 G-C 会有一个轻微的扭转，以便让彼此之间有一个更舒服的姿势，在热力学上这样最稳定。相邻脱氧核糖核苷酸间这轻微的扭转会随着链的延伸而不断进行，就像沙漠中一个人左右脚轻微的差别会让他最终兜圈子一样，但是 DNA 是在空间中的结构，长轴的延伸和垂直方向的扭转最终造成了螺旋，就像楼梯一样。只要满足由亚基组成和形成长链这两个条件，常常会形成螺旋。除了 DNA，多肽链也常常有螺旋的结构，比如跨膜蛋白的穿膜结构中常常有数量不等的螺旋；甚至更大的分子（如**肌动蛋白**），它们的单体是 350 个氨基酸组成的球状蛋白质，也能形成螺旋结构。螺旋是有方向的，但这种方向不受长轴颠倒的影响，而在镜子中却可以判断方向的不同，就像左右手一样，所以也叫**手性**。大多数 DNA 都是右手螺旋。

当转录过程中 DNA 双螺旋打开时，DNA 双螺旋的结构会发生变化，形成超螺旋的结构。超螺旋不是 DNA 自身的螺旋，而是 DNA 长链的螺旋。超螺旋之所以产生，是为了释放双螺旋打开后造成的张力，因为 DNA 的末端是近乎固定的，也就没有办法通过 DNA 自身的扭转缓解开环的张力，而只能选择形成超螺旋。拥有生活经验的人不难想象一个这样的过程，右旋的双股绳子两端固定，在中间把手指伸进去，然后向一端使劲移动，这样在手指移动的方向的双股螺旋会受到来自手指的力，于是绳子会进一步扭转，形成超螺旋，而且这种扭转的方向也是右手螺旋，称为**正超螺旋**；在手指移动的反方向，绳子也会受到一个力，于是绳子会进一步扭转，形成超螺旋，但这种扭转的方向则是左手螺旋，称为**负超螺旋**。

超螺旋，尤其是 RNA 聚合酶前面的正超螺旋，常常会让 DNA 双螺旋更难打开。细胞发展出了一种叫作 **DNA 拓扑异构酶**的蛋白质，可以消解超螺旋带来的张力。

正超螺旋也并非一无是处，它们形成的张力虽然让 DNA 双螺旋更难打开，却能让核小体也就是 DNA 和组蛋白的结构更容易打开。

10. RNA 加工蛋白质，尾大不掉

原核细胞的转录（DNA 到 RNA）和翻译（RNA 到蛋白质）之间常常近在咫尺，而真核细胞的转录和翻译常常山川阻隔。真核细胞的信使 RNA 要想从细胞核进入细胞质并翻译成蛋白质，需要经过一系列的加工，这些加工不外乎两个目的：安全和高效的信使 RNA 输出。我们曾说过，基因的结构类似珍珠项链，其中的珍珠是负责编码蛋白质的，叫作**外显子**，珍珠间的部分不编码蛋白质，叫作**内含子**，既然叫作内含子，那一定比外显子少一个，而基因中最初的外显子的上游和最后的外显子的下游还有一些部分，前者叫作5' 末端，后者叫作 3' 末端。基因转录成信使 RNA 后外显子、内含子、5' 末端和 3' 末端都有对应的作用。为了信使 RNA 的安全，5' 末端和 3' 末端可以被用来识别信使 RNA 的完整性。为了信使 RNA 的效率，内含子则可以进行不同的**剪接**，假设有 3 个外显子 A、B、C 和 2 个内含子 X、Y 的一个基因，那么根据对 XY 的切割，转录出的信使 RNA 可能有 ABC、AB、BC、AC 等，这是一个非常简单的举例，实际情况要复杂得多。

那么在什么时候对信使 RNA 加工最合适呢？最好的办法是一边合成一边加工，这样做效率最高。要想实现合成和加工同时进行，需要负责合成的 RNA 聚合酶以及负责加工的一系列蛋白质在物理上是互相接近的，但如果这

些蛋白质影响了 RNA 聚合酶工作也不好。RNA 聚合酶上有一个狭长的结构域，远离酶活性中心，却和生长中的 RNA 相接近，所以可以供加工蛋白附着，实现在生产的同时对 RNA 进行加工（图 11.2）。为了能附着更多的蛋白质并进行顺次的加工，这段狭长的结构域几乎是 RNA 聚合酶其他部分的 10 倍长。RNA 聚合酶就像是一条鲸鱼，有着长长的尾巴，它在舔尝 DNA 的同时会排出 RNA，而它的尾巴上附着了各种加工蛋白质，可以对 RNA 进行各种处理。

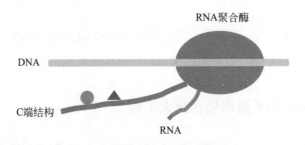

图 11.2　RNA 聚合酶的长尾巴

（RNA 聚合酶有条长尾巴，位于蛋白质的 C 端，上面可以结合很多蛋白质，对新生 RNA 进行各种加工。）

11. RNA 剪接，适度浪费带来繁荣

在众多的 RNA 加工中，剪接似乎不是个好选择，因为它会带来很大的浪费。人类基因中内含子远远长于外显子，外显子的平均长度是 145 个碱基对，而内含子的平均长度则是 3400 个碱基对[52]，是外显子的 20 多倍。细胞辛辛苦苦生产这么多的 RNA，怎么就浪费掉了呢？

事实上剪接虽然造成了量的浪费，但是却带来了质的繁荣。从长远上看剪接能促进进化，从当下看剪接造成了更多的基因产物。剪接涉及**同源重组**，内含子的存在让不同基因之间的同源重组时有发生，于是促进了进化。人类基因组中超过 95% 的基因有一种以上的剪接方式，这样能制造一倍以上的信使 RNA，大大提高了多样性。

著名经济学家凯恩斯曾提出过**节约悖论**，其推论之一是适当浪费带来繁荣。真核细胞似乎很早就掌握了这一秘密。

12. 剪接的选择，丢弃的套马杆

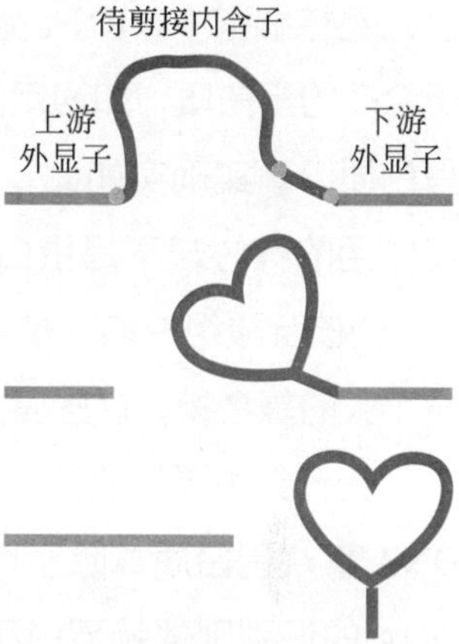

剪接的关键问题是在哪儿剪和在哪儿接。按理说在一个内含子的两头剪，然后连接即可，简单干脆，然而这个想法太简单了。内含子长度变化很大，短则 10 个碱基，多则超过 10 万个，要想通过两头剪的方式识别多样的内含子，需要内含子两头的序列有一定的识别度，也就是某些特定的碱基序列，但这可能会给两个外显子连接处带来某种僵化，以至于翻译出来的蛋白质在这些对应的位置的氨基酸只能是固定的几个，这限制了蛋白质功能的多样性。一个好的办法则是在内含子的中间再选择一个区域，用于增加识别度，以降低内含子两头序列的复杂度（图 11.3）。

图 11.3 RNA 剪接的特点

（待剪接内含子上靠近两个外显子的地方，以及中间偏下的一个地方存在 3 个识别信号。它们固定了 RNA 的剪接模式。剪切下来的内含子画成心形只是为了有趣。）

事实上 DNA 上决定剪接的信号有 3 个，内含子上下游各一个，中间偏下游处还有一个。中间的信号是偏下游而不是偏上游可能也有深意，因为转录都是自上而下的，信号距离下游近，这样就能更准确地找到下游位置。内含子长短差异很大，但中间信号同下游的距离几乎是固定的，换句话说，中间信号和下游距离固定，但同上游信号距离变动很大，这同样暗示中间信号是为了确定下游信号服务的。

在剪接时，先是内含子上游被切断，断开的片段弯曲和中间信号连接，形成一个"套马杆"，接着"套马杆"的根部也就是内含子下游断裂，这个过程中外显子也完成连接，于是 RNA 剪接完成。要注意，不同内含子形成的"套马杆"的手柄大小是接近一致的，不同的是套圈的大小。

13. 剪接体，小矮人和七个白雪公主

真核细胞中，RNA 剪接是仅次于转录的重要事件，既然转录的过程依赖于众多的蛋白质，如通用转录因子等，那么 RNA 剪接似乎也应该需要很多的蛋白质，事实确实如此，每个剪接反应需要大约 200 个蛋白质。但剪接中发挥作用的核心却不是蛋白质，而是 RNA，称为**核内小 RNA**，它们是由少于 200 个核苷酸组成的。核内小 RNA 有几个，每一个都和至少 7 个蛋白质形成一个大的复合物，这些复合物组成**剪接体**。

为什么剪接体的核心是 RNA 而不是蛋白质呢？似乎 RNA 喜欢 RNA，而 DNA 喜欢蛋白质。除了剪接体，核糖体中用于催化的也是 RNA；转录中对 DNA 的识别则依赖蛋白质。这可能暗示了 RNA 作为最初的复制子，曾经独立地生活了很长一段时间，以至于涉及 RNA 本身的识别等常常依赖于 RNA。

14. 外显子界定，按住菜的手

从某种意义上看，剪接似乎比转录要困难。转录只需要找到一个启动子就可以，但是剪接需要找到内含子上下游信号和中间信号，从信号识别角度看，剪接需要 3 倍于转录的难度。这是如何实现的呢？

最简单的办法就是剪接和转录的联合。当转录出来的 RNA 很快开始剪接时，从刚刚诞生的序列中寻找信号而不是从完全合成的序列中寻找，这样做，工作量很小，这就像在安检处寻找危险品比在一列火车上寻找危险品要容易一样。

第二个实现 RNA 剪接的办法有个特殊的名字，叫作**外显子界定**，这有点像切菜，手按着的地方不切，手不按的地方才切。细胞中会用一种特殊的蛋白质结合于外显子上，却把剪接的信号露出来，这样剪接体就知道在哪儿切割了。这种通过蛋白质结合封闭外显子的办法，就叫作外显子界定。

为什么是外显子界定，而不是内含子定义呢？很显然外显子界定的成本更低。外显子比内含子短得多，所需要的蛋白质量更少，另外外显子大小相对均一，蛋白质覆盖也更容易达成一致。

15. 剪接突变怎么办？模糊的正确胜过精准的错误吗？

DNA 总会突变，剪接的位点也不例外，那么当剪接位点发生变异，细胞会怎么做呢？是简单避开这个位点不再切割吗？不是的，如果一个剪接信号发生了突变，那么细胞除了跳过剪接，还常常纳入新的剪接点，这样内含子就会转化为外显子。细胞的原则是，首先找到最合适的剪接位点，如果找不到，就找下一个看起来最像的，以此类推。

这种宝刀出鞘、绝不空回的策略有什么好处呢？第一个好处是在进化尺度上，这会制造出更多的基因产物，有利于进化的自然选择；第二个好处则是在个体上，个体可以通过这种剪接方式产生组织特异性的基因表达。

这个策略也不是一点问题都没有的，因为会造成很多疾病，如 β **地中海贫血**、**囊性纤维化**、**额颞痴呆**、**帕金森病**、**视网膜色素变性**、**脊髓性肌萎缩**、**强直性肌营养不良**、**早衰**和癌症。事实上在**点突变**造成的遗传病中，有约 10% 是由于反常的剪接。

著名经济学家凯恩斯说过："我宁要模糊的正确也不要精准的错误。"突变造成的不完美的剪接类似模糊的正确，虽然也会带来很多疾病，但进化的设计主要是对基因保全。

16. 为什么需要密码？

除了转录、剪接，RNA 还要经历加帽子（信使 RNA 的上游）、加尾巴（mRNA 的下游）；这些过程后，大多数的信使 RNA 都被淘汰了。"无材可去补苍天，枉入红尘若许年"，这是大多数 RNA 的宿命。

当那些幸运的信使 RNA 分子终于从细胞核中走出的时候，它们迫不及待地需要转换成蛋白质。这就需要**遗传密码**，也就是 DNA 同蛋白质一一对应的关系，具体地说是 DNA 上 3 个碱基对应 1 个氨基酸，每 3 个碱基称为一个**密码子**，由于有 4 种碱基，所以一共有 64 个密码子，但它们只对应于常见的 20 种氨基酸（目前实际有 22 种氨基酸）。在进化中将功能丰富多彩的蛋白质的信息储存在 DNA 的过程，叫作**编码**，而以信使 RNA 为媒介将信息从 DNA 转化为蛋白质的过程，叫作**解码**。从这个意义上说，生命无非是编码和解码的过程，而细胞，就是编码和解码的场地。

遗传密码有两个容易被忽视的特点。第一个是意外，意外是说从 DNA 到蛋白质是出人意料的，所以 DNA 到 RNA 这一步不叫编码；而从信使 RNA 到蛋白质这一步叫作**翻译**，正因为意外，才需要翻译。甚至**基因型**和**表型**的概念也来自这种意外，基因型指的是生命的 DNA 构成，而表型指的是生命体表现出来的性状（如高矮等），正因为有了编码的概念，才有了基因型和表型的划分。

遗传密码的第二个被忽视的特点是复杂而又简单。这句听起来矛盾的话的含义是：遗传密码的产物蛋白质具有很大的复杂度，但这种复杂度可以通过简单的方式实现。具体地说，蛋白质可以通过较少的酶经过反复的加工而源源不断地制造出来。相比之下，脂类尤其是糖类则常常通过较多的酶经过单一的加工而顺次地生产出来。正因如此，DNA、RNA 和蛋白质都是不分叉的，而糖类则能生成复杂的分支结构。

17. 让我们一起摇摆

复制和转录都是以模板为基础直接生成新链，翻译也可以如此吗？就是以信使 RNA 为模板直接生成蛋白质，这似乎是一个不错的选择，但答案却是不可以的，这可能是因为核苷酸和氨基酸的大小不完全匹配。翻译需要一个接头，这个接头在一边对应信使 RNA 上的密码子，在另一边则对应着氨基酸，细胞中这样的接头任务由**转运 RNA** 来完成。

转运 RNA 是一种很小的 RNA，只有 76 个核苷酸，如果把它们铺展开，会形成三叶草结构，中间三片叶子可以和信使 RNA 上的密码子匹配，因为是同由 3 个核苷酸形成的密码子反向互补，称为**反密码子**，叶柄则可以携带氨基酸，实际上转运 RNA 并非平面结构，会进一步折叠成"L"或者"7"型结构，反密码子和携带氨基酸的部位分列两端。

那么，转运 RNA 有多少种呢？是和密码子对应而有 61 种（从 64 种除去

3 种终止密码子），还是和氨基酸对应而有 20 种呢？如果是前者，细胞将会投入更多的基因来生产转运 RNA，增加了成本，如果是后者，似乎又不足以和密码子精确匹配，可能出错，也就削弱了安全。细胞采取的是折中的解决之道，一方面，多个转运 RNA 可以携带同样的氨基酸，这样，对应氨基酸的转运 RNA 超过 20 个；另一方面，一个转运 RNA 也可以识别不同的密码子，这是通过一种叫作**摆动碱基对**的方式实现的（**图 11.4**），

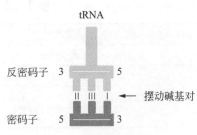

图 11.4　摆动碱基对

（转运 RNA（tRNA）具有三叶草结构，叶柄连接氨基酸，叶片以反密码子的形式同信使 RNA 上的密码子相匹配。注意从密码子而不是反密码子方向的第三个碱基对是摆动碱基对。）

也就是转运 RNA 上的反密码子的前两个同密码子精确配对，第三个却可以容忍错配，如此一来，少于 61 个转运 RNA 可以识别 61 个密码子。大肠杆菌有 31 种转运 RNA，人类有 500 个以上的转运 RNA 基因，编码 48 个反密码子。

18. 转运 RNA 和氨基酸，执子之手

在幸运三叶草的一边，转运 RNA 反密码子和信使 RNA 密码子的匹配是轻而易举完成的，不需要额外的助力；但在另一边，转运 RNA 同氨基酸的结合却并不容易，需要酶的辅助。这是因为，反密码子读取密码子的信息时，只要得到信息就可以了，不需要很强的相互作用，所以反密码子和密码子之间的结合是由**氢键**来实现的；而转运 RNA 携带的氨基酸则是要形成多肽链的，可不能轻易地挣脱，需要较强的相互作用，所以转运 RNA 和氨基酸之间的结合是由**共价键**来实现的（**表 11.2**）。如果说反密码子和密码子是萍水相逢、秋波暗送，两情相悦就可以了；转运 RNA 同氨基酸则是执子之手、与子偕老，一定要海誓山盟，常常需要月老的辅助。

表 11.2　共价键和非共价键

类型		强度 /（kJ/mol）
共价键		377
非共价键	离子键	12.6
	氢键	4.2
	范德华力	0.4

注：kJ/mol 是衡量作用力强度的单位，表示为了破坏这种作用需要多大的能量才能实现。所示的数值指的是在水中的强度，这同在真空中的强度可能会相差很大。

这个月老叫作**氨酰 tRNA 合成酶**，它能让转运 RNA 和氨基酸形成共价键。氨酰 tRNA 合成酶的数量就不再需要像转运 RNA 的数量那样摇摆了，因为主要负责的是氨基酸，所以只要同氨基酸的数量一致就行，是 20 个。如果不是必需，细胞绝不会增加自己的成本。

某些细菌中的氨酰 tRNA 合成酶低于 20 个，于是它们用这少于 20 个的酶完成 20 个氨基酸和大于 20 个转运 RNA 的连接的任务，所以肯定有一个合成酶用于超过一个的氨基酸同 tRNA 的连接。既然如此，一个简单的想法是，合成酶 1 除它自己对应的氨基酸 1 和转运 RNA 1 以外，还能用于氨基酸 2 和转运 RNA 2 的连接。但事实并非如此，真实情况是，合成酶 1 除了把氨基酸 1 匹配给转运 RNA 1，还能匹配给转运 RNA 2。但很显然氨基酸 1 同转运 RNA 2 是不匹配的，这时，另一个酶会出来将氨基酸 1 修改成氨基酸 2，以便同转运 RNA 2 匹配（**图 11.5**）。

这样做当然大有深意。如果合成酶 1 可以草率地同时连接氨基酸 1 和转运 RNA1 以及氨基酸 2 和转运 RNA2，那就可能造成氨基酸 1 和转运 RNA2 或者氨基酸 2 和转运 RNA1 的错误链接。那么为什么细菌不让合成酶 1 先识别两种不同的氨基酸，然后再用一个修饰酶来更改转运 RNA 呢？可能是因为合成酶同转运 RNA 的结合更容易，可以容忍不同的匹配，而同氨基酸的结合很困难。为什么细菌宁可增加新酶，也不生产更多的 tRNA 合成酶呢？可能还是成本核算的问题。

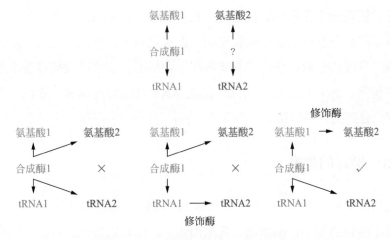

图 11.5　氨酰 tRNA 合成酶的策略

（为了用低于 20 个的氨酰 tRNA 合成酶实现 20 个氨基酸同转运 RNA 的连接，细胞发展出如下的策略：同一个氨酰 tRNA 合成酶可以识别多于 1 种转运 RNA，而由额外的酶将一种氨基酸转化为另一种氨基酸。）

19. 氨酰 tRNA 合成酶编辑，不同意的请举手

细菌中氨酰 tRNA 合成酶只能结合特定的氨基酸，却能同时结合不同的 tRNA，这不仅有成本核算方面的考虑，还要保证安全，只有正确的氨基酸才能被掺入。氨酰 tRNA 合成酶同氨基酸的结合比同 tRNA 的结合更重要，这有更大的意义，因为这种结合一旦出错，纠正的成本更高，而氨酰 tRNA 合成酶同 tRNA 的结合即使出错，纠正起来似乎也没有那么麻烦。

所以氨酰 tRNA 合成酶同氨基酸的结合要被严密监控，这通过两种机制实现，第一种很简单，第二种则很精巧。第一种简单确保结合的方式是：正确的氨基酸有最大亲和力，这个很容易理解，因为合成酶都是量身定做的，有数量相当的合成酶，所以只有正确的氨基酸才能表现出最好的结合，不合适的则不能进入合成酶上的特定位点。但这第一种方式其实是不够细致的，因为无法对有些结构非常接近的氨基酸进行区分，如异亮氨酸和缬氨酸，它们只差一个**甲基**（—CH$_3$），这就需要第二种方式。氨酰 tRNA 合成酶上除合成

位点外，还有一个负责编辑的位点，在氨基酸连接到 tRNA 之前，合成酶会把合成中的氨基酸推到这个编辑位点，但是只有不正确的氨基酸才能留在这个位点，并经历水解，正确的氨基酸却不会水解。这个过程有点像不同意的举手并留下。因为有这两个过程，氨酰 tRNA 合成酶的保真率很高，每 4 万次连接只会产生一个错误。

20. 翻译的难度

当信使 RNA、转运 RNA 以及转运 RNA 携带的氨基酸都齐备的时候，翻译还是不能轻易起始，同复制、转录相比，翻译有它自己的难度。除去聚合反应本身，复制、转录和翻译都包含三个要素或者是困难，但各种难度的相对比例并不一致。这三个困难分别是：合成模板的可接近、合成材料的获得以及合成后的分离。对于复制，合成材料即核酸的获得相对容易，模板的可接近性较难，但可通过 **DNA 解旋酶**等来实现，最难的是合成后的分离，所以真核细胞发展出了复杂的**细胞分裂**的机制；对于转录，合成后的分离根本不是问题，因为信使 RNA 天然地和 DNA 双链亲和力较弱，会自然游离，合成材料的获得也相对容易，最难的是模板的接近，而 RNA 聚合酶具有解旋活性；翻译则完全不同，合成后分离不是问题，因为多肽和核酸没有很强的结合，模板的可接近性也显得简单，因为 RNA 是比较容易接近的，难度在于合成材料即氨基酸的获得，这由 tRNA 来负责，而进一步增加难度的是，信使 RNA 还要和携带氨基酸的 tRNA 有着精确的 3:1 的空间匹配模式。

总的来说，复制中最关键的是安全，而转录和翻译则更注重效率（表 11.3）。为了保证安全，真核细胞每个细胞周期中 DNA 只能复制一次，或者说一个模板在一次复制中只能使用一次，而转录和翻译的一个模板可以同时用来制造多个产物。细胞中蛋白质的量最大，信使 RNA 次之，而 DNA 则最少，同样是基于效率与安全的博弈的结果。

表 11.3 复制、转录和翻译的比较

特点	复制	转录	翻译
内容	DNA → DNA	DNA → RNA	RNA → 蛋白质
错误率	$1/10^7$	$1/10^4$	$1/10^4$
模板可接近性	难	难	易
材料的获得	易	易	难
分离	难	中	易
所需酶	DNA 聚合酶	RNA 聚合酶	核糖体
酶活性	聚合、纠错	聚合	聚合
速度	50 核苷酸每秒（真核）1000 核苷酸每秒（原核）	50 核苷酸每秒（真核、原核）	2 氨基酸每秒（真核）20 氨基酸每秒（原核）
防脱机制	有	有	有
引物	需要	不需要	不适用
辅助	多种酶	多种转录因子	多种蛋白质
备用酶	有	有	无
方式	一个模板一个产物	一个模板多个产物	一个模板多个产物
侧重	安全	效率	效率

21. 核糖体的结合，小一大三

既然除了聚合反应的难度，翻译的一个主要困难是合成材料的获得，那么翻译的酶必须拥有一个结构，能将信使 RNA 模板、携带氨基酸的转运 RNA 按比例结合在一起。这个合成材料的获得难度在复制和转录中相对较小，因此 DNA 聚合酶和 RNA 聚合酶就解决了这个问题。翻译中的酶要整合 DNA、RNA 和氨基酸，因此结构要复杂得多，这是一个叫作**核糖体**的复杂结构（图 11.6）。

图 11.6 核糖体结构

（核糖体大小亚基平时分开，当小亚基同信使 RNA（mRNA）结合后启动了大小亚基的组装，在其交界处会形成 3 个供转运 RNA（tRNA）及氨基酸结合的位置，从而启动多肽形成。）

核糖体由多种蛋白质和多个 RNA 组成，其中的蛋白质叫作**核糖体蛋白**，RNA 叫作**核糖体 RNA**，简写为 **rRNA**。不同数量的核糖体蛋白和核糖体 RNA 会组装成两个主要的结构，一个叫作核糖体**大亚基**，另一个叫作核糖体**小亚基**。这个划分的重要意义在于，大小亚基分别完成不同的功能：小亚基提供了信使 RNA 和转运 RNA 彼此之间的精确匹配，而大亚基则主要负责多肽的产生，或者换句话说，小亚基负责信息读取，大亚基则负责多肽制造。为了安全，核糖体大小亚基平时是分开的。大小亚基是一种相对粗略的划分，还可以进一步划分。因为核糖体需要同时接纳信使 RNA 和转运 RNA，而合成一个多肽至少需要两个携带氨基酸的转运 RNA，所以核糖体的进一步划分就至少分为信使 RNA 结合位点、两个转运 RNA 结合位点。而事实上，为了容纳两个转运 RNA，常常需要三个位点，它相当于合成结束后的留观区。核糖体的一个信使 RNA 结合位点主要位于小亚基上，而三个转运 RNA 位点则位于大小亚基之间。

22. 若即若离

多肽的翻译始于核糖体大小亚基的组装：它们平时是互相分离的，其结合始于小亚基对信使 RNA 的附着。一旦核糖体在信使 RNA 上装配起来，接下来的任务就是将合适氨基酸的掺入、多肽的形成以及对下一个密码子的读取，以形成多肽链。尽管这些步骤中多肽的形成是最关键的，但是确保正确蛋白质形成的却是合适氨基酸掺入这一步，而最复杂的则是对下一密码子读取这一步。多肽的翻译因此分为四步：转运 RNA 结合、多肽形成、大亚基转位和小亚基转位（**图 11.7**）。

在转运 RNA 结合这一步，携带第一个氨基酸（常常是**甲硫氨酸**）或者多肽链的转运 RNA 结合于 3 个位点中的 2 号位点，而携带第二个氨基酸或者多肽链接下来的氨基酸则结合于 1 号位点，3 号位点此时是空的。这种结合依赖于转运 RNA 上的反密码子同信使 RNA 上的密码子的匹配。

多肽形成到这一步，是通过把 2 号位点上的氨基酸移到 1 号位点上形成多肽，而不是把 1 号位点移到 2 号位点，因为这么做是最简单的。多肽形成后，1 号位点上连着长长的多肽，而 2 号位点此时只有未携带氨基酸的转运 RNA。多肽的形成依赖于 1 号和 2 号位点彼此的接近，这是核糖体酶活性的重要基础。

如果新生多肽始终占据 1 号位点，那么翻译将无法继续，因为新到的氨基酸无处容身，解决办法就是第三步，大亚基转位。大亚基转位指的是小亚基和信使 RNA 相对不动——它们当然不能动，动的话可能出现读码错误——而大亚基相对小亚基移动。移动的是一个 1 号位点的身位，这样 1 号位就空出了，可供新到的携带氨基酸的转运 RNA 结合，而携带多肽长链的转运 RNA 此时占据 2 号位，空载的转运 RNA 此时结合于 3 号位。为什么需要一个 3 号位呢？它在整个翻译过程中似乎只是结合一个空载的转运 RNA。其意义也许在于让移动的大小亚基之间保持联系，而不至于彼此分开。

大亚基此时和小亚基有一个 1 号位点的身位，接下来小亚基移动一个 1 号位点或者说一个密码子的身位，重新和大亚基形成匹配结构，于是 3 号位空载的转运 RNA 离开，而 1 号位上新的携带氨基酸的转运 RNA 加入，至此完成一个循环。这个循环周而复始，多肽不断延长。似乎大小亚基中的 3 个位点永远同时只能有 2 个位点上被转运 RNA 占据。

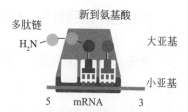

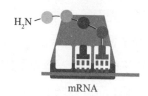

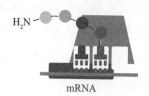

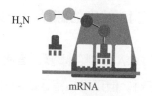

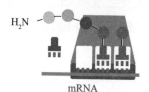

图 11.7　翻译的步骤

（最初多肽链结合于 P 位点（中间），新到氨基酸结合于 A 位点（右侧）；核糖体催化肽键形成；随后大小亚基依次移动，tRNA 从 E 位点（左侧）离开，开始新一轮合成。）

23. 蛋白质翻译，不如多扔些破铜烂铁

如果认为蛋白质翻译只管追求效率而不是安全，那只是相对 DNA 复制而言，其实翻译依然需要一定的安全度，那么安全是如何保障的呢？有三种方法，前两种都依赖于转运 RNA 的反密码子同信使 RNA 的密码子的匹配，后面再说，先说第三种，就是一旦错误蛋白质掺入，细胞如何选择。DNA 眼里不揉沙子，一旦错误掺入，还有**同源重组**等各种机制进行修复。蛋白质则常常破罐子破摔：错误氨基酸的掺入会导致核糖体 2 号位点上密码子和反密码子的不匹配，而这会增加 1 号位点上错误掺入的概率，结果就是一步错、步步错，最终错误积累过多，蛋白质翻译提前终止，于是蛋白质被降解。破罐子破摔需要受到鄙视吗？至少在蛋白质水平，这是一种比较经济高效的方法，比发展对蛋白质再度纠正的机制的成本要低，毕竟，细胞内用于生产蛋白质的核糖体数量庞大。

24. 精确的翻译，一见钟情与三思而行

DNA 复制、修复、信使 RNA 转录和蛋白质翻译都一定程度依赖于互补碱基对。但正确与错误的互补碱基对之间的区分度并不大，在 10~100 倍，而事实上安全度最低的翻译的错配率也低于万分之一，这仅仅用互补碱基对的亲和力是无法解释的。翻译的较低的错误率是如何实现的呢？

有两个原则，第一个原则叫作**诱导契合**。在翻译中，诱导契合指的是一旦掺入的反密码子同密码子配对，那么核糖体就发生折叠，这种折叠增加了核糖体对信使 RNA 和转运 RNA 的结合，从而启动翻译。诱导契合就像一见钟情而后的情缘深重。

第二个原则叫作**动态校对**。除了最初的诱导契合即 2 号位密码子、反密码子配对、核糖体折叠改构，还发生某些同核糖体相关联的蛋白质的**水解反应**，这是一个不可逆步骤并要花费时间，而在这段时间里，1 号位上新的携带氨基酸的转运 RNA 掺入。这个水解反应时间并不长，假如新掺入的是正确的转运 RNA，这时间不足以让它们离开；但假如新掺入的是错误的转运 RNA，这

时间足以让它们离开了，这就是动态校对过程。动态校对基于两个因素，一个是正确、错误碱基对的亲和力，另一个则是时间，水解反应发生的时间。动态校对就像一见钟情后的冷静期，如果是对的人，这个时间不会显得太长，双方依然会选择在一起，如果是错的人，那么这个时间就足够长了，从而分道扬镳。

细胞内充满了对空间和时间尺度的精准拿捏。

25. RNA 酶，王者归来

核糖体酶活性由核糖体 RNA 而不是核糖体蛋白实现，这是核糖体的众多功能中最令人吃惊的一个。核糖体 2/3 是 RNA，1/3 是蛋白质，其中的 RNA 便于同信使 RNA、转运 RNA 发生相互作用，这是理所当然的；然而，在整个蛋白质翻译中关键的多肽形成一步，居然也是由 RNA 完成的，这在最初着实出乎科学家的意料。核糖体的 RNA 酶活性是支持生命的 RNA 起源的最有力证据。

RNA 酶见证了 RNA 的王者归来，也许应该说，王者从未走远。

26. 终止密码子和起始密码子，三死一生

翻译的起始和结束都由信使 RNA 上的序列决定。有趣的是，翻译的起始只有一个密码子 AUG，称为**起始密码子**，而翻译的结束可以通过三个密码子 UAA，UAG，UGA，称为**终止密码子**。为什么终止密码子 3 倍于起始密码子呢？这可能是因为起始密码子必须在之后被切掉，以防止所有的氨基酸都有同一个第一号氨基酸，而切割是需要成本的。相比之下，终止密码子不对应氨基酸，而且，多个终止密码子可能是一种安全性的保障，防止反常蛋白质的大量积累。

27. 避免错误的信使 RNA，婚礼的终结

蛋白质翻译过程中发展出各种机制可防止错误的发生，但是假如信使 RNA 在加工过程（如剪接之中）出错了又如何呢？这时无论翻译过程多么小心谨慎，也依然是南辕北辙。所谓 rubbish in，rubbish out（垃圾进，垃圾出），

当信使 RNA 本身出错的时候，翻译的精准反倒是原罪。有几个原因让信使 RNA 容易出错：同 DNA 相比，转录更注重效率，缺少强大的修复机制；更重要的是，DNA 复制只要序列正确即可，而对于信使 RNA，若想正确翻译，还要保证其序列在正确的**阅读框**之内。所谓阅读框就是从信使 RNA 到蛋白质的"三对一"的阅读方式，如 GCAGC 这个序列，若按 GCA 翻译就是**甘氨酸**，若按 CAG 翻译就是**谷氨酰胺**，若按 AGC 翻译，就是**丝氨酸**。而真核细胞中信使 RNA 出错的可能性尤其大，这是因为同原核细胞相比，真核细胞中含有很多内含子，而内含子剪接过程中，因为对阅读框的不正确读取，在不应该出现终止密码子的地方出现了终止密码子的情景很常见。细胞如何防止错误的信使 RNA 被翻译呢？

细胞发展出一种优雅而经济的机制可防止错误的信使 RNA 被翻译。这种机制的经济性体现在两点上：第一，由翻译过程来启动对错误信使 RNA 的纠正，这一时间点至关重要，在此之前任一点对信使 RNA 纠错都不安全；第二，是在信使 RNA 跨越细胞核膜的时候检测并终止错误，这样做效率最高、成本最低。

具体过程是这样的：当信使 RNA 准备从细胞核进入细胞质时，它们刚刚完成剪接，身上还附着着剪接相关的蛋白质，就像待嫁的姑娘被父母家人簇拥着一样；等它们纤长的身体从细胞核刚一冒头时，等在细胞质中的核糖体会迅速迎上，并依次替换剪接相关蛋白质，启动翻译，就像待嫁的姑娘上了婚车，身边的家人越来越少、婆家人越来越多一样。正常的信使 RNA 的终止密码子位于最末，这时核糖体布满整个信使 RNA，如此信使 RNA 通过检查，进入细胞质并启动正式的翻译，就像待嫁的姑娘终于进入洞房，身边的家人都已不在，新的角色与生活已经开始一样。不正常的信使 RNA 则不同，其终止密码子可能提前出现，这时其上一段结合有新到的核糖体，另一端则因为在终止密码子之后还结合了很多的剪接相关蛋白质，于是错误的信使 RNA 被降解，就像待嫁姑娘在娘家与婆家交接中发生问题，婚礼终结一样。

这种优雅经济的防止出错的信使 RNA 被翻译的机制，叫作**无义介导的mRNA 降解**。这是一种非常重要的纠错机制。人类遗传病中的 1/3 源于无义突变，如果没有无义介导的 mRNA 降解，人类遗传病的概率可能要大得多。

28. 蛋白质的内驱力

蛋白质翻译并非基因信息读取的终结，而仅仅是开始。翻译出来的蛋白质必须进行正确折叠，同小分子辅因子结合，被各种酶修饰，甚至同其他蛋白质形成大的复合物才能充分体现其功能。而这所有信息，都蕴藏在蛋白质的序列之中。或者换句话说，蛋白质的序列决定了其最终的高级结构和功能。2021 年，《自然》杂志发表了一篇论文，展示谷歌开发的 AlphaFold 计算机程序在蛋白质预测上的威力，该程序可以实现同实验相媲美的蛋白质预测能力 [53]。这一发明被认为是蛋白质结构研究领域的重大突破。AlphaFold 之所以能取得成功，主要在于蛋白质的序列很大程度主导其折叠的能力。

蛋白质序列决定其高级结构与功能，一旦序列确定了，蛋白质就倾向于自发折叠，这可以看作是蛋白质的内驱力。事实上，蛋白质的序列还决定其在细胞内的定位。如果蛋白质的折叠、定位等都由外在因素实现，那么其成本将是异常高昂的，是细胞无法支付的。

蛋白质内驱力的本质是能量的稳定性。当蛋白质序列确定以后，有一个合适的三维结构，能保证蛋白质的能量达到一个最稳定的状态。这就像流水，无论它在哪，都有向下的趋势。

29. 分子伴侣

因为能量有稳定的趋势，蛋白质有自主折叠的趋势，但却并非一定形成正确折叠，就像高山流水，并不一定涓滴入海，因为路径选择的不同，有些水会有不同的走向，比如停在山腰成为湖水，这样就无法润泽山下贫瘠的赤地了。蛋白质正确折叠所需要的常常并不一定是极其精确的扭转，而是大体的近似，如果这一点得到满足，那么蛋白质形成正确折叠概率大增，别忘了，蛋白质还是有内驱力的。蛋白质折叠的大体近似最主要的就是保证疏水结构在内。在水占 70% 的地球上，所有蛋白质只有疏水结构在内才能实现能量稳定性的良好。蛋白质错误折叠最主要和致命的就是疏水结构反常在外。

细胞发展出一种帮助蛋白质折叠的特殊蛋白质，叫作**分子伴侣**。分子伴侣有两个特点，第一是可以结合疏水结构暴露在外的蛋白质，第二是通过水解 ATP 获得能量，而这份能量，就用来帮助蛋白质重新折叠。因为蛋白质甚至在合成时就能折叠，所以分子伴侣有两种，第一种在蛋白质合成中帮助折叠，作为预防措施；第二种则在蛋白质完全合成出来以后再行折叠，作为补救手段。这第二种分子伴侣拥有罕见的结构：它们类似一个带盖的罐子，可以将错误折叠的蛋白质收纳进去重新折叠。

30. 蛋白酶体，无冕细胞器

分子伴侣固然能一定程度挽救蛋白质，但效果有限，而且即使是正确折叠的蛋白质，也不免经历损伤，另外几乎所有蛋白质的最终宿命都是降解。

细胞内负责蛋白质降解的结构，称为**蛋白酶体**。蛋白酶体没有获得同其功能和体量相匹配的名望。虽然也叫体，按理说应该同**高尔基体**、**溶酶体**、**过氧化物酶体**等齐名，但当谈论细胞器的时候，却找不到蛋白酶体，主要是因为蛋白酶体没有膜包被。其实没有膜包被是一种经济的策略，这样蛋白酶体就可以对细胞质内的蛋白质进行广泛的降解。蛋白酶体并不小，同人类核糖体中的小亚基类似。蛋白酶体占到细胞内蛋白质的 1%，可见其体量的庞大。蛋白酶体从事的功能——蛋白质降解——也是细胞内极其重要的事件。从这个意义上说，蛋白酶体是无冕细胞器。

蛋白酶体和很多的同样负责切割蛋白质的蛋白酶、切割核酸的核酸酶不一样，它不是一刀两断，而是刀刀致命，直到蛋白质碎成短肽。蛋白酶体之所以能有如此强的切割能力，在于其结构。蛋白酶体负责切割的结构是一个中空的圆柱，可以进行切割，而在圆柱两端，则是两顶帽子，它们封住圆柱的两端，选择那些需要进入的蛋白质。

但蛋白酶体在对进入的蛋白质进行降解时似乎并不太严格，这导致很多妄杀。需要降解的蛋白质会被填上一个标签以被蛋白酶体的帽子识别，从而进入蛋白酶体。但是给需要降解蛋白质添加标签的系统却存在不足，它们无法区别错误折叠的蛋白质和未完成折叠的蛋白质，这导致很多成长中的无辜的蛋白质被降解。

细胞为什么不发展出一个精确的识别系统，对错误折叠蛋白质和未完成折叠蛋白质进行区分，以减少无辜蛋白质的降解呢？事实上细胞具有很多精确区分的能力，比如细胞对新生和老旧 DNA 的区分，对无义信使 RNA 和正确信使 RNA 的区分，尤其是，在内质网中，就存在区分错误折叠的和新合成的蛋白质的能力，这是通过糖基化形成时钟来判断蛋白质滞留时间，从而进行区分的。细胞质中为何没有这种机制？一个可能的原因是没有必要。细胞制造了非常多的蛋白质，不在乎妄杀，只要源源不断地制造，就不怕没有区别的滥杀。而进入细胞器如内质网中则需要一定的监管，否则蛋白质运输的努力就白费了！

基因信息中蕴藏了亿万年的进化历史，如大海中浮动的巨大冰山；多细胞生物中的每一个细胞都在这部万年长史中寻找智慧，却不需要通读所有历史，只要有其中的一部分就足以应对生活的挑战了，宛若水面露出的冰山一角。

词汇表

克劳德·艾尔伍德·香农（Claude Elwood Shannon，1916—2001）：美国数学家、电气工程师、密码学者，被称为"信息理论之父"。

中心法则（central dogma）：遗传信息只能从 DNA 经由 RNA 到达蛋白质，称为中心法则。中心法则有很细致的说明，如 DNA 无法直接合成蛋白质、RNA 不能直接复制、蛋白质不能逆转至 RNA 等。中心法则最早由克里克系统总结[21]。

RNA 聚合酶（RNA polymerase）：以 DNA 为模板、NTP 为原料催化 RNA 形成的酶。

启动子（promoter）：一段 DNA，可被蛋白质结合以启动其下游 DNA 序列的转录，通常位于转录起始位点上游，长 100~1000 个碱基对。

σ 因子：也叫特异性因子（specificity factor），细菌中转录起始的必需蛋白质，能让 RNA 聚合酶结合于启动子。

流产性起始（abortive initiation）：也叫流产性转录，指 RNA 聚合酶结合于启动子，不断重复制造短的信使 RNA，后者持续释放，直到转录复合物离开启动子，该现象在原核和真核细胞中都存在。

终止子（terminator）：DNA 转录为 RNA 过程中，标记基因末端的核酸序列。

通用转录因子（general transcriptional factors，GTFs）：也叫基本转录因子，指的是一组蛋白质转录因子，它们结合 DNA 上的特定位点（如启动子），启动转录。

转录激活因子（transcriptiona activator）：指增加一个或一组基因转录的蛋白质。

增强子（enhancer）：一段 DNA，可被蛋白质结合以增加某些基因的转录可能性，它们既能位于转录起始位点上游也能位于下游，距离可达 100 万碱基对。

中介体（mediator）：真核细胞中发挥转录辅激活因子作用的多蛋白复合物，能同时同转录因子和 RNA 聚合酶作用，将信号从转录因子传递给 RNA 聚合酶。

染色质修饰酶（chromatin modifying enzymes）：能影响染色质高级结构的一大类酶，包括 DNA 和组蛋白修饰酶等。

延伸因子（elongation factors）：一类蛋白质，在蛋白质合成中便于多肽链从最初的肽键到最后的肽键的延伸。

超螺旋（supercoil）：DNA 双螺旋的进一步扭转。

正超螺旋（positive supercoil）：DNA 处于进一步拧紧状态时所形成的超螺旋。

负超螺旋（negative supercoil）：DNA 处于松弛状态时所形成的超螺旋。

外显子（exon）：基因的一部分，在内含子通过 RNA 剪接方式被移除后作为基因的 RNA 终产物的组成片段。

内含子（intron）：基因的一部分，在生成基因的 RNA 终产物过程中被移除。

剪接（splicing）：新生的前体 RNA 加工为成熟信使 RNA 的过程，由内含子的移除和外显子的连接实现。

约翰·梅纳德·凯恩斯（John Maynard Keynes，1883—1946）：英国经济学家，其思想对宏观经济学的理论和实践有重大影响。

节约悖论（paradox of thrift）：最简单的表述是，储蓄的增加可能对经济是有害的。其来源至少可以追溯到 1714 年的《蜜蜂的寓言》。节约悖论因凯恩斯而变得流行，也是凯恩斯经济学的核心思想，并在 1940 年后成为主流经济学的重要组成部分。

核内小 RNA（small nuclear RNAs，snRNAs）：真核细胞核内的一种小 RNA，长 150 个核苷酸左右，主要功能是调节前体信使 RNA 的加工。

剪接体（spliceosome）：真核细胞核内由核内小 RNA 和很多蛋白质组成的复合物，主要用来切除前体信使 RNA 中的内含子。

外显子界定（exon definition）：一种实现正确 RNA 剪接的策略。随着 RNA 合成的进行，一种在结构中含有丝氨酸和精氨酸的蛋白质结合于其外显子部分，但露出剪接位点，通过这种机制实现正确的 RNA 剪接。

β 地中海贫血（β thalassemia）：一种血液系统遗传疾病，由血红蛋白 β 亚基异常导致，症状包括贫血等，发病率约为十万分之一。

囊性纤维化（cystic fibrosis）：一种影响肺等脏器的遗传病，症状包括肺部感染等。

额颞痴呆(frontotemporal dementia)：涉及额、颞叶逐渐退化的多种痴呆类型，表现为行为或语言障碍。

帕金森病（Parkinson's disease）：中枢神经系统的慢性退行性失调。

视网膜色素变性（retinitis pigmentosa）：眼睛的一种基因失调，可引起视力消失。

脊髓性肌萎缩（spinal muscular atrophy）：一种罕见的神经肌肉障碍，表现为运动神经元丧失和肌肉萎缩。

强直性肌营养不良（myotonic dystrophy）：一种基因失调，引起进行性肌肉萎缩和疲劳。

早衰（premature aging）：一种罕见基因失调，类似生理性衰老。

遗传密码（genetic code）：DNA 经由 RNA 同蛋白质对应的关系。

密码子（codon）：遗传密码中同 1 个氨基酸对应的 3 个 DNA/RNA 核苷酸序列。

反密码子（anticodon）：转运 RNA 之上同信使 RNA 中密码子相对应的 3 个 RNA 核苷酸序列。

转运 RNA（transfer RNA）：一种小的、建立信使 RNA 和氨基酸的物理联系的 RNA。

摆动碱基对（wobble base pair）：RNA 中不遵循典型的碱基互补配对原则如 A-T、G-C 的碱基配对方式。

氨酰 tRNA 合成酶（aminoacyl tRNA synthase）：也叫 tRNA 连接酶，是一种将氨基酸加到合适 tRNA 的酶。

核糖体（ribosome）：合成蛋白质的机器，由 RNA 和蛋白质组成，其中的 RNA 叫核糖体 RNA 或 rRNA，其中的蛋白质叫核糖体蛋白质，r 蛋白。

诱导契合（induced fit）：用来解释酶与底物作用的经典模型，指最初酶与底物只有较弱作用，但这种较弱的作用迅速诱导酶发生构象改变，以增强对底物的结合。在 RNA 聚合酶对 RNA 的识别、核糖体对密码子、反密码子的识别中存在诱导契合机制。

动态校对（kinetic proofreading）：一种通过引入不可逆步骤提高反应特异性的策略。

起始密码子（start codon）：一般是 AUG，在真核细胞和古菌中产物是甲硫氨酸，在细菌、线粒体和质体中则是 N- 甲酰甲硫氨酸。

终止密码子（stop codon）：标记翻译终止的核酸序列，分别是 UAA、UAG 和 UGA。

阅读框（open reading frame，ORFs）：起始密码子和终止密码子间的 DNA 序列。

无义介导的 mRNA 降解（nonsense-mediated mRNA decay）：真核细胞内的一种监督机制，通过消除包含反常终止密码子的信使 RNA 而减少基因表达错误。

蛋白酶体（proteosome）：一种蛋白质复合物，通过水解来消除不需要的或者损伤的蛋白质。

十二、基因表达调控：冰山的一角

1. 基因表达，沉睡而非长眠

2012 年诺贝尔生理学或医学奖花落两家。获奖者之一的**约翰·戈登**博士恐怕固然会因最终获奖而欣慰，但也未尝不会因 54 年的漫长等待而意难平，因为早在 1958 年，他就尝试将蛙中已经分化的细胞核移植到去核卵细胞中，观察分化情况，并可以做到让移植的皮肤细胞核发育成蝌蚪。但不管怎样，戈登应该感谢**山中伸弥**，是山中伸弥在 2007 年发现了**诱导多能干细胞**而让斯德哥尔摩发现了戈登[54-56]。2012 年诺贝尔奖给他们的获奖理由是：发现成熟细胞可以重编程成为干细胞。如果说戈登给人们呈现出现象之"海"的话，山中则找出了关键之"针"。

在戈登做移植实验以前，一个假说是：基因的逐渐丢失决定分化[56]。这个假说完全有其理由。事实上我们现在知道，在一个极端的例子中，人类的红细胞丢失了细胞核中全部的遗传信息，从而发挥特定的运输氧气和二氧化碳的功能；而在更多情况下，组织特异性的信使 RNA 和蛋白质都可看作丢失了某种潜力的信息携带者。反正有**生殖细胞**携带遗传物质在代际传播，**体细胞**基因丢失似乎效率更高。

戈登的移植实验否定了基因丢失的假说，事实上，即使在体细胞中，基因也只是沉睡，而非长眠。那么为什么进化采用了这种方式呢？一个可能的原因是安全。对于多细胞生物而言，所有细胞包括生殖细胞和体细胞都含有全套遗传信息，这是有巨大优势的，已经分化的细胞在面临某些情形下（比如肝脏受损时），需要重新拥有分化能力，而这种重新分化的潜力对于生命体的安全是极其关键的。假如分化的过程是由基因逐渐丢失造成的，那当面临关键的挑战时，细胞也不会再有重新分化的能力。

2. 基因表达调控，漫长的征途

多细胞的分化似乎可以通过两种方式来实现，第一种是在分化过程中，基因整体倾向于表达，而存在组织特异性的关闭机制，第二种则是基因整体倾向于关闭，而存在组织特异性的表达机制。第一种方式看起来效率更高，第二种方式则似乎更安全。现在我们知道，细胞分化中似乎主要采取第二种方式，一个支持证据是，当关闭基因表达的染色质状态同开启基因表达的染色质状态相遇时，基因倾向于关闭而不是表达。多细胞生物的所有基因就像菜谱，涵盖所有菜品，但是每个细胞不会做出所有菜品，然后把无人问津的扔掉，而是备齐材料，等顾客点菜后，做出一桌餐食，而这常常只是菜谱的一部分。

某个餐馆中应顾客需求而做出的菜品，就是所谓的组织特异性转录。但事情也并非如此简单，需要详细说说。在所有的组织、细胞中都有共同表达的基因，比如经遗传信息加工的基因，如 **DNA 聚合酶**、**RNA 聚合酶**、**染色体结构蛋白质**、**DNA 修复酶**；比如遗传信息表达的基因，如**核糖体蛋白及RNA**，以及重要的代谢相关酶，它们在所有的细胞中都是必需的。这些共同表达的基因就像家常菜，如米饭、馒头，小餐馆固然有，大饭店也不可无。此外，有些基因只在特定的组织、细胞中表达，比如**血红蛋白**，只在红细胞中表达，而**酪氨酸氨基转移酶**则只在肝脏中表达，以负责降解食物中的酪氨酸。这些特异表达的基因就像每个餐馆的特色菜，为别的餐馆所无。两者合计，人不同细胞中表达 9000~18 000 个特定的基因。

这些基因的表达会受到各种各样的调节，几乎在从 DNA 到蛋白质的每一个环节都能施加影响。DNA 就像高山之巅的湖水，而蛋白质则像山下迤逦的小河，从山巅到山下 6 段分叉点，分别是转录、RNA 加工、RNA 转运、RNA 翻译、RNA 降解和蛋白质活性，在每个点的不同选择，造就了异彩纷呈的基因表达（**图 12.1**）。因为分叉点越是靠上影响越大，所以在这些点中，转录对基因表达的影响是最大的。

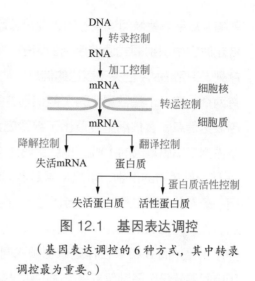

图 12.1 基因表达调控

（基因表达调控的 6 种方式，其中转录调控最为重要。）

3. 组织特异性转录，详尽的菜谱

基因的组织特异性转录是如何实现的呢？取决于两点，首先是基因本身，其中蕴藏了基因何时、何地表达的信息，就像菜谱中不但记录了菜品的烹调方法，也记载了谁可以做什么菜，在什么地方做菜，什么时候做菜等信息；其次则是细胞内外的环境，这些环境中的因子可以选择性地决定哪些基因在何时何地表达。没有基因，环境无从得到指令，这个很容易理解。没有环境，基因自己也无法从头起始表达，就像只有菜谱，没有厨房、厨师的话，再好的菜谱也无法变成饭菜，这就是为什么**魏尔肖**说"一切细胞来自细胞"。

基因中关于何时何地表达的信息存在于一种叫作**顺式调控序列**的 DNA 之上，之所以叫顺，因为它们也是 DNA。如果说基因的编码区相当于饭菜的做法的话，那么顺式调控序列就相当于何时做菜、何地做菜等信息。顺式调控序列当然不能距离编码区太远，但基因内部的距离有时不能以 DNA 长链上两段 DNA 的距离来计算，因为 DNA 会折叠成复杂的三维结构。基因当然也不会用太复杂的序列来设计顺式调控序列，因为那意味着巨大的成本。就像菜谱中大部分内容用来记录饭菜做法，而由谁做、何时何地做就要一笔带过了。

既然顺式调控序列不是特别复杂，那么能够识别顺式调控序列的蛋白质就需要复杂。就像阅读菜谱的人要足够聪明，才能理解菜谱简短文字的深意。特定时空中识别顺式调控序列的因子，叫作**转录因子**。它们能读取顺式调控序列，识别 DNA 上关于表达的信息，从而启动**转录**。转录因子复杂化的方式有两个，第一个是数量。为了能识别并不太复杂的藏于顺式调控序列中的基因表达信息，真核细胞发展出了数量庞大的转录因子，人类基因组中转录因子占到了编码基因的 10%，也就是超过 2000 个。但这似乎依然不能满足人类32 亿个碱基对的识别，可是发展更多的转录因子又给基因组造成负担。转录因子复杂化的第二个方式是组合。除了数量庞大，转录因子还发展出了彼此的合作，比如 A 和 B 合作识别某个顺式调控序列 X，A 和 C 合作识别顺式调控序列 Y，而 B 和 C 合作则识别顺式调控序列 Z。通过这种方式，细胞可以用有限的转录因子满足近乎无限的转录需求。

转录因子对于 DNA 序列的识别的结果，可以是基因的激活，这时叫作**转录激活因子**；也可以是基因的抑制，这时叫作**转录抑制因子**。转录激活因子和转录抑制因子就是 DNA 序列的知音，能体会出 DNA 的微妙心思，做出合适的选择。

对于原核细胞中的基因，其顺式调控序列是较少的，就像小饭馆菜谱是很简陋的；对于真核细胞中的基因，其顺式调控序列的数量是极其庞大的，就像其菜谱上写着某个菜品张三可做、李四可做、王五可做，等等。

4. 基因的篱笆

基因中的顺式调控序列常常位于两个或者多个基因之间，如何避免一个顺式调控序列影响其他邻近基因呢？基因间存在特殊序列，起到隔绝不同基因上的顺式调控序列的作用，称为**绝缘子**，它们也不是自己发挥作用的，会有特殊蛋白质结合其上，更好地进行隔离。绝缘子就像菜谱上的分页，于是人们知道一个简单的张三可做的标注，指的是同一页上的菜品，而不是另一页上的。

5. 细胞的记忆

多细胞生物中细胞分化得以实现的关键是**细胞记忆**。所谓细胞记忆，指的是已经分化的细胞能"记住"自己的状态，而且它们的后代也都能记住这种状态，也只有如此，多种细胞组成的组织、器官才得以形成。原核细胞几乎没有细胞记忆。比如当环境中**色氨酸**十分充足时，色氨酸阻遏物就会结合于大肠杆菌基因组中表达色氨酸基因的顺式调控序列上，不让自身表达色氨酸，因为这实在没有必要；当环境中色氨酸匮乏时，色氨酸基因重新启动转录，以合成大肠杆菌自身需要的色氨酸。在整个过程中，细胞没有对色氨酸基因抑制状态的记忆。真核细胞中很多情形下细胞也没有记忆。但对于多细胞分化、组织形成和器官发生，细胞记忆是至关重要的。就像一个人乘兴独舞可以兴之所至，转头即忘也不成问题，但一群人排练一个集体舞蹈，每个人则必须记住自己的位置和舞姿。

从某种意义上讲，细胞的发展趋势就是不断增加自身记忆。无机物中的某些晶体能记住自己的结构，但仅此而已；最初的复制子 RNA 已经能将自己的记忆向远处传播了；原核细胞能记住自己的 DNA 序列，但是记忆力有点差，较大的突变率类似失忆；真核细胞不但能记住自己的 DNA 序列，而且记忆的牢固度大大提高，还能记住自己的状态；低等生物发展出的免疫、神经系统，能记住经历的微生物入侵以及简单的生命经验；高等生物如人类则有已知最强的记忆，能记住大量细枝末节。记忆的本质，就是变化中的不变指导变化而已。

6. 正反馈，自我实现

细胞记忆具体是如何实现的呢？这依赖于一种称为**正反馈**的机制，就是当一个起关键作用的转录因子在启动目的基因的表达的时候，也同时启动自己的基因的表达。这样，每次细胞分裂的时候，子代都得到更多的该转录因子，这样的正反馈顺次进行，从而使得后代细胞维持分化状态，这是一种自我实现的过程。

7. 胞嘧啶甲基化，无材补天，有心红尘

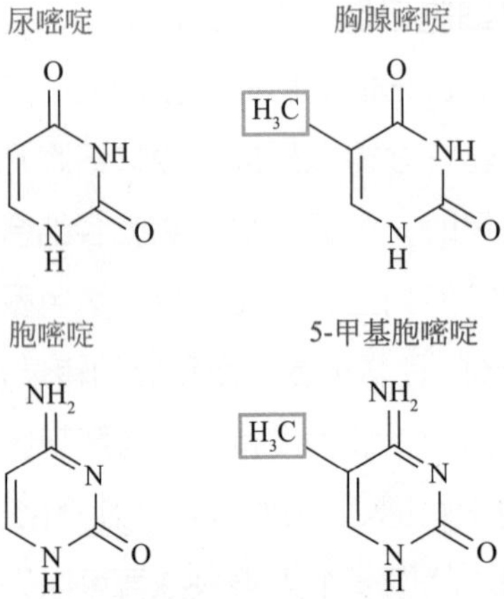

尿嘧啶

胸腺嘧啶

胞嘧啶

5-甲基胞嘧啶

图 12.2　嘧啶

（尿嘧啶（U）和胞嘧啶（C）是RNA中的两种碱基；胸腺嘧啶（T）和胞嘧啶（C）是DNA中的两种碱基，胸腺嘧啶也叫5-甲基尿嘧啶。5-甲基胞嘧啶却似乎只存在于DNA之中，并不在单独的碱基之中，没有专门的名字，只是一种修饰。）

以正反馈机制承载的细胞记忆是不稳定的，细胞需要更具体的记忆方法，其中一种是**胞嘧啶**的**甲基化**，因为这种甲基化并非发生在游离的胞嘧啶之上，而是针对DNA上的胞嘧啶，所以也叫**DNA甲基化**。

甲基化的胞嘧啶从某种意义上说是细胞内的"通灵宝玉"（**图 12.2**）。碱基分嘌呤和嘧啶两种，前者又分为腺嘌呤（**A**）、鸟嘌呤（**G**），后者分为胞嘧啶（**C**）、尿嘧啶（**U**）和胸腺嘧啶（**T**）。尿嘧啶和胸腺嘧啶分属RNA和DNA，是两者在碱基上的主要区别。尿嘧啶和胸腺嘧啶相比，仅仅少了一个**甲基**（**—CH₃**）。既然尿嘧啶甲基化成为胸腺嘧啶，有了自己的专属之名，为什么胞嘧啶的甲基化没有自己的独特名字？这是因为这种甲基化被细胞拿来用作细胞记忆了。胞嘧啶的甲基化不是有一个自身C就可以的，常常发生于序列CG的C之上，这样互补配对的DNA双链中的另一条链上也有一个CG；好处在于DNA复制时，可以通过识别出CG序列以及其中的C的甲基化，而对新生DNA链上的CG中的C（新生时常常是没有甲基的）加上同样的甲基，以实现记忆。其他任何碱基序列如CC、CA、CT都不会产生这样的效果。细胞内发展出一种维持性甲基化酶，只能根据已有的甲基化，在新生DNA上实现甲基化，因为这种甲基化依赖于事先存在的DNA，所以叫作**保持甲基化酶**。甲基化的胞嘧啶虽然没有成为构成基因的第六个碱基，却拥有了细胞的记忆功能。

胞嘧啶甲基化或者DNA甲基化承载的细胞记忆主要是基因表达的抑制。我们提到过细胞分化中采取的常常是大背景抑制、只有需要的才会表达的策

略。DNA 甲基化就适合这样的策略。基因抑制能实现不同组织中同一个基因相差 100 万倍、不同基因相差 1000 倍的差别。DNA 甲基化之所以能实现基因表达的抑制，因为胞嘧啶的甲基化会干扰转录相关蛋白的结合；不仅如此，细胞还发展出了很多的 DNA 甲基化结合蛋白，可以进一步抑制转录的发生。

8. DNA 甲基化，下沉的小岛

DNA 甲基化也就是胞嘧啶甲基化似乎正在不断消亡，而其中的原因，可能是那句"匹夫无罪，怀璧其罪"。嘧啶常常会发生**脱氨基**反应，这是一个概率不高但也很难被忽视的事件。一般的胞嘧啶，也就是未被甲基化的胞嘧啶脱氨基后就变成了尿嘧啶，而尿嘧啶一般是不存在于 DNA 之中的，所以很容易被 DNA 修复机制识别和修复。但是甲基化的胞嘧啶脱氨基后就变成了胸腺嘧啶，而胸腺嘧啶天然存在 DNA 之中，无法被轻易识别，细胞内虽然也有相应的机制避免，但远谈不上完美。因此，在进化过程中，甲基化的胞嘧啶是倾向于逐渐丢失的。

据估计，脊椎动物近 3/4 的 CG 序列已经丢失了。这也导致了遗留的 CG 序列不均匀地分布于基因组之中。在某些区域中，CG 的密度是平均密度的 10 倍，这些 CG 序列因此被称为 **CG 岛**。CG 岛平均 1000 个碱基对长短，在人类基因中大概有 20 000 个。

按理说，DNA 甲基化是负责基因的沉默的，那么 CG 岛似乎应该和基因的调控区尤其是**启动子**互相排斥。事实却恰恰相反，60% 的人类编码基因的启动子位于 CG 岛之中，而且几乎 100% 的所谓的**持家基因**的启动子位于 CG 岛，持家基因就是那些对细胞活性至关重要的而在所有细胞中都表达的基因。未甲基化的 CG 岛似乎特别适合启动子，比如 RNA 聚合酶可以很容易地结合其上，启动转录。

CG 岛同启动子的高度重合可能是出于安全的考虑。将启动子放置于 CG 岛之内，可能方便地实现基因的启动。为此，细胞甚至发展出了防止在 CG 岛甲基化的机制，这依赖于一些结合于 CG 岛的蛋白质。即使需要额外地发展出各种机制防止启动子 CG 岛的甲基化，细胞也毫不在乎。

9. 基因组印记

DNA 甲基化的一个用途是可以用来对基因组添加印记。什么是**基因组印记**呢？哺乳动物细胞大多数是**二倍体**，就是有来自父亲和来自母亲的遗传信息，而对于具体基因，它们来自父亲和母亲中各一份的拷贝互相称为**同源基因**，它们常常都会表达；但是有一小部分基因，它们的表达依赖其来源，如果来自父亲的那一份是活跃的，那么母亲中的同源基因就是沉默的，反之亦然，这种现象就称为基因组印记。一个最著名的例子是一个叫作**胰岛素样生长因子 2**的基因，这个基因只有父亲来源的拷贝才会表达。胰岛素样生长因子 2 对体格很重要，完全没有它的小鼠的身材只有正常小鼠的一半。但假如采用某种特殊技术，分别单独弄掉小鼠中来自父亲和母亲的胰岛素样生长因子 2 后，就会发现结果不同：来自父亲的胰岛素样生长因子 2 被敲掉后小鼠身材减半，而来自母亲的胰岛素样生长因子 2 被敲掉后小鼠体格正常。

DNA 甲基化为什么就能给基因组添加印记呢？原来在胚胎发育早期，几乎所有的基因的甲基化经历一次洗牌，被全部清除，之后重新建立。然而有些 DNA 甲基化能躲开这种洗牌，于是细胞就能记住这些 DNA，并在之后的表达中区分出来自父亲的和来自母亲的。

10. 男女平等的基因基础

既然基因组印记同父母来源的遗传信息有关，一个很自然的想法就是**性染色体**会带有基因组印记。比如对于一个男孩，他有来自父亲的 Y 染色体和来自母亲的 X 染色体，双方差异很大，但都可以表达，井水不犯河水；不过，对于一个女孩，她有来自父亲的 X 染色体和来自母亲的另一条 X 染色体，双方同源性很高，就只能表达一个。这种现象称为 **X 染色体失活**。X 染色体失活也涉及 DNA 甲基化，但有更复杂机制。

X 染色体失活解决了一个由性染色体进化出来后带来的问题：剂量不一致。性染色体大小常常不一致，比如人的 X 染色体包含 1.5 亿个碱基对，编码 1098 个基因[57]，而 Y 染色体包含 6200 万个碱基对，编码仅仅 106 个基因[58]。

如此一来，男性和女性的两条染色体上的基因如果都表达，两性之间的基因将剂量失衡，也就是女性比男性多将近 1 倍的性染色体基因，这其实是个挺严重的问题，必须解决。很多物种发展出了各种策略来实现剂量补偿，比如**线虫**基因中，含有两条 X 染色体的个体会将每个 X 染色体基因表达调低一半，以便同只含有一条 X 染色体的个体剂量一致；果蝇中采取了另一个策略，即将只含有一条 X 染色体的个体中 X 染色体的表达提高一倍，增加到同两个 X 染色体相当的水平 [59]。如果说线虫的策略是双减，果蝇的策略就是单加，而人类则发展出了单减的方式。2021 年，《自然》杂志上的一篇论文提出人们在面临问题时倾向于使用加法而不是减法的策略 [60]，但细胞中似乎从来不缺少减法的智慧。

仅从基因组印记的概念上似乎也能看出这是性别之战的一部分。性是一种大规模的**水平基因转移**，大大增加了子代对环境的适应度，这是性的合作的部分。但性的过程中也存在竞争，似乎双方都有最大化自己基因在后代中比重的趋势。然而这种竞争不能过度，比如一方贡献更大而另一方贡献太少，这会损伤合作的基础。合作和竞争会达到一个平衡，这可能就是基因组印记、X 染色体失活存在的原因。

11. 记忆的种类

现在似乎可以总结一下细胞的记忆方式了。DNA 是最好的记忆载体，因为 DNA 相对坚固不易改变，能承载最久远的记忆，长达亿万年；DNA 甲基化或者说胞嘧啶甲基化次之，因为有酶可以实现 DNA 甲基化的添加和移除，但依然能传递代际的记忆；组蛋白的状态可以通过其修饰产生记忆，但要比 DNA 甲基化的记忆稍逊；已经分化细胞（比如免疫细胞、神经细胞）会综合以上的机制实现记忆，但持续时间更短。从 DNA 到个人记忆，时间尺度虽然依次下降，但是个体的记忆也会对 DNA 产生极其轻微的反作用，经历千万年的自然选择，个体的记忆也会被选择性地投放到 DNA 之中。

从某种意义上讲，生命和非生命的本质区别之一就是记忆。生命的记忆采用两种方式，表面的方式是细胞的代际记忆，暗流则是基因的进化的记忆，只有两者结合，生命才得以延续。

12. RNA 剪接，有僧闭门手自裁，千枝万叶巧剪裁

转录作为遗传信息传递的第一步，决定了信息的开关，具有举足轻重的地位；相比之下，RNA 剪接则提供了更多的遗传信息表达选择，极大地提高了遗传信息的多样性。

一个极端的例子是果蝇中的一个叫 *DSCAM* 的基因，可以由剪接产生高达 38 016 种不同的蛋白质。这个基因同果蝇的免疫、神经连接的建立有关，它含有 A、B、C、D 四组不同的外显子，分别含有 12、48、33 和 2 个不同的序列，剪接是每一组外显子中的一个进入终产物中，于是可以有 $12 \times 48 \times 33 \times 2 = 38\,016$ 种不同的可能。

13. RNA 编辑，将错就错

大自然的神迹常常令人瞠目结舌，不明所以，一个典型的例子是 **RNA 编辑**。当 RNA 合成出来以后，细胞依然有办法改变它们的序列，从而传递不一样的信息。转运 RNA 和核糖体 RNA 在合成之后都经历很多修饰，可以看作某种编辑，而信使 RNA 的编辑更深刻。在动物中，有两种基本的信使 RNA 编辑，主要的一种是腺嘌呤（A）脱氨基生成**次黄嘌呤（I）**，次要的一种是胞嘧啶（C）脱氨基生成尿嘧啶（U）。I 和 C 配对，而 U 和 A 配对，这就改变了 RNA 中的含义。根据发生的位置比如编码区、非编码区的不同，RNA 编辑可能导致蛋白质的改变、信使 RNA 剪接方式的改变、信使 RNA 转运的改变，等等。

人类中，A 到 I 的 RNA 编辑发生于约 1000 个基因之上。这些基因转录出来的信使 RNA 会形成局部配对结构，这些结构决定 RNA 编辑是否发生以及在哪儿发生。负责 A 到 I 的 RNA 编辑的是一类酶，名字也很好记，叫作**作用于 RNA 的腺嘌呤脱氨基酶**。一个具体的发生 A 到 I 的 RNA 编辑的基因是一种脑中的通道蛋白，它负责物质运输，RNA 编辑改变这个蛋白质内侧通道上的一个氨基酸，结果通道对钙离子的通透性发生很大改变。无法实施这种 RNA 编辑的小鼠会发生大脑发育异常，如断奶前的癫痫和夭折。

为什么会发生 RNA 编辑呢？目前有三种假说，第一种认为 RNA 编辑是为了修正基因组 DNA 中的错误，也就是出于安全；第二种认为 RNA 编辑是

为了产生更多的蛋白质产物，也就是出于效率，尽管通过一种比较草率的做法；第三种认为 RNA 编辑是为了防御**逆转录病毒**和**逆转录转座子**的入侵，之后被细胞用来改变 RNA 的含义。第三种假设的可能性最大。第一种假设就像河流上游出了问题在下游做修缮一样，这固然是一种补救，但使用过度的话会纵容上游，细胞应该大力发展 DNA 损伤修复而不是 RNA 编辑来纠正 DNA 的错误。第二种假设可能颠倒了因果。最关键，第三种假设的可能性则得到如下实验的支持。例如，逆转录病毒和逆转录转座子进入细胞后会有一个 RNA 的阶段，之后会逆转录得到 DNA，然后入侵基因组，如果在这一步通过 RNA 编辑，就能很好地控制它们。艾滋病病毒就是逆转录病毒，有研究发现它们在感染细胞后经历了广泛的 RNA 编辑，这种编辑给病毒的 RNA 基因组带来了很多有害突变，并让病毒 RNA 滞留于细胞核并最终降解。

从某种意义上说，RNA 编辑是将错就错的代表。RNA 编辑是一种易错的机制，但并非发生于 DNA 之上，细胞对它的容忍度就高些；尤其当细胞因此发展出对病毒的某种优势之后，RNA 编辑就固定下来了。RNA 编辑发生于 1000 个左右的基因之中，约占所有编码蛋白质基因的 5%，同样暗示这并非一种主流的机制。

14. RNA 调控，告密者

在众多的基因表达调控方式中，可以说大多数都集中在 RNA 的调控上，这是合理的：对蛋白施加调控时机稍晚，对 RNA 施加调控则刚刚好。而发挥对 RNA 的调控的，也恰恰是各种 RNA，因为它们天然地对 RNA 有更好的结合。不仅如此，RNA 本身制造成本低，效率却很高，而安全性则可以通过各种机制来保证，总的来说依然划算。各种 RNA 发挥的调控作用值得单独说一说。

RNA 发挥的调控作用有两个特点，一是常常仅是被动抑制，而无法主动激活，这是因为 RNA 无法像蛋白质那样直接发挥作用，而是依赖于配对的 RNA，所以没有蛋白质那样既能抑制又能激活的作用；二是 RNA 发挥调控作用时常常仅是传递信号，而无法直接执行，这同样是因为 RNA 自身的特点。RNA 更像一个告密者，而最终任务的执行如目标 RNA 的抑制通过各种蛋白质来实现。

15. RNA 干扰，铁鞭，铁抓及匕首

RNA 调控中一大类叫作 **RNA 干扰**，指的是长 20~30 个核苷酸的单链 RNA，它们能通过互补配对同目标 RNA 结合，假如目标 RNA 是信使 RNA 的话（大都如此），会影响依次增大的三种结果，第一是目标 RNA 翻译的抑制，第二是目标 RNA 的降解，第三种似乎更彻底，就是当目标 RNA 依然在转录的时候，干扰的 RNA 会结合其上，并会在目标 RNA 的模板形成**异染色质**，封印遗传信息。《资治通鉴·唐纪二十二》记载了武则天驯马的故事，同 RNA 发挥作用的方式类似。李世民有匹脾气很大的骏马，没有人能驯服。武则天自告奋勇，说她可以，但需要三件东西，分别是铁鞭、铁抓和匕首，铁鞭敲打马屁股不管用，就用铁抓控制马头，再不管用，就用匕首割马的喉咙。RNA 发挥的翻译抑制就像铁鞭，让目的基因的蛋白质表达阻滞；RNA 发挥的目标降解就像铁抓，让目的基因的 RNA 产物削弱；RNA 发挥的基因封印就像匕首，让目的基因不再转录出 RNA。

有三种发挥干扰的 RNA，分别是**干扰小 RNA**（**siRNAs**）、**微 RNA**（**miRNAs**）和 **PIWI 相互作用 RNA**（**piRNAs**）（表 12.1）。

表 12.1　3 种 RNA 干扰的比较

特征	siRNAs	miRNAs	piRNAs
人类基因数	无	1983	114
长度(核苷酸数)	21~24	21~24	26~31
加工方式	Dicer	Dicer	非 Dicer
组装方式	船蛸	船蛸	PIWI
抑制方式	抑制、降解	抑制、降解和异染色质	抑制、降解

注：干扰小 RNA、微 RNA 和 PIWI 相互作用 RNA 是三种主要的调控 RNA。Dicer 的字面翻译是掷骰子的人，事实上 Dicer 这一名字可能来自一种具有消化（digest）能力的内切核酸酶（endonuclease）。至于船蛸，其名字则因为该蛋白导致的表型效应：最初针对该基因的突变在拟南芥中产生类似远洋章鱼的形态。

16. RNA 干扰，以彼之道，还施彼身

RNA 干扰之所以能发展出来，最初是源于广泛存在的来自 RNA 的威胁。RNA 威胁无处不在，如 RNA 病毒、**转座子**等，它们会产生双链 RNA。细胞内发展出一个含有**掷骰子的人**的蛋白质复合物，它们具有酶切活性，能把双链 RNA 切割成约 23 个核苷酸的小片段，即**干扰小 RNA**；干扰小 RNA 能进一步和一个含有**船蛸**的蛋白质复合物结合，并带领着这些蛋白质复合物识别它们的来源，也就是病毒和转座子的 RNA，而船蛸蛋白就能实现对这些病毒和转座子 RNA 的遏制。从某种意义上讲，细胞制造干扰小 RNA 发挥防御的方式类似以彼之道，还施彼身，只要掷骰子的人和船蛸两个蛋白质复合物，就可以对成千上万的不同危险 RNA 进行应对。RNA 干扰的众多细节中，长度也就是 23 个核苷酸的大小是非常关键的：23 个核苷酸，大概是一个最小的数字，以保证在数十亿个碱基对构成的基因组中进行特异性识别。

干扰小 RNA 的效率很高。首先，制造出的一个小 RNA 可以针对很多不同的 RNA 分子；其次，有些生物体中存在一种机制，能让一个干扰小 RNA 产生更多的干扰小 RNA；最后，在很多生物尤其是植物中，干扰小 RNA 能在细胞间自由流动，这进一步提高了效率。同蛋白质相比，小 RNA 的效率要高很多。

17. 微 RNA，苔花如米小，也学牡丹开

干扰小 RNA 可以看作一种细胞的免疫机制，针对的是不计其数的外来的双链 RNA，应对措施则是掷骰子的人和船蛸两种蛋白质形成的体系。而在进化过程中，多细胞生物的 RNA 干扰机制被用来进行发育调控，这就是微 RNA。

微 RNA 同干扰小 RNA 有一点相同和两点不同。相同的一点是它们依然采用掷骰子的人和船蛸两种蛋白质进行加工，不同之处则在于，首先微 RNA 针对的不是外来入侵者，而是细胞内自己的 RNA，通常是信使 RNA，其次是

细胞内有专门的微 RNA 基因。

微 RNA 存在于人类基因组之中。根据**人类基因命名委员会**，截至 2024 年 1 月，人类基因组中发现 1983 个微 RNA 的基因[61]，它们调控至少 1/3 的编码基因。微 RNA 通过转录发生，经过一系列加工，生成 23 个核苷酸的 RNA，会同很多蛋白质组装起来形成复合物，在细胞内寻找可以配对的对象。一旦微 RNA 找到配对的对象，就会与之结合，结合的结果有两个，一个是目标 RNA 的降解，另一个则是目标 RNA 的翻译抑制，当然最终还是要降解。微 RNA 并没有发展出类似干扰小 RNA 那样的封印染色质的能力，可能反映了调控的弹性：对内抑制不需要赶尽杀绝。

同干扰小 RNA 类似，微 RNA 也是一种非常经济的调控手段。微 RNA 可以影响多个目标 RNA；微 RNA 还能彼此组合，这会进一步增加调控的覆盖程度；微 RNA 所占空间很小。对于庞大的人类基因组，微 RNA 的诞生可能是一种性价比很高的调控方式。

18. 生殖细胞的保护者

piRNAs 是一类存在于生殖细胞中的、对抗**可移动原件**（通常是转座子）的调控 RNA。piRNAs 的基因不是单个的，而是成簇聚集在一起的，称为**基因簇**，人类基因组中有 114 个 piRNAs 基因簇。它们以一种不依赖掷骰子的人的方式生产出来，大小也比干扰小 RNA 和微 RNA 要大，而又不同船蛸蛋白结合。但 piRNAs 发挥作用的方式依然是翻译抑制和目标 RNA 的降解。

19. CRISPR，藏污纳垢之地

无论是前面提到的 RNA 编辑、干扰小 RNA，最初可能都是细胞发展出来用于对抗外来的威胁的，但后来被细胞利用以提高调控效率（**表 12.2**）。细菌和古菌中还存在一种对抗外来信息威胁的机制，成簇规律间隔短回文重复，就是大名鼎鼎的 **CRISPR** 系统。

表 12.2 细胞对抗外来遗传信息入侵的策略

类型	RNA 编辑	RNA 干扰	DNA 编辑
入侵物	RNA	双链 RNA	DNA
清除方式	改变 RNA 序列，降解	抑制、降解	降解
是否有记忆功能	无	无	有

CRISPR 系统是如何工作的呢？当病毒入侵细菌或者古菌细胞后，第一步，它们的 DNA 会被切断，之后则会整合进细胞的基因组。细胞为什么要把病毒的 DNA 整合进自己的基因组呢？这难道不是一种开门揖盗的愚蠢吗？就像人类的免疫细胞被艾滋病病毒入侵一样。细胞并非愚蠢，首先整合进入的 DNA 是被切断的、无危害的 DNA，其次细胞有专门的位置可以容纳这些侵入的 DNA，以藏污纳垢，这些位置就叫 CRISPR，由细胞自身 DNA 序列错杂病毒 DNA 序列组成，可以多达几百次重复。当病毒 DNA 整合进 CRISPR 区后，会启动第二步，也就是转录出长的 RNA，加工成约 30 个核苷酸的 RNA。第三步则是 30 个核苷酸的 RNA 同 CRISPR 相关蛋白质结合，在细胞内巡逻，遇到第一步被切割的病毒 DNA 后就识别并降解它们。

CRISPR 系统是细菌、古菌中一个强大的免疫系统。CRISPR 系统同 RNA 干扰系统后面的步骤很相似，也就是 RNA 同蛋白质结合，启动切割。用于 CRISPR 系统切割的蛋白质和 RNA 干扰中的船蛸蛋白是很相似的。CRISPR 系统的厉害之处在于它们的记忆力，它们能记住过往中细胞经历的入侵物，它们不会好了伤疤忘了疼，而是忘了疼但把伤疤永远记录在 CRISPR 系统里。CRISPR 还有一个记忆优先度的设计：越是新近经历的病毒 DNA 入侵，就被记录在 CRISPR 的 5 端，也就越是优先转录，从而优先降解。许多细菌、古菌基因组中有几个而不是一个 CRISPR，可以进行有效免疫。

DNA 充分利用了自身的优势来携带各种信息。编码区携带了蛋白质或者功能 RNA 的信息；在编码区上游，常常存在影响转录的信息；在编码区之中则是内含子，蕴藏了 RNA 剪接的信息；在编码区下游，则是 RNA 稳定性、出核等信息。这一切的信息，都是亿万年的进化中通过自然选择固定于 DNA 之上的，即使不是尽善尽美，也一定安全有效。DNA 能携带如此复杂的信息，是其超越 RNA 的地方之一，然而，这不是问题的全部，当蛋白质被制造出来后，自身能经历各种修饰，这可能是 DNA 始料不及的。

词汇表

约翰·戈登（John Gurdon，1933—　　）：英国发育生物学家，2012 年同山中伸弥一起获得诺贝尔生理学或医学奖。

山中伸弥（Shinya Yamanaka，1962—　　）：日本干细胞研究者。

酪氨酸氨基转移酶（tyrosine aminotransferase）：肝脏细胞中存在的、用于将酪氨酸转换为 4- 羟苯基丙酮酸的酶。

顺式调控序列（cis-regulatory sequence）：非编码的、用于调控附近基因转录的 DNA 序列。

转录抑制因子（transcription inhibitor）：通过结合于 DNA 或 RNA 而发挥转录抑制的蛋白质。

绝缘子（insulator）：顺式调控序列的一种，发挥增强子阻滞作用或者基因表达隔绝作用。

DNA 甲基化（DNA methylation）：甲基（—CH_3）添加到 DNA 上的过程。自然发生的 DNA 甲基化主要存在于胞嘧啶之上。

保持甲基化酶（maintenance methylase）：在已经半甲基化的目标位点再加上一个甲基基团时所需要的酶。

脱氨基（deamination）：从一个分子上移除氨基的过程。

CG 岛（CG islands）：胞嘧啶（C）后面接一个鸟嘌呤（G）称为 CG 位点，基因组中高频出现的 CG 位点称为 CG 岛，因为连接碱基的是磷酸（p），所以也称为 CpG 岛。

持家基因（housekeeping gene）：指的是维持基本细胞功能所必需的、表达于一个生物的每个细胞之中的基因，它们在正常生理以及病理状态中都有表达。

基因组印记（genomic imprinting）：一种基因的表达依赖于其遗传上来自父亲或者母亲的遗传学现象。

同源基因（homologous genes）：指在进化史上有共同来源的基因。

胰岛素样生长因子 2（insulin-like growth factor 2）：一种结构同胰岛素类似的激素，是一种在妊娠期促生长的激素。

X 染色体失活（X chromosome inactivation，或 X-inactivation）：雌性哺乳动物两条 X 染色体中的一条失活的现象。

线虫（nematode）：体长约 1mm 的蠕虫，常用作模式生物。

***DSCAM*（Down syndrome cell adhesion molecule）**：唐氏综合征细胞黏附分子基因，该基因编码产物同神经发育等事件相关。

RNA 编辑（RNA editing）：指的是细胞中 RNA 分子在合成后经历的特定序列的改变，包括插入、缺失和碱基替换等，是一种相对罕见的现象，RNA 常见的修饰如剪接、加帽、加多聚 A 等并不属于 RNA 编辑。

次黄嘌呤（hypoxanthine, I）：自然发生的嘌呤衍生物，偶尔发生于转运 RNA 的反密码子之中。

RNA 干扰（RNA interference，RNAi）：短的双链 RNA 以翻译或者转录抑制的方式特异性抑制基因表达的过程。

微 RNA（microRNAs, miRNAs）：短的单链 RNA，对目标基因的表达发挥转录后调控作用。

PIWI 相互作用 RNA（PIWI-interacting RNAs）：一大类小的 RNA，参与生殖系细胞中对可移动原件的转录后调控。

掷骰子的人（Dicer）：一种内切核酸酶，能将双链 RNA 和微 RNA 前体切割成干扰小 RNA 和微 RNA。

船蛸（argonaute）：RNA 干扰等发挥作用中的一种关键蛋白质，可以实现对目标信使 RNA 的清除。

人类基因命名委员会（Human Genome Organization Gene Nomenclature Committee）：人类基因组组织下属的一个为人类基因命名制定标准的机构。

成簇规律间隔短回文重复（clustered regularly interspaced short palindromic repeats, CRISPR）：是一种发现于原核细胞（如细菌、古菌）中的 DNA 序列，它们来自曾经感染过这些原核细胞的噬菌体等，被原核细胞用来检测并摧毁后续的感染噬菌体，是原核细胞抗病毒系统的一部分，发挥获得性免疫的作用。

十三、蛋白质修饰：淡妆浓抹总相宜

1. 蛋白质翻译后修饰，为悦己者容

如果人们每天都穿一套衣服出门，那该多么单调啊！如果一种信使RNA只能转化为一种蛋白质，那该多么浪费啊！蛋白质的翻译后修饰指的是在蛋白质翻译出来以后，额外加上某些基团，如**磷酸基团**、**甲基基团**等，这样，在不用从头合成新的蛋白质的情形下，可以极大地改变蛋白质的方方面面，如结构、位置以及功能等，是一种经济高效的方式（**表13.1**）。

表13.1　蛋白质翻译后修饰类型

类型	修饰部位	主要功能
磷酸化	丝氨酸、苏氨酸、酪氨酸	蛋白质复合物组装
甲基化	赖氨酸（组蛋白）	染色质状态
乙酰化	赖氨酸（组蛋白）	基因转录
棕榈酰化	半胱氨酸	让蛋白质附着于膜上
N-乙酰葡萄糖胺化	丝氨酸、苏氨酸	糖平衡中的酶活性与基因表达
泛素化	赖氨酸	单泛素化调节膜蛋白运输；多泛素化调节蛋白质降解

精心装扮打动的是人。翻译后修饰影响的，主要是蛋白质和蛋白质之间的相互作用。也就是说，翻译后修饰本身并不直接形成效应，而是通过改变蛋白质和蛋白质之间的交流而产生效应。

自己化妆固然最为方便，专人伺候则质量更优。细胞内的翻译后修饰都是由专门的酶来实现的，虽然也有给自身添加修饰的，如**自磷酸化**，但毕竟是少数。

装扮分上妆和卸妆两种。绝大多数蛋白质翻译后修饰也是可逆的，分为添加修饰和移除修饰两种，可以看作是上妆者、卸妆者，再加上欣赏者，一共是三种。只有拥有了修饰者、去除修饰者以及识别者，蛋白质翻译后修饰才能被完全解读。

2. 磷酸化，蛋白质翻译修饰的长子

在众多的蛋白质翻译后修饰中，磷酸化是当之无愧的大哥。在人类基因组中，给蛋白质添加磷酸化修饰的**蛋白磷酸激酶**数超过 500 个 [62]，移除磷酸化修饰的**蛋白磷酸酯酶**也超过 100 个。相比之下，赖氨酸甲基化酶超过 100 个，而去甲基化酶则不到 40 个。仅从数量上就能推测出磷酸化是最重要的蛋白质翻译后修饰。1992 年诺贝尔生理学或医学奖颁给了**埃德蒙·费希尔和埃德温·克雷布斯**，他们 2 人因可逆磷酸化参与生物调节机制的研究获奖，至今其他的修饰未能再次获得诺贝尔奖。

磷酸化主导了细胞的两个重要功能，一个是**细胞周期**的驱动，另一个是**信号转导**的媒介，前者决定了遗传信息的分配，后者决定了细胞如何对外界环境做出反应，这是细胞内最重要的两个功能。在细胞周期中，激酶一旦被激活，就会给数量庞大的下游蛋白质添加磷酸基团，后者依次发挥各自的功能，使复杂的细胞周期有条不紊地进行。信号转导同细胞周期类似。

为什么大自然选择了磷酸化作为最主要的蛋白质修饰方式呢？第一个可能的原因是方便性。磷酸本身就是细胞钟爱的结构（详见"九、膜: 此心安处是吾乡"），所以核酸、脂类都由磷酸作为骨架；细胞内最重要的能量货币 ATP 中也含有磷酸。ATP 的存在，给了磷酸化以近乎无限的材料来源，这可能是磷酸化修饰如此普遍而重要的一个原因。第二个可能的原因是多样性。磷酸化的位点可能是丝氨酸、苏氨酸和酪氨酸，但甚至可能是其他 6 种氨基酸。

第三个可能原因是可逆性。磷酸化可以经由水解方便地去除，在化学反应上容易实现。第四个可能原因是新颖性。磷酸化同其他修饰如甲基化、乙酰化等的区别在于其修饰的独特：无论是甲基化、乙酰化、棕榈酰化、泛素化等，都不能产生截然不同的氨基酸，因为氨基酸的组成就是碳、氢、氧、氮，顶多再加上硫，甲基化等都是由碳、氢、氧、氮组成的，并不会给氨基酸带来新意。磷酸化则不同，磷酸基团是完全不同于氨基酸的组成元素的，另外其带负电荷以及同水合和的性质独一无二，让磷酸化在众多翻译后修饰中鹤立鸡群。

3. 甲基化，细胞的第二套密码

磷酸化修饰的新颖性在给蛋白质提供多样性上是成功的，然而吾之蜜糖，彼之砒霜，磷酸化在某些场合可能并非特别合适，比如在染色质的修饰上。染色质由**组蛋白**和 DNA 组成，其中组蛋白负责 DNA 的组织，形成染色质基本单位。组蛋白是由 4 对蛋白质组成，一共是 8 个，其中每个都很小，只有 100 个氨基酸左右。组蛋白虽然是 DNA 组成的核心，但是组蛋白类似互相搂抱的猴子，其尾巴却伸展在外。就是这些组蛋白尾巴，会经历各种修饰。组蛋白尾巴上的氨基酸会经历乙酰化、甲基化等，但磷酸化却非常少。之所以磷酸化如此之少，可能是因为磷酸化的新颖性同染色质的保守性并不十分和谐吧。

甲基化则不同，它非常的简单，同氨基酸的天然结构没有特别大的差异。甲基化（$-CH_3$）是自然界最简单的有机基团，相对分子质量只有 15，相比之下乙酰化（$-CH_3CO$）是 43，磷酸化（$-PO_4$）是 95，泛素化更是达到了 8600。可能正因如此，甲基化能给组蛋白提供非常柔和的修饰。

甲基化的微小改变可能足以被染色质容忍，反倒能发展出各种复杂组合。比如甲基化很小，因此针对一个氨基酸可以有 1 个、2 个和 3 个的甲基化修饰，这在乙酰化等都是无法实现的。因此甲基化同染色质的状态也不是简单的关系，比如乙酰化常常就意味着染色质的转录，而甲基化依据不同位点、不同数量而产生复杂的效应。有所谓的**组蛋白密码**的假设，指的是组蛋白的各种修饰的组合决定了染色质表达与否，也就间接决定了遗传。虽然组蛋白密码假说涵盖所有的组蛋白修饰，但应指出，组蛋白甲基化本身是最能体现组蛋白密码特征的修饰。

4. 泛素化，奢侈的终结者

泛素化的额头上写着两个字：奢侈。泛素化本身很大，相对分子质量达8600，而又存在多泛素化现象，也就是形成泛素化长链，最多可以超过 20 个，相对分子质量将超过 150 000，而蛋白质平均相对分子质量是 50 000。也就是说，泛素化已经长得不大像一个修饰了，它的体量远超过一般的修饰，甚至比多数蛋白质还要大。用如此大的修饰来标记目标蛋白质，是很奢侈的。

泛素化的实现机制也很奢侈。一般的翻译后修饰只由一对酶，即添加的和移除的酶就可以实现，也就是有上妆者、卸妆者就成，甚至也不需要专门的欣赏者，比如磷酸化就是如此；有些修饰需要 3 个酶，即添加修饰的、移除修饰的，以及阅读修饰的，比如组蛋白甲基化。泛素化仅添加一步就需要 3 个酶才能实现，分别是**泛素活化酶**，**泛素结合酶**以及**泛素连接酶**。泛素化不同于磷酸化那样容易获得原材料，而且长达 76 个氨基酸，需要先行激活。人类基因组中只有两个泛素活化酶。如果把泛素看作利剑的话，那么泛素活化酶就是拔剑出鞘。如果只有两名拔剑者，不能把剑分发给更多的人，那么泛素化的效率将是低下的，所以存在泛素结合酶。泛素结合酶将激活的泛素从泛素活化酶手里接过来。人类基因组中有 35 种泛素结合酶。这样，利剑就传给了很多人，已经足以组成一支小队了。到此时，泛素化的利剑虽然光寒夺目，壁上夜鸣，却尚不能斩将杀敌。泛素结合酶还需要进一步将泛素传递给需要被降解的蛋白质，这是由一种泛素连接酶来实现的。人细胞内存在上百个泛素连接酶，可以给数量庞大的蛋白质添加泛素标签，从而实现目标蛋白质的降解。

泛素化修饰为什么如此奢侈呢？主要可能同泛素化本身特点有关。泛素化的作用之一是蛋白质的降解，如细胞周期中蛋白质的降解，而蛋白质的降解是一种不可逆的行为，不应该被轻易启动，所以泛素化的启动机制复杂而成本较高，这是一种安全机制。

蛋白质翻译后修饰是分子尺度最终极的事件。接下来，我们该走进细胞尺度了。

词汇表

蛋白磷酸化（protein phosphorylation）：可逆蛋白质翻译后修饰，氨基酸被激酶添加共价结合的磷酸基团。

蛋白甲基化（protein methylation）：一种蛋白质翻译后修饰，将甲基添加给蛋白质。

蛋白乙酰化（protein acetylation）：一种蛋白质翻译后修饰，将乙酰基添加给蛋白质。

蛋白棕榈酰化（protein palmitoylation）：给蛋白质共价添加脂肪酸（如棕榈酸）的一种翻译后修饰。

蛋白 N- 乙酰葡萄糖胺化（protein N-GlcNAcylation）：将单个的 N- 乙酰葡萄糖胺加到蛋白质的丝氨酸、苏氨酸之上的修饰。

蛋白泛素化（protein ubiquitination）：将泛素加到蛋白质的赖氨酸之上的修饰。

自磷酸化（autophosphorylation）：激酶以自身作为磷酸化底物的现象。

蛋白磷酸激酶（protein phosphokinase）：给蛋白质添加磷酸基团的酶。

蛋白磷酸酯酶（protein phosphatase）：移除蛋白质上的磷酸基团的酶。

埃德蒙·费希尔（Edmond Fischer, 1920—2021）：瑞士 - 美国生化学家，1992年因可逆磷酸化获得诺贝尔奖，2021 年去世前是最年长的诺贝尔奖得主。出生于上海。

埃德温·克雷布斯（Edwin Krebs, 1918—2009）：美国生化学家。

组蛋白密码（histone code）：一种假设，认为 DNA 携带的遗传信息部分受到组蛋白尾部修饰影响的现象。同 DNA 甲基化一道被称为表观遗传密码。

泛素活化酶（ubiquitin-activating enzymes，E1s）：催化泛素化修饰反应第一步的酶，将泛素活化。

泛素结合酶（ubiquitin-conjugating enzymes，E2s）：也叫泛素载体酶，催化泛素化修饰反应第二步的酶，将泛素进一步传递。

泛素连接酶（ubiquitin ligases，E3s）：催化泛素化修饰反应第三步的酶，将泛素添加到目标蛋白质之上。

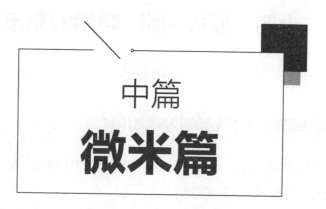

中篇

微米篇

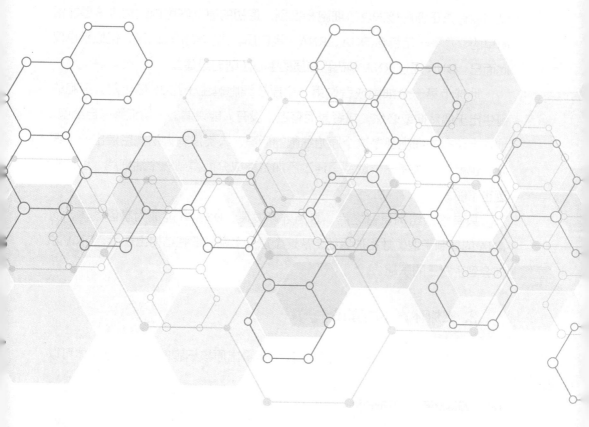

十四、原核细胞：喧闹的集市

1. 原核细胞，DNA 始知为君之乐也

随着膜的形成，DNA 加冕，RNA 让贤，蛋白质辅助，基因问世了，装载基因的最初的容器，是原核细胞。

原核细胞指的是如细菌、古菌等没有真正意义上的细胞核的原始细胞，以同拥有真正细胞核的真核细胞相区别。最初的原核细胞内结构应该是非常简单的，几乎一定包含 DNA、RNA、蛋白质，由脂类形成的膜，但似乎也仅此而已。DNA 通过 RNA 编码蛋白质的中心法则已经建立。

地球上第一个细胞或者说第一个原核细胞诞生于约 35 亿年前。细胞的诞生出于偶然抑或必然，或者兼而有之，没有人能说清。一切细胞来自细胞，地球上所有的细胞都是这个原始细胞的后裔。人类没有办法凭空造出一个细胞，也就是无法在一个试管里通过添加各种成分而得到一个活细胞，也许永远也不能。

只有细胞结构具备之后，基因才能发展，DNA 才能成为基因载体，而 RNA 的复制子地位才相形见绌。从这个意义上说，细胞结构出现后，DNA 才体会到了君王的乐趣。

2. 支原体，小国寡民

从最简单的原核细胞支原体上能大概看出原核细胞的特点。支原体可以

被概括为：一段 DNA，数个核糖体以及一层膜，如此而已。

生殖道支原体的基因组只有 580 000 个碱基对，编码约 470 个基因[47,63]。这些基因能提供生命活动的最低保障，第一类是负责遗传信息处理的，包括 DNA 复制和信使 RNA 转录所需的酶，蛋白质翻译所需要的转运 RNA 和核糖体 RNA，调控细胞分裂的蛋白质；第二类是负责物质和能量代谢的，包括能量和物质代谢所需要的酶；第三类是负责膜内外交互的，包括各种转运蛋白。

支原体的基因以环状双螺旋 DNA 的形式存在，而且均匀地分布在细胞内。生殖道支原体内部唯一的电镜可见的结构是核糖体，没有任何其他复杂的结构。支原体只有细胞膜，没有细胞壁。支原体的细胞膜中含有胆固醇，这让膜更加坚韧。

支原体可能代表了最小的细胞形式。目前推测一个细胞中最少的基因数大概不能低于 300 个，它们的产物进行酶促反应所占的空间直径约为 50 nm。核糖体的直径为 10~20 nm。如果再加上膜和核酸，一个细胞直径的最小尺寸应该是 140~200 nm。支原体大小为 100~300nm，已经接近这个极限，甚至线粒体的大小都达到了 300 nm，所以支原体差不多是最小的细胞形式了。

支原体的生存状态很像老子在《道德经》中描述的那样："小国寡民，使有什伯之器而不用，使民重死而不远徙。虽有舟舆，无所乘之。虽有甲兵，无所陈之。使民复结绳而用之。甘其食，美其服，安其居，乐其俗。邻国相望，鸡犬之声相闻，民至老死不相往来。"支原体基因组小、结构简单，就是小国寡民；支原体的基因组中投资于细胞运动、交互等的极少，可以说是不远徙、不乘舟、不阵甲兵；同细菌等相比，支原体也无法容纳很多质粒，一种自主复制的 DNA 分子，以至于同别的物种鸡犬之声相闻，民至老死不相往来。对于支原体而言，生殖道是个营养丰富的地方，所以支原体可以"甘其食，美其服，安其居，乐其俗"。

3. 细菌，愿为小相

同支原体相比，多数细菌和古菌的基因组增加了约 10 倍，碱基数在 100

万~1000 万，基因数达到 2000~5000 个。

如此多的基因增加，被细菌投资到了哪些地方呢？可以用生殖道支原体与**流感嗜血杆菌**做一些比较（**表 14.1**）。流感嗜血杆菌有 183 万个碱基对，是生殖道支原体的两倍多，预测编码基因为 1743 个，是生殖道支原体的 3 倍多。流感嗜血杆菌中基因的组成同生殖道支原体有什么区别呢？先看遗传信息加工相关的基因的分布，在流感嗜血杆菌中，复制、转录相关基因同生殖道支原体相差不大，但是翻译相关基因从 31.8% 降到了 14%。再看能量代谢相关基因，在流感嗜血杆菌和生殖道支原体也几乎一样，但有趣的是，两者中**无氧糖酵解**基因数一样，但是生殖道支原体中没有**三羧酸循环**基因，一种重要的能量代谢酶系，而流感嗜血杆菌中有 11 个三羧酸循环基因。物质代谢基因在两者之间一个值得注意的现象是，氨基酸生物合成基因在流感嗜血杆菌中大量增加。最后，同支原体相比，流感嗜血杆菌中增加了很多参与调控的基因。可以看出，流感嗜血杆菌在蛋白质生成上的投资减少，但是在蛋白质功能的多样性上和调控功能上有了更多的投入 [64]。

表 14.1　生殖道支原体和流感嗜血杆菌功能基因比较

功能		生殖道支原体 /%	流感嗜血杆菌 /%
遗传信息加工	复制	10	8.6
	转录	3.8	2.7
	翻译	**31.8**	**14**
能量代谢	能量代谢	9.7	10.4
物质代谢	氨基酸生物合成	**0.3**	**6.8**
	脂肪酸和磷脂代谢	1.9	2.5
	核酸代谢	6.0	5.3
物质交互	转运和结合蛋白	10.7	12.2
调节功能	—	**2.2**	**6.3**

注：两种原核细胞中各功能基因占比。变化显著（相差超过两倍以上）用加粗标记。

除了上述差别，细菌和支原体还有一些其他重要的细胞内结构的差异。细菌开始出现类似真核细胞的细胞核的结构，称为**类核**。这样的结构似乎不见于支原体。类核中的类核蛋白质可能起到和真核细胞的**组蛋白**类似的作用。很显然，基因的增加给 DNA 的组织提出了新要求，类核应运而生。类核似乎也为基因组的进一步发展乃至**染色体**的形成吹响了号角。

细菌中存在质粒，似乎赋予了细菌更多的选择，甚至能在细菌间传播，从而可能让细菌有了更好地适应环境的能力。

细菌中的核糖体有 5000~50 000 个，比基于基因数的预期的要多些，可能因为细菌比支原体的生境苛刻，需要更多的蛋白质生产。

除此之外，细菌投资的值得注意的部分是**细胞壁**和**内生孢子**。内生孢子又称芽孢，是对不良环境有抵抗力的休眠体，壁很厚，可以度过恶劣环境。刘慈欣在《三体》中提到过三体人度过不良环境的方法，就是通过脱水，可能是受到了内生孢子的启发。

细菌比支原体有了长足的发展。在《论语》中，孔子问起弟子们的志向，公西华说，"愿为小相"，孔子评价说："赤也为之小，孰能为之大？"公西华只能做小相（一种官职）的话，谁能做大相呢？如果说细菌是小相的话，也许真核细胞就是大相。

4. 古菌，我们的选择，不是因为容易，而是因为困难

古菌是一类处于极端环境中的特殊原核生物，最大的特点是生存环境苛刻到了令人发指的地步。古菌创造的生存纪录包括：极热至 113℃以上，这已经远超沸水了；极酸至 pH 值等于 0，要知道 pH=0 相当于 10 mol/L 的盐酸，而市售的 37% 的发烟浓盐酸的浓度才 12 mol/L；极咸至 3~5 mol/L 的胞内 KCl，而一般细胞胞内 KCl 的浓度仅仅是 0.14 mol/L。正因如此，古菌甚至吸引了航天生物学家的注意，并被寄予希望，古菌可能成为探索星辰大海的先锋[65]。

但古菌最大的谜题在于，目前尚未在任何动植物中发现古菌致病原因。不要以为古菌都是生活在极端环境中，并非所有古菌都是**极端微生物**[66]，也并非所有极端微生物都是古菌。比如产甲烷古菌存在于人类肠道中，1g 粪便

中其数量高达 100 亿个。判定病原微生物需要通过严苛的科赫法则，但现在尚未有任何古菌通过这一法则被鉴定为病原体。

古菌还有很多其他的古怪之处。比如有方形的古菌。尽管多细胞生物可能也有各种形状，但大多数细胞都是圆形的，哪怕是柱状的断面也是圆形的，但是就有方形古菌，就是这么任性。

在古菌中发现了人类的第 22 种氨基酸。我们都知道常见氨基酸有 20 种，但是后来又发现了两种，一种叫硒代半胱氨酸，发现于 1986 年；另一种叫吡咯赖氨酸，来自古菌，发现于 2002 年。

但古菌绝不是远古怪物，它们同细菌、真核生物细胞组成了目前整个生物圈中的三大分支。从 DNA 序列中可能窥测到古菌的进化路径。最早完成测序的古菌是一种叫作詹氏甲烷球菌的古菌[67]，分离自位于北纬 21° 太平洋中隆 2600m 深的海床上。詹氏甲烷球菌可以在 200 个大气压的环境中生存，能耐受的温度在 48~94℃，平均 85℃，严格厌氧，可以制造甲烷。

从詹氏甲烷球菌测序结果中人们发现，古菌可能是位于细菌和真核细胞之间的一种类型。在遗传信息的传递如复制、转录、翻译上，詹氏甲烷球菌类似真核生物，而在物质代谢和能量转换上，詹氏甲烷球菌类似原核生物。

从古菌与细菌和原核细胞的相似之处，似乎能做出某种推测：复杂真核细胞的产生，是在遗传信息而不是物质代谢和能量转换发生改变的基础上产生的。而遗传信息的改变，最终重塑了代谢方式。

是不是可以把古菌看作进化上的一种尝试？对极端环境的挑战呢？也正是带着这样的梦想，古菌踏过极端环境的艰难，才成就今天的真核生物？从古菌的进化路上，我们似乎看到了一句熟悉的话："故天将降大任于是人也，必先苦其心志，劳其筋骨，饿其体肤，空乏其身，行拂乱其所为，所以动心忍性，增益其所不能。"

5. 最初的合作

原核细胞虽然一般都是单打独斗的，但是也会在某些情况下开展合作。

一种叫作柱胞鱼腥藻的藻类细胞会彼此连成柱状，其中有些细胞负责光合作用，有些细胞负责固氮，有些细胞则负责形成孢子，它们彼此毗邻而居，合作融洽。另一种叫作**小球藻**的，平时单独生活，悠游自在，但当有捕食者如**嗜热四膜虫**存在时，它们会聚拢形成大的群体，从而抵抗四膜虫的吞噬。可能就在这样的合作中，细胞向多细胞生命体迈出了关键的一步。

6. 敢问路在何方

从细菌到支原体、古菌乃至病毒，细胞逐渐演化出不同的形式。这些形式无疑都是适应环境的，也必然在具体的环境中表现出效率与安全，但其效率和安全的具体形式则有极大不同。如何从效率与安全的角度理解物种多样性呢？多样性源于自然改变，而在自然选择的解决方案中，效率与安全的具体解有很多，这可能就是多样性的基础。

那么如何理解复杂化是细胞进化的趋势呢？支原体可能源于**革兰氏阳性细菌**，病毒则可能来自细胞，支原体和病毒复杂度降低，是一种退化吗？**线粒体**也是一个自身基因不断丢失的细胞器，也是在退化吗？哺乳动物的血小板、红细胞都是退化了的细胞结构，没有细胞核，似乎复杂性也降低了，也是退化吗？一个解释是，细胞倾向于复杂的趋势指的是整体。这种观点和**热力学第二定律**类似，热力学第二定律揭示封闭系统整体倾向于无序，比如生命体虽然倾向于有序，但是当把生命体和环境作为一个封闭系统整体的话，还是倾向于更无序的。物种进化可以概括为功能群体在整体上复杂性的增加，比如支原体、病毒、线粒体、血小板和红细胞虽然复杂性降低，但当将支原体和病毒同宿主、线粒体和共生细胞、血小板以及红细胞和机体总体考虑的话，复杂性是增加了的。

那么，各种细胞形态都依然在进化吗？每种进化方式的末端都是更复杂的细胞形态吗？细胞在总体上显然是依然在进化的，旧的形式不断消亡，新的形式不断涌现。然而，细胞的具体形态在进化路上定格，其中总有一支是最复杂的，不是每个人都是第一名，但总有第一名。就像一棵大树，有很多分叉，只有中间的主干才能触碰高远的天空。

　　各种细胞形式可以用中国古代的文学形式作类比。细菌、古菌、病毒、支原体和细胞等，虽然基因数和大小差异很大，但都在地球上繁盛至今。类似地，一首五言绝句可以流传千古，如"欲穷千里目，更上一层楼"，如"大漠孤烟直，长河落日圆"，但是其信息量很小；一篇文章的体量大了不少，如《出师表》《六国论》，也同样可以流芳百世;《史记》、四大名著的信息量更大，同样跨越了时间的长河。这些文学形式信息量差异很大，但都有很强的生存力。细胞总体的走向是渐趋复杂的，文学的发展趋势也是日益丰厚的，所以从唐诗、宋词、元曲发展到明清小说。

　　达尔文在《物种起源》中说："这个行星按照引力的既定法则运行，始终不断；最美丽的和最奇异的类型从简单肇始发轫，过去、曾经而且现今还在进化；这种观点极其恢宏壮丽。"[68]

　　因为没有真正的细胞核，原核细胞内大多数的成分混杂而居，就像一个喧闹的集市。露天集市会慢慢发展成精致的商场，进化中原核细胞也逐渐向真核细胞过渡。原核细胞发展为真核细胞，并非一蹴而就，有一种成分很早就存在于细胞之中，在真正细胞核的产生过程中功不可没，这就是**细胞骨架**。

词汇表

原核细胞（prokaryotic cell）：*最简单的、不具有典型细胞核结构的细胞类型，主要用来同真核细胞相区分，现在的细菌等都属于原核细胞，可能是地球上最早的细胞形态。*

古菌（archaea）：*单细胞原核生物，同细菌、真核细胞组成地球上三大类主要生命体。*

真核细胞（eukaryotic cell 或者 eukaryote）：*具有细胞核的细胞，同原核细胞相区别。*

支原体（mycoplasma）：*柔膜细菌的一类，缺少细胞壁。*

细胞壁（cell wall）：*细胞膜之外环绕细胞的起支撑和保护作用的结构。*

质粒（plasmids）：细胞内处于染色体之外的能独立复制的 DNA。

流感嗜血杆菌（*Haemophilus influenzae*）：一种革兰氏阴性菌，最初被认为是流感的元凶并得名，后来错误被纠正但是名字保留。流感嗜血杆菌依然会导致很多疾病，尤其是在婴幼儿之中。常见的五联疫苗目标之一就是流感嗜血杆菌。

类核（nucleoid）：原核细胞内部形状不规则的、包含全部或者大部分遗传材料的结构，同真核细胞的区别在于没有核膜。

内生孢子（endospore）：细菌的一种休眠的、具有抗性的并且不具有生殖活动的状态。

极端微生物（extremophiles）：在极端环境如反常高温低温、放射性、反常酸碱性条件下生存的物种，常常是微生物。

硒代半胱氨酸（selenocysteine）：第 21 种构成蛋白质的氨基酸，同半胱氨酸的区别是用硒替代硫。

吡咯赖氨酸（pyrrolysine）：第 22 种构成蛋白质的氨基酸。

詹氏甲烷球菌（*Methanococcus jannaschii*）：一种嗜热产甲烷古菌。

柱胞鱼腥藻（*Anabaena cylindrica*）：一种纤维状浮游蓝细菌。

小球藻（*Chlorella vulgaris*）：一种绿藻，在日本用作食品添加剂。

嗜热四膜虫（*Tetrahymena thermophila*）：淡水中的一种原生动物。

革兰氏阳性细菌（gram positive bacteria）：使用革兰氏染色法时着色的细菌。

十五、细胞骨架：何意"绕指柔"，化为"百炼钢"

1. 细胞骨架，序的制造者

随着细胞的发展，三方面的挑战也逐渐增长。第一是遗传信息的组织。遗传信息的增加当然需要有效的组织，否则混乱度会更大，就像大商场如果没有规范的管理，可能比露天市场更加杂乱。第二是遗传信息的分离。遗传信息最终是要分离的，而越是复杂的遗传信息分离起来也越难。第三是细胞其他组分的分离。细胞内除遗传信息之外还有各种代谢组分等，它们也需要至少近似均等地分配给子代。这三方面的挑战意味着细胞需要发展出相应的蛋白质。细胞可以用一种蛋白质来完成这三个任务吗？恐怕是不可以的。这三个任务在发生地点、发生时机以及具体功能上都存在差异。遗传信息的组织处于细胞的核心，经历周期性变化，但主要在于让 DNA 有所附着，需要结实稳定的蛋白质，于是有了中间纤维；遗传信息的分离要在细胞内建立起两个核心，为新生的遗传物质奠定基础，这需要经历复杂深刻而精细的变化，安全非常重要，于是有了微管；细胞内非遗传信息的分离是细胞分裂的最后一步，效率举足轻重，有时有了微丝。中间纤维、微管和微丝构成了细胞骨架的主要成分。

细胞骨架的三种结构用来完成细胞内有区别的三种功能，即遗传信息的组织，遗传信息的分离，以及非遗传信息的分离。对于同这三类主要功能相近的其他功能，细胞则不需要全新的结构了，利用三种主要的细胞骨架兼任即可。

中间纤维的稳定性让它们还能充当细胞间的联系，并形成指甲、头发等结构。

微管的相对刚性结构可以用来对细胞器进行定位，还能形成细胞内的高速公路，供物质运输所用，并能延伸到胞外，形成**鞭毛**和**纤毛**结构，让细胞可以在液体环境中游动。在植物中，微管帮助细胞壁合成；在原生动物中，微管指导单细胞形成精致结构。

微丝单独存在时的柔韧还能维持细胞的形态并负责细胞的运动。比如微丝位于细胞膜之下，让脂双层具有了形状和强度，这同微丝促进细胞最后的分裂是一脉相承的；微丝还能构成**伪足**、**丝状伪足**和**片状伪足**，让细胞完成有别于鞭毛驱动的游动的爬行行为。微丝聚集存在时的坚实可以形成很多长期存在的稳定结构。如微丝是肌肉的主要组成，让收缩成为可能；微丝组装内耳中的**静纤毛**，负责听觉的产生；微丝形成小肠上皮细胞**微绒毛**，提高营养的吸收；微丝在植物细胞内能形成让细胞质迅速流动的通道。

总的来说，细胞骨架实现了细胞复杂化所必需的秩序。

2. 细胞骨架的前身，未出土时便有节

细胞骨架如此重要，必然在进化过程中伴随着**真核细胞**的发展而壮大，所以可能在遥远的时代就已经发展出来了。细菌没有真正的细胞核，但是有个叫作**类核**的结构，而**支原体**则连类核也没有，但是两者都有类似真核细胞中的细胞骨架结构。从这个角度讲，细胞骨架可能帮助了细胞核以及其他结构的发展。线粒体也有类核，由骨架蛋白维持。人类的红细胞中没有细胞核，但是却存在细胞骨架系统。种种情况表明，虽然我们常常说真核细胞中存在细胞骨架，但其实可能更应该说细胞骨架成就了真核细胞。

3. 细胞骨架的动态性，不受限的鹊桥

细胞同外界环境的物质、能量和信息的交互是一刻也不能止息的，这决

定了细胞骨架必然是动态结构。细胞骨架的动态频率和鹊桥非常相似，却和"银河"迥然不同——骨架变动频率极高，鹊桥也变，银河不变。鹊桥可以存在一段时间，从一个地点通向另一个地点，但其中的每一只喜鹊却远不是静止的。没有证据表明牛郎和织女每年都在同一地点建桥，也许每次换个地方更能增加新鲜感。桥的形状也完全不必是固定的，也许有时排成"一"字、有时排成"人"字，更能增加神秘感。细胞骨架也是如此，它们能存在的时间不同，短到一分钟，长到细胞的一生，可以随着细胞的需要在不同地方铺设，而其中的细胞骨架单位一直处在变动之中，形状更是多种多样。需要说明的是，细胞骨架的动态性主要是由微管和微丝决定的，中间纤维没有明确的动态性。

4. 细胞骨架的方向性，一江春水向东流

细胞同外界环境的物质、能量和信息的交互是有方向性的，细胞骨架也必然是有方向的。表皮细胞有明显的方向，其基础是细胞骨架的方向性。比如小肠上皮的表皮分为**基底面**和顶端，分别是表皮所附着的一面和延展暴露的一面，这是由微丝、微管和中间纤维决定的。需要说明的是，细胞骨架的方向性主要是由微管和微丝决定的，中间纤维没有明确的方向性。细胞骨架的方向就像大地上河流的走向，在时间的单向流动中孕育了空间的特定走向。

5. 细胞骨架的组成，简单孕育庞大

细胞骨架是动态的，还有方向，要能保证这两点，细胞骨架必须由更小的有方向的单位组成：由小的组成单位的方向性决定整体骨架的方向性，由小单位的组装和整体结构的去组装实现动态性。

几乎所有发挥作用的蛋白质复合物都是由亚单位组成的，这称为**亚基**，比如**血红蛋白**由 4 个亚基组成，用来组织**染色质**的**组蛋白**由 8 个亚基组成，**核孔复合物**由数十个亚基组成，但这些蛋白质复合物只有数量有限的组成单位，其组成方式也主要考虑功能而不追求结构的整齐划一，所以并不存在整

体的方向性。相比之下，细胞骨架的亚基数量几乎可以无限。另外，细胞骨架的亚单位的组装方式也是固定的，都呈现头尾顺次的方向，因而整体的头尾方向同个体的头尾方向达到一致，通过这种方式，细胞骨架实现了方向性。其中的例外是细胞骨架中的中间纤维，它们在组装中有一步颠倒了头尾，呈现尾—头—头—尾的方向，结果方向性消失了（**图 15.1**）。

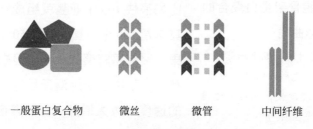

一般蛋白复合物　　微丝　　微管　　中间纤维

图 15.1　细胞骨架的组织方式

（一般蛋白质组装的数量有限，而且方向不明确。细胞骨架的构成依赖于亚基头—尾和肩—肩两个维度，并产生方向性，组成的数量可以无限。微丝由单一 375 个氨基酸组成的蛋白质亚基重复，两条头尾相连纤丝靠肩肩相互作用形成右手螺旋结构。微管由一对不同的亚基重复组成，13 条头尾相连的纤丝靠肩肩相互作用形成中空的管。中间纤维亚基本身是纤丝状，但在组装中的一步有尾—头—头—尾连接，方向性因此消失。）

蛋白质组装的过程同其折叠类似，也常常是由自身结构决定的，也就是会以自组装的特征实现结合。相反，蛋白质的去组装可能是需要能量的。细胞骨架的微丝、微管结构之中常常存在结合能量货币的位点，利用能量货币水解产生的能量实现去组装。通过这种方式，细胞骨架实现了动态性。

6. 骨架的组装，逻辑斯蒂曲线

细胞骨架在纤丝和亚基之间切换，聚是一条链，散是满天星，那么两者之间是如何转换的呢？两者的装配遵循 **S 形曲线**特征（**图 15.2**）。

做个最简单的假设，一个细胞中有 1000 个蛋白亚基，那么它们就倾向于自发的聚合和解聚，但聚合的趋势远大于解聚的趋势，比如某一刻有 12 个亚基组成纤丝而 2 个又会解聚，聚合是解聚的 6 倍，净结果就是在这一刻，10 个亚基成为纤丝。尽管如此，这初始阶段的聚合却很慢，因为不同亚基彼此

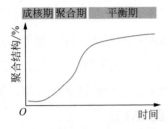

图 15.2　细胞骨架蛋白聚合的
S 形曲线

（横坐标是时间，纵坐标是聚合
的纤丝的占比。之所以叫 S 形曲线，
因为最初聚合速度慢，然后迅速提
升，最后到达平台期。）

碰撞、试探性地生长。因此，最初的蛋白亚基有很强的聚合趋势，但实际聚合速度较慢，称为**成核期**，就是 S 形曲线的底部。

但碰撞总会渐入佳境，形成一段更长的纤维，聚合和解聚的相对趋势开始接近，比如很快 100 个亚基就组成纤丝了，它们其实是 150 个亚基聚合而 50 个解聚的净结果，聚合是解聚的 3 倍。但由于纤丝已经存在，不需要初始漫无目的的碰撞，组装的速度却大大增加，称为**聚合期**，就是 S 形曲线的中间。

随着纤丝的增长，游离的亚基越来越少，聚合和解聚的趋势达到一致，比如有 500 个亚基都成为纤丝，剩下的亚基每时每刻有 250 个加入，同时也有 250 个离开，聚合和解聚的比例是 1:1。此时聚合和解聚达到了平衡，组装的速度为零，这称为**平衡期**，就是 S 形曲线的上部。

平衡期时尚未成为纤丝的游离的亚基的浓度称为**临界浓度**，在这个假设中是 500 个亚基每细胞。临界浓度的意义在于，如果细胞内亚基高于此浓度，那么将发生聚合，如果低于此浓度，那么将发生解聚。

细胞骨架蛋白聚合的三个时期其实和开车类似。成核期就像低挡位，此时力量最大，但速度最小；聚合期就像中间挡位，此时力量变小，但速度迅速增长；平衡期就像高挡位，此时力量很小，但速度达到了最高值。

S 形曲线还有一个名字，叫作**逻辑斯蒂曲线**，有着极为广泛的应用，涉及生态学、生物数学、化学、经济学、地球科学、概率论、政治科学、语言学、统计学甚至人工神经网络。在细胞生物学中，蛋白质协同结合 DNA、细胞对外界刺激的响应都符合 S 形曲线。S 形曲线最大的特点是：让一个过程不会轻易开始，一旦开始就迅速发展，但却不会失控。大自然的很多奥秘都藏在 S 形曲线里。

7. 分子马达

细胞骨架可以由简单成就复杂，自身的结构特点是必要条件，数百个细胞骨架辅助蛋白质是庞大动态细胞骨架网络的充分条件。其中，**马达蛋白**是一类结构令人惊讶的蛋白质，它们能像人走钢丝一样肩负重物在微管构成的通道上行走，而且速度很快。**肌球蛋白**是另一类辅助微丝的蛋白质，肌肉的收缩依赖于肌球蛋白和微丝蛋白的相对滑动。

8. 人不能两次看见同一根微丝，就像人不能两次踏入同一河流

在平衡期，微丝蛋白亚基每有一个加到纤维正端上，同时另一端都有一个亚基离开，就像套在一起盛饭的碗，在一头每添上一个，就有一个在另一头被人拿走，于是整个纤维长度不变，但是其中的每一个都在变化，这就像跑步机上的跑道一样，长度固定，但是却在不断变动。微丝的这种聚合和解聚的变化，称为**踏车现象**。人不能两次踏进同一条河流；因为踏车现象，人不能两次看见同一根微丝。

9. 微丝的体内组装，洞中一日，世上千年

因为踏车现象，微丝的变动非常迅速和广泛。在体外，平衡期微丝纤维的**半衰期**是 30 min 左右，而在脊椎动物细胞（非肌肉）中，这一数值锐减到 30 s。可以说是胞内一秒，胞外一分了。为什么在体内微丝经历更快的聚合和解聚呢？这种迅速的聚合和解聚对于细胞的适应性无疑是非常重要的，而其根源在于细胞内数量庞大的同微丝发生作用的蛋白质。这些蛋白质按照功能划分的话，主要分成促进微丝聚合的和促进微丝解聚的，因此能实现胞内迅速的聚合和解聚。

10. 搭便车的细菌

某些细菌会利用微丝网络在细胞内快速行走。细胞内充满了细胞器和骨

架，其实非常黏滞，所以大分子（如细菌和病毒）在细胞内盲目穿行是非常困难的。然而，很多细菌发展出了利用微丝网络在细胞内移动的能力。比如一种能引起严重食物中毒的叫作**李斯特菌**的病原体，在细菌的表面发展出一种蛋白质，可以结合于微丝相关蛋白 2/3 号，后者在微丝装配时产生一个很大的力，可以推动细菌以 0.25 μm/s 的速度移动，甚至在身后留下由微丝组成的类似彗星尾巴的结构，非常壮观。

11. 靠微丝运动，落地的一脚决定速度

微丝是细胞运动的一种主要方式，通过三步实现。第一步，在细胞移动的方向制造突起，这是通过微丝的组装实现的；第二步，突起附着于表面，这需要细胞间的连接来辅助，常涉及中间纤维等；第三步，胞内的收缩，这涉及微丝辅助蛋白，尤其是肌球蛋白。依赖微丝的细胞运动就像迈步走，形成突起类似抬腿，形成连接类似脚落地，产生类似身体移动的收缩。

那么依赖微丝的细胞爬行的速度有多快呢？不能一概而论，一种**间充质干细胞**每分钟只能走 1 μm，能捕捉细菌的**中性粒细胞**移动的速度要快得多。区别在于后者在突起附着这一步较弱，因而速度大增，就像脚没有落稳就再度抬起一样。

12. 中空的微管，及凌云处尚虚心

微管和微丝有不少相同点，比如都有动态性、方向性，它们的装配都可以用 S 形曲线来描述等。但同微丝相比，微管有很多不同，首先微管是由 13 根原纤维组成的中空的管，而不是微丝的两条纤维的双螺旋结构，其次微管的亚基的基本单位是由两个亚基（分别是 α 和 β）组成的**异二聚体**，而不是微丝的单个亚基。

为什么会有这样的不同呢？也许可以从微管和微丝功能的不同上找到线索。微管需要比微丝更加坚固，才能形成诸如**纺锤体**、鞭毛等结构；微管需要比微丝更宽阔，才能成为供细胞内物质运输的通道。正因如此，微管是由 13

根而不是像微丝一样的 2 根纤丝组成；中空的结构除更加宽阔之外，还能用较少的材料形成更加坚固的结构（**图 15.3**）。在工程力学中，同样多的材料做成长度一致的管，空心的比实心的抗弯曲能力强。衡量纤维状结构的强度，可以用一个叫作**持续长度**的单位，中间纤维的大概 1 μm，微丝的约为 10 μm，而微管可达数毫米，几乎是细胞内最坚挺的结构。

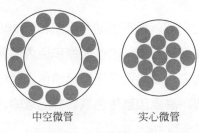

中空微管　　　　　实心微管

图 15.3　微管中空

（这张图给出了一个中空和实心微管的比较。假定 13 根微管每根直径是 2 cm，当形成中空微管时外径是 12 cm，内径是 7.5 cm；当形成实心微管时，直径为 9.7 cm。在工程力学中，衡量截面弯曲时的应力的一个指标叫作**截面抵抗矩**，有自己的计算公式，实心管为 $\pi d^3/32$，其中 d 为直径；衡量空心管时的公式为 $\pi (d_2{}^4 - d_1{}^4)/32d_2$。以上面数字代入公式计算可知，空心管的应力要大于同样材料组成的实心管。）

13. 岂有微管似旧时，花开花落两由之

尽管微管的行为也能用踏车行为来描述，但更好的方式却是另一个，叫作**动态不稳定性**，从某种意义上，这个模型就像一朵倏忽开谢的花。微管同微丝的一个很大差别是，微管的一端常常是封闭的，而不是像微丝那样一般没有固定的一端。微管的固定的一端称为**微管组织中心**，是细胞内微管发生的结构。微管一端固定，另一端可以迅速地聚合和解聚，所以微丝如水上浮萍，无所系缚；微管却似山中红萼，纷纷开落。

踏车和动态不稳定性虽然可以同时描述微丝和微管，但是两者各有倾向，踏车主要描述微丝，而动态不稳定性主要描述微管。

细胞内最大的微管组织中心，叫作**中心体**，由此生发出无数的微管，横亘在细胞之中，形成类似纺锤的结构，叫作纺锤体，是**有丝分裂**的执行者。

14. 驱动蛋白和动力蛋白，走钢丝的人

微管常常需要牵拉染色体，这仅靠微管自身是无法实现的，需要特殊的蛋白质，它们能够在微管上行走，而且能在方向上有所区别，称为**动力蛋白**和**驱动蛋白**。这两类蛋白质在微管上沿着不同方向行走，就像沿着不同方向走钢丝的人。

如果仅仅是走钢丝，那就看不出动力蛋白和驱动蛋白的手段了，它们还常常需要负载重物在微管上行走。这些重物包括**内质网**和**高尔基体**的部分结构以及线粒体。动力蛋白和驱动蛋白还能运输色素颗粒。**非洲丽鱼**是一种可以改变自身颜色的鱼类，其原因就是色素颗粒的运输，它们既能分布在整个细胞之中，也能聚集在细胞中心。

15. 满园微管关不住，一枝鞭毛出墙来

微管的刚性结构特别适合发展到胞外，让细胞拥有更强的运动能力，这就是鞭毛和纤毛。鞭毛的波动能让细胞在液体环境中畅游，如精子和很多**原生动物**就采用这种方式。纤毛和鞭毛类似，但拍打得更频繁，这产生两个结果，让细胞在液体中穿行，或者让液体在细胞上滑行，前者如草履虫，后者如呼吸道上皮，通过这种方式将灰尘、病菌等经口腔排出。

16. 中间纤维，宁弯不折

同微管、微丝相比，中间纤维的坚挺程度虽不及它们，但结实和韧性却更优。微管、微丝如柱，中间纤维则像有弹力的绳子。事实上中间纤维可以延展到 3 倍长而不断，这在微管和微丝是无法想象的。

西晋的刘琨在诗《重赠卢谌》中提到，"何意百炼钢，化为绕指柔"，感叹壮志难酬的悲慨。而细胞骨架却可以以一个个亚基的微小和柔软，组成坚韧灵活的细胞骨架，"何意'绕指柔'，化为'百炼钢'"。细胞骨架能让很多细胞器附着，其中一个是线粒体，两者之间的结合可能始于数十亿年前，那

时线粒体刚刚成为真核细胞大家庭成员之一。而叶绿体也尾随而来，同线粒体一道，为真核细胞的繁盛鞠躬尽瘁。

词汇表

细胞骨架（cytoskeleton）：细胞内复杂的、动态的、交联的蛋白质纤维网络。

中间纤维（intermediate filaments，IFs）：脊椎动物以及非脊椎动物细胞中的一种骨架蛋白，最初得名"中间"是因为其直径（10 nm）位于微丝和肌球蛋白直径之间，现在这一点也成立，但比较对象分别为微丝（7 nm）和微管（25 nm）。

微管（microtubules）：细胞中的一种骨架蛋白，为真核细胞提供结构和形状支撑。它们以 25 nm 的直径，可以实现 50 μm 的长度而依然坚挺。

微丝（microfilaments 或者 actin filaments）：细胞中的一种骨架蛋白。

细胞骨架（cytoskeleton）：细胞内由蛋白质纤维网络构成的体系，使细胞的形态维持、运动、物质运输、细胞分裂等事件成为可能。细胞骨架对于细胞尤其是真核细胞的发展至关重要，分为微管、微丝和中间纤维。

鞭毛（flagellum，复数 flagella）：动物精子细胞、某些植物细胞以及很多微生物细胞（包括细菌和古菌）表面突起的头发样附属结构，为细胞提供动力。

纤毛（cilium，复数 cilia）：大多数真核细胞以及某些微生物细胞（不包括细菌和古菌）表面突起的细线结构，为细胞提供动力。纤毛比鞭毛更短。纤毛分为运动型纤毛和非运动型纤毛，运动型的运动方式和鞭毛也不一样。

伪足（pseudopod 或者 pseudopodium，复数为 pseudopods 或 pseudopodia）：真核细胞膜在运动方向形成的临时的、胳膊样的结构，主要由微丝构成，负责运动和消化。

片状伪足（lamellipodium，复数 lamellipodia）：宽阔而薄的伪足。

丝状伪足（filopodium，复数 filopodia）：纤细的线状伪足。

静纤毛（stereocilium）：非运动型纤毛，呈现手指型，存在于输精管、附睾和内耳的感觉细胞之中。

微绒毛（microvillus，复数 microvilli）：细胞膜突起结构，能以最小的体积增加而获得极大的表面增加，功能涉及吸收、分泌、细胞黏附和机械传导。

蛋白亚基（protein subunits）：单独的蛋白质分子，同其他结构一起构成蛋白质复合物。

S 形曲线（sigmoid curve 或者 logistic curve）：描述事物发展趋势的一个重要模型，在生物学、化学、数学、统计学等多个学科有广泛应用。

成核期（nucleation 或者 lag phase）：微管、微丝亚单位最初组装形成一个起始聚合物或者核心，之后才能迅速延伸，这个过程叫作成核期。

聚合期（elongation 或者 growth phase）：微管、微丝经过了最初的成核期后，呈现指数型增长的时期，称为聚合期。

平衡期（steady state 或者 equilibrium phase）：微管、微丝经过了指数增长的聚合期后，聚合与解聚达到平衡，称为平衡期。

临界浓度（critical concentration）：平衡期微丝、微管游离亚基的浓度。

马达蛋白（motor proteins）：真核细胞中能在细胞质中移动的一类蛋白质。

肌球蛋白（myosins）：真核细胞中同肌肉收缩和其他运动相关的一类马达蛋白，和微丝相联系。

踏车现象（treadmilling）：对骨架蛋白聚合和解聚状态的一种描述。骨架蛋白一头亚基增加，另一头亚基减少，使一段纤维看起来像在不断移动的现象。

李斯特菌（*Listeria monocytogenes*）：一种常见病原体。

异二聚体（heterodimer）：由两个不同亚基组成的二聚体。

纺锤体（spindle）：真核细胞内的一种骨架结构，由微管构成，在细胞分裂时将姐妹染色单体分配到子代细胞之中。

持续长度（persistence length）：衡量多聚物抗弯曲强韧程度的一个指标，当多聚物长度短于持续长度时，多聚物表现为刚性杆；当多聚物长度长于持续长度时，其状态则呈现随机状态。

截面抵抗矩（section modulus）：也叫截面模量，工程力学概念，是梁或受弯构件设计中使用的给定截面的几何特性。

动态不稳定性（dynamic instability）：用来形容细胞骨架（主要指微管）末端在聚合和解聚之间迅速切换的状态。

微管组织中心（microtubule organizing center，MTOC）：真核细胞内微管发生的结构，负责纺锤体、鞭毛和纤毛的发生。

中心体（centrosome）：真核细胞内的重要微管组织中心，负责纺锤体的发生。

动力蛋白（dyneins）：向着微管蛋白负端行走的马达蛋白。

驱动蛋白（kinesins）：向着微管蛋白正端行走的马达蛋白。

十六、线粒体与叶绿体：打工人的生存之道

1. 糖酵解，没有嚼透的甘蔗

细胞的复杂化给能量供应提出了更高的要求。根据热力学第二定律，若要建立有序性，需要输入能量；复杂系统的有序程度更高，就需要更多的能量。原核生物向真核生物进化，表现为**基因组**的增大、基因的增多以及代谢活动的广泛和深入，这都依赖于更高效的能量供应。

高效能量在地球最初并不具备。当时，地球上没有氧气，细胞通过**糖酵解**的方式得到能量。糖酵解是地球上细胞利用能量的最古老的方式之一，它由十个步骤实现，每一个步骤都由细胞质中特定的酶进行催化，可以从葡萄糖开始，最终生成一种叫作**丙酮酸**的物质，同时制造出 **ATP**。但是糖酵解的能量制造效率是很低的，一份葡萄糖通过糖酵解只能得到两份 ATP 和两份 **NADH**，它们是细胞内的两种主要能量货币。糖酵解制造的能量不足以让细胞进一步发展壮大。

糖酵解无法制造足够的能量，并非能量不够，只是能量没有充分释放出来而已。糖酵解从 6 个碳的葡萄糖开始，终产物是 3 个碳的丙酮酸。在缺少氧气的情况下，丙酮酸进一步的去向有两个分支，一种是在动物组织如肌肉细胞中，转化为 3 个碳的乳酸，这也是我们剧烈运动后感受到酸痛的原因；另一种则是在如酿酒和制作面包的酵母中，转化为 2 个碳的乙醇和 1 个碳的 CO_2，这两种情况都称为**发酵**。相比之下，在有氧气的情况下，真核生物利

用能量的方式叫作**氧化磷酸化**，其前半段和糖酵解一样，后半段会接续丙酮酸，最后生成 CO_2 和 H_2O。6 个碳的葡萄糖是富含能量的物质，3 个碳的丙酮酸、乳酸和 2 个碳的乙醇中能量低些，但依然蕴藏大量能量，CO_2 和 H_2O 则非常稳定，相比之下能量最低。如果说葡萄糖是高山、CO_2 和 H_2O 是山脚的话，丙酮酸、乳酸和乙醇则是半山腰；如果说葡萄糖是一根新鲜的甘蔗，CO_2 和 H_2O 是甘蔗渣，那么丙酮酸、乳酸和乙醇则是没有嚼透的甘蔗，还有很多能量的汁水没有榨取出来呢！

　　要如何得到这些能量呢？细胞的一场联姻完美地解决了这个问题。而这一切，要从 30 多亿年前地球上氧气开始增加说起（**图 16.1**）。

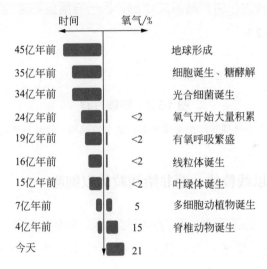

图 16.1　地球上主要的进化事件

　　（左边色块表示时间，需要说明的是这些都是大概的时间，精确的时间点既不可能也无必要；右边色块是地球空气中氧气含量占比；最右侧是主要进化事件。第一个细胞诞生于约 35 亿年前，可能主要采用糖酵解之类的方式获得能量；很快可以进行光合作用的细菌诞生，它们是今天蓝细菌的祖先，但是最初蓝细菌制造的氧气并未导致大气中氧气的积累，这是因为地球上大量的二价铁离子（Fe^{2+}）消耗了光合细菌制造的最初的氧气，这个过程持续了约 10 亿年，直到所有二价铁变为三价铁之后，这才迎来了大气中氧气浓度的轻微增加。）

2. 光合细菌，氧气制造者

最初的细胞结构诞生于约 35 亿年前，它们可能都是利用糖酵解来获得能量的，而这依赖于地球上最初的物质和能量储备——有机化合物。但这些物质很快就被消耗殆尽，如果没有新的能量利用方式，地球将很快沦为生命的荒漠。但这没有成为现实，30 多亿年前，今天**蓝细菌**的祖先，光合细菌拯救了地球。

最初的光合细菌用一件事带来的两个结果，深刻地改变了地球。一方面，它们用来自阳光的能量，结合水中的电子，将 CO_2 转化为有机化合物，这个过程叫作**固碳**，成为可供糖酵解的储备，另一方面蓝细菌的祖先也制造了大量的氧气（**图 16.2**）。

$$nH_2O + nCO_2 \xrightarrow{\text{阳光}} (CH_2O)_n + nO_2$$

图 16.2　固碳过程

（水和二氧化碳可以生成结构更加复杂的结构，同时产生氧气。）

3. 给细胞以线粒体，而非给线粒体以细胞

需氧菌衰翁。历遍穷通。既为钓叟复耕佣。若使当时身不遇，老了英雄。厌氧偶相逢。风虎云龙。兴王只在谈笑中。直至如今千载后，谁与争功。

这首词描述了大约 16 亿年前厌氧**古菌**和**需氧古菌**的一次偶遇，所有真核生物如今在地球上繁盛，就是始于当年的那场邂逅。如果说 RNA 和蛋白质的相遇是干柴烈火，厌氧古菌与需氧古菌就是风云际会。

在光合细菌制造氧气之前，地球上极可能都是厌氧古菌；随着氧气的积累，需氧古菌开始出现。氧气其实是一种非常危险的气体，它的高反应性对于最初的未接触过氧气的细胞而言，是很大的威胁，好在氧气最初的积累花费了约 10 亿年，给了新细胞类型足够多的时间，逐渐发展出来适应氧气的代

谢体系。需氧古菌与厌氧古菌此时共存。

并存的厌氧古菌和需氧古菌绝不是一样的，相反，两者在漫长的进化中发展出自己独特的优势和劣势。我们现在知道，厌氧古菌在遗传信息的组织上同真核生物细胞类似，但在代谢上则同细菌类似。也就是说，厌氧古菌的DNA组织具有进一步发展的潜力，却受制于其代谢方式，即低效的糖酵解。厌氧菌是一驾华丽的马车，拉车的却是一匹驽马。需氧菌是地球上的一个新生物种，它们在遗传信息的组织上和今天的细菌类似，但是却发展出了类似今天线粒体所负责的**细胞呼吸**的体系，这一体系负责的氧化磷酸化在能量制造上是糖酵解的 15 倍。新生需氧菌是一匹矫健有力的骏马，但车身却衰朽老迈。

细胞常常发生融合，厌氧古菌和需氧古菌在 16 亿年前融合时，可能有4 种情形（**表 16.1**）。如果把遗传信息体系称为 A，把代谢体系称为 B，那么厌氧古菌可以看作强 A 弱 B，需氧古菌可以看作弱 A 强 B。两者结合又有了两种新的可能，一种是厌氧古菌提供遗传体系，需氧古菌提供代谢体系，这可看作强 A 强 B，进而发展为需氧真核细胞，即今天的真核细胞；另一种则反过来，厌氧古菌提供代谢体系，需氧古菌提供遗传体系，这可看作弱 A 弱B，它们可能未曾留下后代。4 种情形中，随着地球上氧气的逐渐积累，强A 强 B 成为沿着进化道路继续前进的一个分支。需氧古菌，就是线粒体的祖先。

表 16.1　线粒体的起源

4 种组合	厌氧古菌遗传体系	需氧古菌遗传体系
厌氧古菌代谢体系	厌氧古菌	—
需氧古菌代谢体系	需氧真核细胞	需氧古菌

4. 化学渗透偶联，化学与物理的联姻

那么，线粒体是如何将丙酮酸中剩余的能量汁水榨干的呢？丙酮酸能量的进一步释放，依赖于化学和物理的联姻。

丙酮酸经历一系列复杂反应，生成高能电子；这些高能电子能驱动质子跨膜；跨膜的质子有自动回流的趋势，这种回流的能量用来生成 ATP。质子流动是**渗透**，ATP 生成则是**化学**过程，连起来称为**化学渗透偶联**（图 **16.3**）。

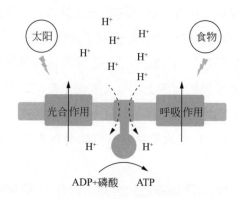

图 16.3　化学渗透偶联

（化学指的是 ATP 的生成过程，渗透指的是质子的跨膜与回流，质子一出一入之间，ATP 得以形成，这就是化学渗透偶联。质子的进入依赖膜上的电子传递系统，左侧表示叶绿体中的电子传递系统，右侧表示线粒体中的电子传递系统，动力则分别来自太阳或者食物。电子传递的能量用来将质子跨膜，跨膜的质子因为存在较高的电化学梯度，自动回流，驱动中间代表的 ATP 合酶，后者利用 ADP 和磷酸生成 ATP。）

5. 三羧酸循环，生命之轮

那么，从丙酮酸到高能电子又是靠什么连接的呢？线粒体能把丙酮酸中剩余能量榨取出来，依赖于线粒体内的一个重要的酶环，叫作柠檬酸循环，因为柠檬酸有三个**羧基**，所以也叫作三羧酸循环或者简称 **TCA cycle**，又因为这一循环是英国科学家克雷布斯（**Krebs**）发现的，所以也称 **Krebs** 循环。

糖酵解发生在细胞质中，其产物丙酮酸会进入线粒体，经过进一步简单加工后，会进入线粒体内部的腔隙，这称为基质。等在基质里面的，就是三羧酸循环的酶系。丙酮酸经历简单的改变后，就进入三羧酸循环，最终产生 CO_2 和 NADH，后者类似 ATP，也是细胞内的一种能量货币，但是流通性没有 ATP 好，需要做进一步的兑换。

三羧酸循环是真正意义上的生命之轮，除产生 NADH 便于能量的进一步产生和存储外，该循环还是糖、脂、蛋白质甚至核酸代谢的枢纽，极其关键。线粒体除生产 ATP 外，其余诸多功能常常来自三羧酸循环。

6. 电子传递链，筑坝

NADH 携带的能量又是如何转换为跨膜质子梯度的呢？NADH 携带的能量的主要形式是电子，它们的贮存依赖于膜上的一系列蛋白质，称为**电子传递链**，也叫**呼吸链**。

NADH 携带有高能电子，高能电子携带的能量不能像爆炸一样瞬间释放，无法利用，而是要缓慢地一点一点地释放，也一点一点地累积。既然能量的释放和累积是逐渐完成的，那么所依赖的酶就绝不是一个，而是一系列，所以被称为电子传递链。在线粒体上，电子传递链包含 4 个大的蛋白质复合物，排布在线粒体的膜之上，每个复合物在接受来自 NADH 的高能电子的同时，都会将质子（H^+）送出内膜，同时高能电子的能量降低。

电子传递链将 H^+ 从基质送出内膜，会产生两个效果。第一个效果是，基质中 H^+ 就少了，酸性减少了，pH 变大了，而内膜外侧的 H^+ 就多了，酸性增加了，pH 变小了，最终结果就是基质中的 pH 值约 7.9，而膜间腔的 pH 值约为 7.4。也就是说，电子传递链将 H^+ 从基质送出内膜，会造成一个 pH 梯度。pH 梯度其实就是 H^+ 的浓度梯度，由于基质中 H^+ 浓度更低，所以 pH 梯度造成的倾向是 H^+ 进入基质。

第二个效果是，随着 H^+ 的流出，会造成一个基质中为负的电位梯度。基质为负，基质外为正，那么基质外的阳离子同样倾向于从外部进入基质。

pH 梯度和电位梯度统称为**电化学梯度**，因为两者都是倾向于把 H^+ 推进基质之中，所以质子有很强的进入基质的动力。电位梯度一般可以用电压来定量，线粒体跨膜电压大概是 150 mV；pH 梯度也可以换算成电压，每 1 个 pH 值差约相当于 60 mV 的电压，线粒体两侧的 pH 值差大概是 0.5，所以其电压差约为 30 mV，并不小了。这样算下来，质子浓度梯度和 pH 改变对总电化学梯度的贡献大概是 5:1。

电子传递链利用高能电子制造电化学梯度的过程，就像工人筑坝。电子传递链就像站在堤坝上劳动得筋疲力尽的 4 名工人，当得到一个传来的苹果（高能电子）后，每人都会吃一口（传递能量），有了力气就顺手将坝下的水提一桶上来灌到坝上（将 H^+ 泵出基质），苹果（高能电子能量）越来越小，但坝上的水（电化学梯度）却越来越多。

7. ATP 合酶，生命发电机

堤坝上除了辛苦劳作、逆势而行的 4 名工人，还有第五位选手，相比之下，他却好整以暇。由 4 人实现的质子之湖的积累，被这第五人打开闸门，奔腾而下，制造 ATP，这第五人，就是 **ATP 合酶**。ATP 合酶同样位于内膜之上，靠近呼吸链，形态结构像一个涡轮发动机一样，非常引人注目。

当电子传递链形成了一个巨大的电化学梯度时，ATP 合酶就登场了。电化学梯度会推动质子从线粒体内膜外回流到线粒体腔内，而这种质子回流会推动 ATP 合酶，后者会不断旋转，以 ADP 和磷酸为基础，生产出 ATP。

ATP 合酶为什么具有这种神奇的能力呢？这源于其令人叹为观止的结构（图 16.4）。ATP 合酶分为两部分，一部分插入线粒体膜之中，这一部分是可以旋转的，称为转子，其动力来自质子回流的推动；另一部分延展于线粒体基质之中，这一部分是不可旋转的，称为定子。定子分成三个功能部分，每一部分构象可以改变，在一种构象时可以结合 ADP 和磷酸，在另一种构象时，则能将 ADP 和磷酸转变为 ATP。ATP 合酶的定子部分类似一个有 3 个孔槽的压盖机：在开放状态时，啤酒瓶子（ADP）和瓶盖（磷酸）可以进入机器内部，而一种力量驱动压盖机，于是瓶子和瓶盖就结合在一起了，之后带着盖子的瓶子离开，新的瓶子和盖子又可以进入了。ATP 合酶构象改变的动力在哪儿呢？转子与定子结构有一个连接，这个连接属于转子，当然也会转动，当它转到哪一个位置时，就能驱动该位置发生构象改变。转子就像压盖机的开关。

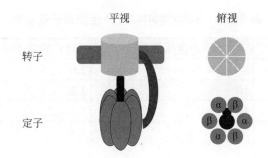

平视　　　　　俯视

转子

定子

图 16.4　ATP 合酶

（ATP 合酶是分为两个主要结构，一部分镶嵌于线粒体膜之上，这一部分在人线粒体中由 8 个亚基组成，可以被质子推动发生逆时针方向的旋转，如浅灰色所示；第二部分延伸于线粒体基质之中，在各个物种之中都由 3 对亚基组成，静止不动，这 3 对亚基都能结合 ADP 和磷酸，并且构象会发生改变，如深灰色所示。浅灰色部分延展出的黑色结构插入深灰色代表的亚基之中，发生转动，到达哪对亚基，就会改变其构象，使得 ADP 和磷酸生成 ATP。）

　　很显然，ATP 合酶的效率依赖转子的转动速度，转得越快，ATP 生成得越快，事实上，ATP 合酶是一种高效的分子。ATP 合酶旋转得多快呢？转速一般用 **r/min** 表示，汽车发动机的转速在 1000~3500 r/min，而 ATP 合酶的转速可达 8000 r/min。ATP 合酶如此高效，每秒可以生产 400 个 ATP，一个普通成人每天生产的 ATP 可达 50 kg，对于专业运动员这个数字则是几百。据估算，ATP 合酶的动力是同样体积的柴油机的 60 倍。

　　ATP 合酶中转子的亚基数在不同物种中存在差异。事实上，转子的亚基数决定了驱动转子转动所需的质子数（**表 16.2，图 16.5**）。比如哺乳动物中转子的亚基数是 8，则转子转 1 圈需要 8 个质子，结果生成 3 个 ATP。从某种意义上讲，ATP 合酶的转子与定子组合生成 ATP 的过程，可以同变速车类比：定子含有 3 个齿轮，转子的齿轮数不固定。低亚基数适用于那些质子来源受限的物种，如哺乳动物；高亚基数适用于那些质子来源充分的物种，如利用光合作用获能的植物和蓝细菌。

表 16.2　不同物种中 ATP 合酶转子亚基数

物种	ATP 合酶亚基数	ATP 的成本（质子数 /ATP）
哺乳动物	8	2.6
酵母	10	3.3
细菌、古菌	11~13	3.6~4.3
叶绿体	14	4.6
某些蓝细菌	15	5

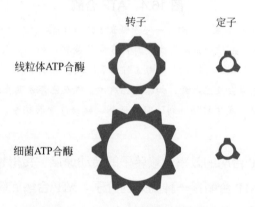

图 16.5　ATP 合酶转子数变化

（ATP 合酶分为两个主要结构，转子和定子，就像齿轮。转子的轮数越高，需要的质子数就越大。这种结构上的差异当 ATP 合酶发挥反向的作用时看得更明显，利用同样的 ATP，亚基数越多的获得的跨膜质子数也越大。）

　　ATP 合酶是一个双向结构，既能利用质子推动生成 ATP，也能反过来，利用 ATP 水解驱动质子梯度的建立，某些细菌中的 ATP 合酶就能在两种方向间切换。在这种情况下，ATP 合酶沦为同电子传递链一样的劳作者。遗憾也可能是幸运的是，人细胞线粒体 ATP 合酶没有这样的能力。

8. 嵴，包子有肉偏在褶上

　　现在明白，线粒体似乎也并无特异之处，无非是用呼吸链缓释能量，用 ATP 合酶储存能量罢了。细菌中也有呼吸链和 ATP 合酶，也能以氧化磷酸化的方式制造能量，那么为什么线粒体被赋予如此高的地位呢？这主要源于线粒体的高效。而线粒体的高效来自一系列结构上的设计。

首先，线粒体数量可以有极大的变化，这当然很大程度增加了细胞内的膜面积。但同接下来的精致结构相比，线粒体的数量就相形见绌了。

线粒体结构复杂。像细菌一样，线粒体有两层膜，分别叫作**外膜**和**内膜**。外膜的隔绝效果很一般，很多较大的分子都可以穿过；线粒体内膜却选择性极强，很小的分子都不会轻易扩散。内膜内部成分复杂，称为基质。三羧酸循环的酶系位于基质之中，电子传递链、ATP 合酶则位于内膜之上。这样的结构似乎也平平无奇。

奇妙之处在于线粒体的内膜向内折叠，形成一种类似山脊的结构，故称之为**嵴**。这个结构就非常不一般了。嵴的存在极大增加了膜的面积。在活跃的心肌细胞中，线粒体嵴膜的总面积大概是细胞膜的 20 倍，一个成人身体中所有嵴膜的总面积和一个足球场差不多。而 ATP 合酶是附着在内膜之上的，嵴的结构因此可以容纳数量庞大的 ATP 合酶。线粒体因此能提供远远超过细菌所能提供的能量输出，成为当之无愧的能量工厂。从这个意义上，包子有肉偏在褶上。

9. 解偶联蛋白，小别胜新婚

如果说化学渗透偶联是长久稳定的婚姻，那么有时小别还是很有好处的。在某些脂肪细胞里面，存在一种**解偶联蛋白**，它们能让质子不通过 ATP 合酶，这样能量就不会存储于 ATP 之中，而是完全用来制造热量。解偶联过程发生于身体需要热量的时候，并启动贮存脂肪的氧化供能。解偶联在婴儿抗寒中发挥重要作用，可能还用来防止肥胖和糖尿病。

10. 叶绿体与线粒体，先后到来的访客

线粒体和叶绿体都是访客，在进化过程中，它们先后到来同真核细胞结合，并让今天的真核细胞发展壮大（**图 16.6**）。

有叶绿体必有线粒体，有线粒体不必有叶绿体。如今所有含有叶绿体的

真核细胞也同时含有线粒体，如植物细胞，而含有线粒体的细胞却不一定含有叶绿体，如动物细胞。之所以如此，可能因为远古时期当氧气暴增后，需要氧气的线粒体自然发展出来；但需要 CO_2 的叶绿体却无法得到供应，除非在事先存在线粒体的细胞之中才可以，因为线粒体会制造出 CO_2。

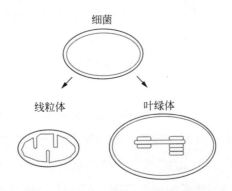

图 16.6　线粒体、叶绿体及细菌的结构

（线粒体、叶绿体同细菌一样，都有两层膜，称为外膜和内膜。线粒体的内膜会经历复杂折叠，形成嵴的结构。叶绿体在内膜之内还有一个新的结构，称为类囊体。）

11. 叶绿体与线粒体，商品流与现金流

叶绿体和线粒体的最主要区别在于，前者注重商品，而后者关注现金。

叶绿体和线粒体一样，其结构中最主要的部分是电子传递链和 ATP 合酶。除 ATP 合酶结构不一样之外，叶绿体的电子传递链分为两部分，后一部分同线粒体中的类似，最主要的不同是前一部分中存在叶绿素，可以利用光能制造高能电子（**图 16.7**）。

叶绿体和线粒体也一样存在酶环，但线粒体中该酶环位于电子传递链上游，负责产生 NADH，一种类似 ATP 的能量货币；叶绿体中的酶环位于电子传递链下游，利用生成的 NADPH 和 ATP 来制造糖类等有机物。

线粒体关心的是能量货币的现金流，因此 ATP 在细胞内畅行，供给细胞使用；叶绿体注重的则是能量货币转化成的商品，它们随时可以兑现。

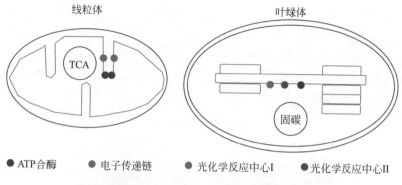

图 16.7　线粒体、叶绿体的比较

（线粒体由双层膜构成，其产生能量的顺序是先由糖酵解产生丙酮酸；丙酮酸进入线粒体经过一系列改变，进入三羧酸循环，产生的电子经电子传递链形成质子梯度，质子梯度回流利用 ATP 合酶生成 ATP。叶绿体则相反，其能量来自阳光，经过光反应中心产生高能电子，同样形成质子梯度，质子梯度回流利用 ATP 合酶生成 ATP。但这并不是终结，ATP 和 NADPH 等一起，以 CO_2 为原料制造糖，这个过程称为固碳。）

12. Rubisco，步履蹒跚、目光呆滞，但毫无保留

叶绿体固碳的过程异常重要。我们今天能在地球上生存，固碳是极其关键的一步。固碳的具体执行者同样是我们所在星球上的王者。然而，这个王者却是一个步履蹒跚、目光呆滞而又内心坚定的角色。

这个王者，就是叶绿体内利用 CO_2 和 NADH 合成糖的一个关键酶，名字叫作**核酮糖 -1,5- 双磷酸羧化酶 / 加氧酶**，简称 **Rubisco**，它能将含有一个碳的 CO_2 转化为 3 个碳的磷酸甘油酸（**图 16.8**）。Rubisco 占叶绿体蛋白质量的一半，是地球上含量最高的酶。我们在谈论酶的时候，会如数家珍地谈论酶的一些特点，如特异性、高效性等。Rubisco 不仅效率不高，特异性也差。一般的酶每秒钟能催化 1000 个底物分子，Rubisco 仅能催化 3 个；一般的酶特异性很好，甚至能区别极其相似的底物，如 **L 型氨基酸氧化酶**甚至只能催化构型为 L 型的氨基酸，连 D 型都无法催化（**图 16.9**），而 Rubisco 甚至不大能区分 CO_2 和 O_2。

$$CO_2 \ + \ H_2O \ + \ C_5H_{12}O_{11}P_2 \ \xrightarrow{\text{Rubisco}} \ (C_3H_7O_7P)_2$$

图 16.8　Rubisco 催化的反应

（CO_2 和核酮糖 -1,5- 双磷酸（$C_5H_{12}O_{11}P_2$）以及水在 Rubisco 的催化下，生成 2 分子的磷酸甘油酸（$C_3H_7O_7P$）。）

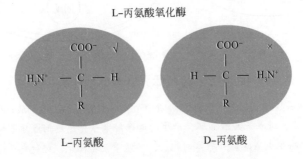

图 16.9　酶的立体异构特异性

（L- 丙氨酸氧化酶（左侧）只能针对 L- 丙氨酸，对构象为 D 型的丙氨酸就无法起作用。立体异构特异性是最高水平的酶的特异性。）

　　Rubisco 似乎违反了进化的法则：效率低下不必说，特异性差则意味着安全性不足。事实真是如此吗？

　　真实情况可能是，Rubisco 是进化中效率与安全博弈的完美证据。Rubisco 已经做得足够好：它步履蹒跚，因为目光专注；目光专注，因为观察对象极难分辨；而在这样的情形下，Rubisco 其实已经做到了最好。Rubisco 催化的反应底物，是特征并不明显的 CO_2，它们很难形成**非共价键**如**氢键**等，因此很难特异性地结合；尤其艰难的是 CO_2 同环境中富含的 O_2 的区别极其细微，难以辨识。这样的催化难度远超过比如 L- 丙氨酸氧化酶对底物的识别，后者的底物丙氨酸的复杂程度远超 CO_2。既要对 CO_2 和 O_2 进行区分，又要提高效率，Rubisco 面临两难。当然对于 Rubisco，安全是最重要的，也就是要准确区分 CO_2 和 O_2，为此宁可牺牲效率。Rubisco 的解决之道是这样的：因为 CO_2 和 O_2 天然缺少区分度，只能利用反应的**过渡态**进行区分；过渡态中 CO_2 同羧化状态越像的话，那么同 O_2 形成的过氧化状态区别越大，从而酶的特异性越好（图 16.10）。但过渡态同终产物相似带来的一个问题是：酶对终产物的结合强度变得更强了，于是终产物的释放变得缓慢，酶的效率因此降低了[69]。

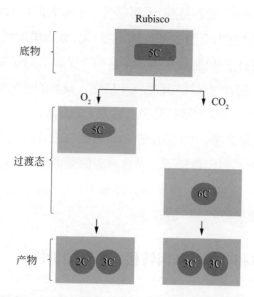

图 16.10　Rubisco 识别 CO_2 的策略

（Rubisco 既能以核酮糖 -1,5- 双磷酸和 CO_2 为底物生成两个 3C 产物，也能以核酮糖 -1,5-双磷酸和 O_2 为底物生成一个 2C 和一个 3C 产物。为了对 O_2 和 CO_2 进行区别，Rubisco 同底物（核酮糖 -1,5- 双磷酸 $+CO_2$）形成的过渡态更接近 3C 产物，然而，这也导致了酶对产物的结合力增加，使得产物的释放变缓，整个过程减慢。）

13. 光合呼吸，被忽视的贡献

Rubisco 虽然尽力，但区分 CO_2 和 O_2 的效果并非很好，因此，当 CO_2 浓度低的时候，利用氧气生成 2C+3C 产物是 Rubisco 的主要反应路径，这被称为光合呼吸。光合呼吸同光合作用不同，结果不是用 CO_2 为材料生成氧气，而是消耗氧气，却给 CO_2 以自由。在炎热、干燥的环境中，植物叶片会封闭气体进出的通道，导致 CO_2 陡降，细胞因此采用光合呼吸。

很多细胞发展出特殊机制来防止光合呼吸。光合呼吸的本质就是在高温、干燥情况下，CO_2 进入细胞的孔道被封闭，无法进入同 Rubisco 结合，因此防止光合呼吸的方法就是让 CO_2 有机会接近 Rubisco。某些植物如玉米、甘蔗

就发展出让 CO_2 接近 Rubisco 的机制：首先这些细胞发展出双层细胞，所有的 Rubisco 都位于里层细胞，它们远离空气，不用太担心水流失的问题；其次外层细胞除封闭隔离的作用外，还发展出将 CO_2 泵入里层细胞的机制。玉米、甘蔗等作物泵入 CO_2 的机制是采用一个含有 3 个碳的分子捕获 CO_2，形成含有 4 个碳的分子，因此这些植物称为 C4 植物，其他的植物则用含有 2 个碳的分子捕获 CO_2 得到含有 3 个碳的分子，称为 C3 植物。

在很多 C3 植物之中，1/3 固定的 CO_2 会因光合呼吸而再度流失，在碳排放增加、全球变暖的时代背景下，光合呼吸饱受诟病。然而，仔细思考下事实恐怕并非如此。在地球 O_2 积累的大背景下，C3 植物有防止氧气过度积累的功效，这其实是具有巨大价值的。

14. 线粒体和叶绿体基因转移，不菲的价格

茨威格在《断头王后》中说："她那时候还太年轻，不知道命运从不浪掷，所有赠予都在暗中标好了价。"

线粒体和叶绿体也在协同进化中付出了很多。同厌氧古菌的结合中，线粒体的前身需氧菌虽然纳出了能量的投名状，得到了荫蔽，却也慢慢迷失了自我。在同厌氧菌结合的过程中，拥有细胞呼吸酶系的需氧菌的大部分基因都逐渐消失了，可能通过**水平基因转移**进入了细胞核。在今天，哺乳动物的线粒体只有 16 569 个碱基对，编码了 37 个基因，其中 2 个编码**核糖体 RNA**，22 个编码**转运 RNA**，只有 13 个编码蛋白质。因为这 2 个核糖体 RNA 基因和 22 个 tRNA 基因都是为这 13 个蛋白质服务的，甚至可以说线粒体只保留了 13 个基因。线粒体基因组的大小和基因数不仅远小于最简单的细胞结构**支原体**，甚至和病毒差不多，比如**新冠病毒**，它由 30 000 个核苷酸的单链 RNA 构成，编码 11 个蛋白质。考虑到一个细胞最少也要 300 个基因才能完成最基本的功能，线粒体在进化中迷失了绝大多数的基因，而其所需要的基因则完全依赖于**细胞核**中的**基因组**。事实上线粒体功能的充分发挥需要 1000 多种蛋白质，它们都来自细胞核。

不仅如此，线粒体的基因中还有细胞核基因组中罕见的"DNA 共享"现

象。有两对基因使用一段共同的 DNA 的现象，足见线粒体在进化中的付出。

同基因的流失相关的就是线粒体的变小。基因的减少必然带来体积的降低。线粒体大小只有 0.5~1 μm，远小于今天 0.1~15 μm 的古菌和 0.5~5 μm 的细菌。

15. 处线粒体之远则思细胞核

线粒体迷失的基因是消失了吗？不是的，它们通过水平基因转移的方式，从线粒体流向了细胞核基因组。

支持这一结论的是不同物种细胞线粒体中的基因数（**表 16.3**）。人类细胞线粒体基因组中编码 37 个基因，除去编码 tRNA 的 22 个基因，还包含 13 个蛋白质基因，2 个**核糖体 RNA** 大小亚基基因。然而，疟原虫线粒体只编码 3 个蛋白质基因和 2 个**核糖体 RNA** 大小亚基基因。而比人线粒体基因组多的也不少（**表 16.3**）。因此，线粒体基因向核基因组的流向是一种总的趋势。

表 16.3　不同物种细胞线粒体基因组中除 tRNA 基因外基因数

物种	核糖体 RNA	核糖体蛋白	呼吸链
人	2	0	13
疟原虫	2	0	3
裂殖酵母	2	1	7
阿米巴原虫	2	16	19
地钱	2	16	24
异养鞭毛虫	2	27	36

那么，线粒体向细胞核的基因转移是会一直进行下去吗？它们是否处在丢失线粒体的路上呢？未来线粒体的所有基因都会交给细胞核吗？

似乎也并不是这样的，线粒体总会保有一些基因。之所以如此，一种解释是：线粒体所需要的，尤其是呼吸链上的蛋白质，常常是疏水的膜蛋白，而疏水蛋白质在细胞内的运输是相对较难的。

我想可能有另一种解释，那就是效率。线粒体留存一些自身需要的基因产物，这样效率更高。

16. 居细胞核之高则忧线粒体

线粒体基因流向核基因组，但是线粒体依然需要这些基因。比如呼吸链上的蛋白质中的大部分都来自核基因组，没有它们，呼吸链是无法组装起来的。这些蛋白质又如何流回线粒体呢？由细胞核编码的蛋白质之所以可以进入线粒体，主要由蛋白质自身决定，它们在进化中发展出特殊的序列，作为标签。拥有定位线粒体标签的蛋白质会被一系列辅助蛋白识别，最终进入线粒体。蛋白质进入线粒体是单向的，只能进，不会出。或者可以这样理解，线粒体这样一个专注效率的细胞器，不会发展出让蛋白质流出的机制，既无必要，也不经济。

17. 热力学第 2.5 定律

线粒体的基因不断流失，似乎复杂性在下降，这同细胞发展逐渐增加复杂性的趋势不一致吗？线粒体是进化时复杂性增加的反例吗？

恰恰相反，线粒体的存在支持细胞复杂性增加。线粒体自身的复杂性在降低，但是线粒体所在的细胞的复杂性却因此增加了。生命体系整体的复杂性始终在提高，尽管可能以部分的复杂性降低为代价。

除了线粒体的例子，哺乳动物红细胞、血小板的退化都使得机体的复杂性得以提高。

生命体系熵减，这种表述薛定谔最早提出过，但他没有指出太多细节，而我想这个规律可以用来概括细胞分化、多细胞组织和器官的复杂关系。生命体系熵减可提高到定律的高度，可以称为热力学第 2.5 定律。这是因为热力学第二定律的表述是封闭体系熵增。

18. 线粒体繁殖，亚当的肋骨

线粒体生活的方方面面都是为了高效率而准备的，连生殖方式也是如此。线粒体主要以**出芽**的方式实现生殖[70]。同一分为二的分裂相比，出芽这种方式的好处是显而易见的，那就是效率极高。出芽还有一个好处，就是长出的芽体积小，便于运输，这对于某些对能量需求极大而又空间狭窄的细胞是尤其重要的，比如拥有狭长**轴突**和**树突**的神经细胞。

19. 融合即修复

线粒体除了可以出芽，还能彼此融合，这对于提高效率同样关键。有时线粒体发生损伤——这对于线粒体这个巨大高效的产能机器而言几乎是必然的——那么同健康的线粒体融合就可以一定程度修复受损的线粒体 [71]。

20. 父爱如山，母爱如线粒体

线粒体是一个高效的**细胞器**，但同时也是一个安全性不高的细胞器，其基因组并不稳定。比如在酵母中，线粒体以一种随机的方式传递给子代细胞，所以很难在子代中得到和父母一致的线粒体 DNA。线粒体也似乎没有动力发展出类似细胞核那样严格保证基因组稳定性的、类孟德尔遗传的机制，毕竟，线粒体主要负责能量。

那么，线粒体的不稳定性如何不影响细胞的安全呢？细胞中发展出了一种不够完美但最大程度增加安全的方法，那就是减少**雄性配子**对子代线粒体 DNA 的贡献。同**雌性配子**如卵子相比，雄性配子如精子在运动中需要消耗大量能量，所以其线粒体中带有损伤的也多。进化中许多策略发展出来规避精子线粒体 DNA 带来风险。首先，动植物中雌性配子贡献的线粒体更多。一个典型的人类卵子含有大概 10 万份雌性线粒体，而一个精子细胞仅含有几个线粒体；其次，存在一种机制，能让精子的线粒体无法同卵子的线粒体竞争；再次，在精子成熟过程中，其线粒体 DNA 降解；最后，受精卵中精子线粒体会被识别然后消除，采用的是一种叫作**自噬**的细胞主动死亡方式。总之，只有母亲的线粒体会遗传给后代，这种现象叫作**母系遗传**。

线粒体的加盟，让细胞的发展按下了加速键，而真核细胞的核，也因此而发展出来了。

词汇表

线粒体（mitochondrion，复数 mitochondria）：真核细胞内的一种细胞器，主要用来给细胞提供能量，线粒体的存在使得真核细胞的进化成为可能。

糖酵解（glycolysis）：将葡萄糖催化生成丙酮酸的代谢过程，由 10 步反应完成。

丙酮酸（pyruvic acid）：糖酵解的终产物，可进一步进入三羧酸循环。

发酵（fermentation）：发酵一词的定义非常复杂，简单地说，任何在无氧条件下发生的、产生能量的代谢过程都叫发酵。具体有两种常见的发酵，一种是机体组织缺氧时，糖酵解产物丙酮酸转化为乳酸，另一种是酵母中缺氧时，丙酮酸转化为乙醇。

氧化磷酸化（oxidative phosphorylation）：指的是细胞利用酶氧化营养物质，释放能量，以产生腺苷三磷酸（ATP）的过程。所有需氧细胞都采用氧化磷酸化的方式获能，在真核细胞中，氧化磷酸化发生于线粒体。

蓝细菌（cyanobacteria）：革兰氏阴性菌，通过光合作用获得能量。蓝细菌是地球上最早的制造氧气的物种。蓝细菌同绿藻（green algae）的区别是前者是原核细胞，后者则是真核细胞。人们习惯将蓝细菌和绿藻统称为蓝绿藻。

固碳（carbon fixation）：有机体将无机碳（主要是 CO_2）转化为有机物的过程。

细胞呼吸（cellular respiration）：细胞内的一系列代谢过程，用来将营养物中的化学能释放出来，制造 ATP，同时释放废物的过程。因同机体的呼吸过程类似而得名。

化学渗透偶联（chemiosmosis coupling）：指在细胞呼吸和光合作用中离子顺着电化学梯度跨膜、释放的能量用来制造 ATP 的过程。

柠檬酸循环（citric acid cycle）：一系列化学反应过程，用以将碳水化合物、脂类和蛋白质氧化以释放能量的过程。因为反应过程中的重要中间产物含有柠檬酸而得名，这些中间产物常常含有三个羧基，所以也叫三羧酸循环（tricarboxylic acid cycle，TCA cycle），又因为发现者是德国出生的英国生物化学家 Krebs，所以也叫 Krebs cycle。

汉斯·阿道夫·克雷布斯（Hans Adolf Krebs，1900—1981）：德国出生的英国医生和生化学家，发现三羧酸循环、尿素循环和乙醛酸循环，1953年获得诺贝尔生理学或医学奖。

基质（matrix 或者 stroma）：指线粒体和叶绿体内部的包围空间。

电子传递链（electron transport chain）：也叫呼吸链（respiratory chain），位于线粒体上的一系列蛋白质复合物，通过氧化还原反应实现电子传递，积累的能量用于质子跨膜，最终可以形成 ATP。

ATP 合酶（ATP synthase）：存在于线粒体膜上的能用来生成 ATP 的蛋白质复合物。

外膜（outer membrane）：线粒体双层膜的外面一层。

内膜（inner membrane）：线粒体双层膜的内侧一层。

嵴（cristae）：线粒体内膜的折叠形成嵴。

解偶联蛋白（uncoupling protein，UCP）：线粒体内膜蛋白，让用于制造 ATP 的跨膜质子梯度不再合成 ATP 而是产热。

Rubisco（核酮糖 -1,5- 双磷酸羧化酶 / 加氧酶，Ribulose-1,5-bisphosphate carboxylase-oxygenase）：固碳过程中的一个主要的酶，可能是地球上含量最丰富的酶。

L 型氨基酸氧化酶（L-amino-acid oxidase）：只作用于 L 型氨基酸的一类酶。

光合呼吸（photorespiration）：Rubisco 以氧气为底物，并不能实现固碳的代谢支路。

母系遗传（maternal inheritance）：非孟德尔遗传的一种，线粒体 DNA 只能得自母亲，称为母系遗传。

十七、细胞核：纳须弥于芥子

1. 三心二异

细胞纷繁复杂，但若细分，无外乎"三心"和"二异"。这"二异"，指的是细胞看起来最大的差异有二，一是有些细胞有核膜包围，称为**真核细胞**，有些细胞没有核膜环绕，称为**原核细胞**；二是真核细胞常常存在复杂的骨架，并因此得以形成复杂的**内膜系统**，原核细胞却常常只有原始的骨架，并没有精致的内膜系统。这"三心"，指的是尽管按结构组成分成两类，但要是按照生命核心的 DNA 序列区别的话，细胞可以分成三类：**细菌、古菌和真核细胞**。按照是否有核膜对细胞分类是非常粗疏的，不仅亲缘关系难以确定，有时甚至对一个物种的归属的判断都是一件不可能完成的任务。DNA 序列是相当稳定可靠的，根据 DNA 序列对细胞分类的方法革新了人们对生命的认识。细胞的三分系统不仅仅是将原核细胞分成了细菌与古菌这么简单，它其实是一种方法论，即以序列为基础的对生命的认知，这种认知可以达到相当精确的定量水平，例如依据序列的差异，我们可能对两个物种的亲缘关系、进化路径、分歧时间做相当可信的推断。

2. 细胞壁，温柔乡是英雄冢

真核细胞同原核细胞的尺寸差别很大。大肠杆菌的碱基对是 400 万左右，而人类细胞的高达 32 亿；原核细胞的基因数大都在 1000~6000，而真核细胞的基因可达 30 000 个。与此相匹配的是，真核细胞的直径是原核细胞的 10 倍，体积则是原核细胞的 1000 倍。在这 1000 倍体积的细胞里面，发展出各种精微的结构，如高效的线粒体、复杂的内膜系统、灵动的**细胞骨架**，以及最重要的容纳基因的细胞核。

真核细胞同原核细胞众多差异中，一个常常被忽视其重要性的，是**细胞壁**的消失。细胞壁的消失，让动物细胞和自由生活的单细胞**原生动物**可以自由改变形状，并吞噬其他细胞和物质。细胞不仅做加法，如**线粒体**的加盟，**基因组**的增大和基因数的增加，多细胞的发育；细胞也做减法，如细胞壁的消失，线粒体基因的转移，哺乳动物红细胞核的离去，等等。细胞核最初的发展也同细胞壁的消失有关。在远古时代，当个大的细胞不再受到细胞壁的束缚后，就能使用它具有弹性的细胞膜来吞噬其他细胞，这显然是一种更加经济的生存方式。当然细胞吞噬的过程还要依赖细胞骨架，如此才能驱动细胞的移动。但很关键的一点是细胞选择了吞噬作为生活方式时，必须将内部的 DNA 进行小心的保存，以防止吞噬活动尤其是细胞骨架的刚性对自身遗传信息的不良影响。细胞核可能就是在这种情况下发展起来的。细胞壁是温柔乡，也是英雄家，幸好，真核细胞经受住了考验。

3. 线粒体与叶绿体，已经有了红泥小火炉，还需要太阳能吗？

细胞吞噬导致了三种不同生存策略采用者的区别（**表 17.1**）。远古时代时细胞吞噬中最大的收获就是线粒体。线粒体得到了细胞的荫蔽，作为回报则给细胞提供能量来源。在吞噬了线粒体后，一些细胞就此打住了，它们中的一部分成为"捕猎者"，这一类包括动物细胞、原生动物细胞等；另一部分发展出细胞壁，成为"拾荒者"，如真菌等；另外一些细胞在吞噬了线粒体后，又继续吞噬了具有光合作用的细菌，后者发展为**叶绿体**，并在自己周围建立细胞壁，这些细胞发展成为"农场主"，这一类包括植物细胞。如果说线粒体是"红泥小火炉"的话，那么叶绿体就是太阳能，不同的细胞类型选择了不同的能量来源与生活方式。

表 17.1　真核细胞的三种生存策略

特征	策略		
	捕猎者	拾荒者	农场主
代表	动物细胞、原生动物	真菌	植物
能量来源	线粒体	线粒体	线粒体、叶绿体
细胞壁有无	无	有	有

4. 哪里有什么岁月静好，只因我们有核膜

线粒体、叶绿体的加盟与细胞的壮大互为因果。随着基因组的变大，风险也同时增加了。DNA 的复制、包装、分离都要求忠实性，也就是安全。然而，从原核生物如大肠杆菌的 400 万左右的 DNA 大小，发展到真核生物如人的 32 亿的 DNA 尺寸，对复制、包装和分离都提出了更高的要求。多个**染色体**的出现同样增加了精确复制和随后分离的难度。

真核细胞环境中的不稳定性似乎也增加了。除了因为细胞复杂运动中细胞骨架带来的威胁，细胞内还有化学物质上的危险。尽管对于氧气我们是须臾不可离的，并且多数细胞都需要呼吸，但是氧气其实是一种危险的物质。富含能量的物质通过和氧气发生反应后，能量释放，而氧气被转化成水。氧气转化成水的中间体是一种叫作**超氧阴离子**的物质，它的反应性很强，因此非常危险。氧气就像火，固然能用来取暖，但是也可能烧伤人。**线粒体**很大程度减少了氧气的风险，然而却不是完美的，线粒体作为高效的动力工厂，在生产 **ATP** 的同时，也制造出了大量的危险物质，即**活性氧**，它们包括 **H_2O_2**、**超氧化物**和**羟自由基**。因此，细胞核膜的存在有效规避了物理威胁和生化危险，可能让 DNA 长链分子有了更安全的居所。

核膜的发生可能是在漫长的进化史上通过几个关键节点实现的。第一个节点是细胞壁的消失。真核生物是厌氧古菌和需氧细菌结合的产物，而这种结合是厌氧古菌的遗传体系和需氧菌的代谢体系的结合，而不是反过来。厌氧古菌可能个头更大，能吞噬需氧细菌，但这个过程若要实现，前提则是厌氧古菌的细胞壁的消失，只有细胞壁消失，对其他细胞的吞噬，也就是所谓

的**胞吞**，才能实现。从这个意义上说，舍与得成就了厌氧古菌：舍去了细胞壁，换来了细胞核膜。

第二个节点是厌氧古菌膜的内化。甚至在线粒体前身需氧细菌被吞噬前，厌氧古菌就逐渐发展出类似核膜的结构，这是因为细胞吞噬总是发生，而吞噬中厌氧古菌的 DNA 受到威胁，细胞核膜样结构的存在则大大增加了厌氧古菌的生存概率。

第三个节点是含有类核膜结构的厌氧古菌吞噬了线粒体的前身。随后，厌氧古菌的类核膜结构和线粒体前身一起发展，直到某一个时间，第一个真正意义上的需氧的真核细胞登场。

正是因为有了更安全的居所，真核细胞的 DNA 才能不断壮大，才能从原核细胞数百万个碱基对发展成如人类的 32 亿个，甚至作为物种上限的近1500 亿个。

5. 核纤层，双重身份

细胞核可能是为了规避细胞骨架的机械损伤而发展起来的，所以细胞核也需要一个骨架系统，以骨架对抗骨架，这就是一个叫作**核纤层**的结构。细胞核的**核膜**就是在核纤层这个骨架系统上建立起来的。

核纤层是整个核膜的基础。其实在发展出真核之前，几乎各种原核细胞都有**细胞骨架**结构。比如**支原体**、细菌、古菌都有类似骨架的结构。核纤层结构出现后，细胞核膜才有所依附。核纤层对于细胞核膜的重要意义还在于，核膜需要经历周期性的崩解与重建，这是为了方便 DNA 的组装和分离，而核纤层作为一种蛋白质体系附着在核膜上，可以实现核膜的更方便快捷的聚散。如果说核膜是一顶帐篷的话，那核纤层就是帐篷的支架，让帐篷的开合更加容易。

核纤层不仅是核膜的支架，也是**染色体**的。尽管我们尚知之不详，但可以肯定染色体绝不是核内的一团沙粒，而是有着复杂精致的结构。染色体还要经历复杂的周期性改变。很难想象染色体是没有任何附着的，而核纤层也是染色体的支架。

6. 核孔复合物，双向路，单行人

细胞膜的出现让细胞独立，在保证安全的同时也让物质、能量和信息的交互出了问题，于是**膜蛋白**出现解决了这些问题；核膜的出现让遗传信息实现独立，这保证了安全，但同时，也让遗传物质内外交互发生了困难，于是核膜之上进化出叫作**核孔**的结构。细胞核内外的交互是真核细胞内最大的交通压力，所以核孔复合物有着超大的结构、超强的功能和超高的效率。

核孔需要解决的主要问题是遗传信息的输出，以及处理遗传信息所需蛋白质的输入。前者以信使 RNA 出核的形式实现，但又不局限在信使 RNA，因为解码信使 RNA 的机器即**核糖体**也要运出核；后者以蛋白质入核的形式实现。核膜需要完成的，可以看作制造炊具材料的输入，以及菜谱和炊具的运出；最终的蛋白质是在细胞质中生产出来的，就像用菜谱和炊具做出供享用的菜品。

按理说核孔似乎也可以有另一种选择：只输出蛋白质。也就是说，将蛋白质合成搬运进核内完成，这样，就省去了信使 RNA 和核糖体的输出以及蛋白质的输入，任务就换成了已经合成蛋白质的输出。事实上，线粒体就是这么做的，人细胞线粒体表达的 13 个蛋白质就是在其**基质**中合成，利用的转运 RNA 和核糖体 RNA 也是来自自身，并未转运到细胞质中。那么，蛋白质合成为什么没有选择核内合成、再行转运的方式呢？主要原因可能是之后的转运效率较低。如果所有蛋白质由核合成后经核膜转运，那么很多蛋白质将经历两次转运，依次穿过核膜、线粒体膜、内质网膜等，效率将降低。线粒体之所以可以自己合成蛋白质，因为其蛋白质数量有限。效率的要求决定了蛋白质在细胞质内合成更加合理。但没有哪一种选择是容易的，核孔因此必须发展出极高的效率，以实现信使 RNA、核糖体以及蛋白质的运输。

核孔是一个类似中空圆桶状的结构，镶嵌在内外核膜之间，供信使 RNA、核糖体出核和某些蛋白质入核。核孔是细胞中最大的复合物，相对分子质量高达 1.25×10^8，大小是葡萄糖的 69 万倍，也是核糖体的 30 倍。

细胞核以小小的结构，容纳海量的遗传信息，真可以说是纳须弥于芥子了。那么这小小芥子中的遗传信息的须弥山是如何存在的呢？

词汇表

细胞核（nucleus）：真核细胞内特化的用来储存遗传信息的结构，是原核细胞和真核细胞的重要区别，细胞核的出现让遗传信息的体量有可能进一步发展。

原生动物（protozoan）：一类单细胞真核生物，历史上被称为单细胞动物，因为它们表现出动物行为，如运动和捕猎。

超氧阴离子（superoxide anion）：O_2^-，是大多数其他活性氧的前体。

活性氧（reactive oxygen species，ROS）：分子氧来源的高活性化合物，包括过氧化物、超氧化物、羟自由基和单态氧等。

羟自由基（hydroxyl radicals）：活性氧的一种。

核纤层（nuclear lamina）：真核细胞核膜内侧的网络结构，由细胞骨架的中间纤维构成，不仅同核膜的物理支撑有关，也参与DNA的各种行为。

核膜（nuclear envelope）：真核细胞中包裹细胞核的双层膜结构。

核孔复合物（nuclear pore complex）：跨过核孔双层膜的大的蛋白质复合物，负责蛋白质、RNA等的运输。

十八、从染色质到染色体：一场耗时耗力的乔迁之喜

1. 基因组扩张：激荡亿年，水大鱼大

基因加速路上的一个关键点是**细胞核**的诞生。在没有细胞核的时候，DNA 所能成长的大小是受限的，因为过长的 DNA 稳定性下降，尤其是细胞常常会通过**内吞作用**吞噬其他成分甚至是细胞。这样的过程对 DNA 的影响是很大的，它限制了 DNA 的长度。当细胞核发展出来后，基因有了进一步发展的空间。随着细胞核的发展，DNA 大小的天花板被捅出了窟窿，DNA 得以疯长，**基因组**因而向更加复杂和精致大踏步进发了。

2. 原核细胞 DNA 压缩：把足球场塞进篮球

发展的 DNA 却并不意味着占据空间的成比例增大。事实上，DNA 除互补配对、稳定外，可以通过简单的方式实现极大的复杂性，其物理特性天然地具有压缩自身的气质，从而占据极小的空间。

也就是说，远在**真核细胞**的核形成以前，遗传信息载体 DNA 早就高度压缩了。以大肠杆菌为例，其细胞大小在微米级别，而其 DNA 长度则达到了毫米级别，是其直径的近千倍，没有经历压缩是不可能的。细菌、**古菌**甚至线粒体的 DNA 都存在于一个同真核细胞的核相类似的结构之中，这一结构叫作**类核**。类核同真正的核相比，不具有**核膜**、**核孔**以及**核纤层**等结构，但是其

DNA 的组装与压缩，已经初具规模了。

大肠杆菌中类核是什么样的物质呢？所有 DNA 都按照大概 150 个**碱基对**、50nm 的长度形成一个小的单元，以此为基础进一步组装。为什么是 150 个碱基对呢？因为这是 DNA 的**持续长度**。持续长度是衡量**长聚合物刚性**的单位，如果短于这个长度，我们就能知道长聚物的状态，而长于这个长度，长聚合物就会发生随机弯曲，我们就无法知道其结构了。DNA 以 150 个碱基对为基础开始组装，形成一团随机螺旋 DNA。进一步，大肠杆菌的 DNA 会分成约 400 个环，每个环有大约 10 000 个进一步螺旋的碱基对，这就实现了对 DNA 的更高比例压缩[72]。真核细胞核中 DNA 的压缩相当于将一个马拉松距离的丝线放进一个网球里；大肠杆菌 DNA 的压缩比例没有那么高，但也不低，相当于把两个半足球场长度的丝线揉进一个篮球里。

类核没有成为一团乱麻，在于有很多类核相关蛋白结合其上。这些蛋白质不但同类核的结构密切相关，还影响 DNA 携带的遗传信息的传递。

3. 从染色质到染色体，打包后再分家

真核细胞 DNA 的发展固然能保证更多的基因和对环境更好地适应，但却让复制和分离变得更困难了。基因的数量增多，彼此之间的作用更加复杂，从而可以更好地应对环境的各种挑战。随着基因的复杂化，DNA 的复制固然变得困难，但还不是最致命的，最大的问题是复制后的 DNA 的分离。以人类**基因组**为例，它包含了 32 亿个碱基对，那么复制就意味着这 32 亿个碱基对得到完全一致的一份拷贝，工作量似乎很大，但完全可以通过任务分解有条不紊地完成。但是，这复制后的 64 亿个碱基对形成的复杂长链如果一一分离，将是艰难的任务。就像一个财物极多的人，想继续获得更多财物并不困难，但要想给自己的两个孩子完全均等的财物则绝不容易，而如果分配不均，对两个子女来说都将是灾难，因为虽然家大业大，但每一份财物都是限量版，必不可少。

DNA 的分离似乎有两种方案：一种是将每种散在物品都一分为二，直

到分配完成；另一种是先将每种散在物品都一分为二，但之后将物品进行打包，最后再分配。后一种方法的好处在于，可以在打包的过程中很容易地检查 DNA 是否出了问题，安全性提高了。然而，后一种方法也意味着在打包的时候物品可能暂时无法使用，效率降低了，而解决的办法就是尽量减少打包的时间，这也是细胞分裂的时间在整个细胞生命过程中占比极低的原因。对于真核细胞，如果把整个细胞复制周期看作 24 小时，那么分裂期大概只占 1 小时。

DNA 的打包就是组织成凝缩的结构的过程，这种结构在 17 世纪细胞被观察到不久之后就被发现了，因为可以被染色，这种 DNA 的凝缩结构被称为**染色质**，染色质进一步凝缩到极致就是**染色体**，因为接下来含有双份遗传信息的染色体就分离了。

4. DNA 的组织者，风筝的手柄

染色体的形成不是一蹴而就的，需要很多的步骤，第一步的实现，有赖于一种特殊的蛋白质，即**组蛋白**，组蛋白所以得此名，意味着其有组织，它其实就是 DNA 的组织者。如果把纤长的 DNA 看作风筝线，那么组蛋白就是风筝的手柄。

组蛋白很小，但是 4 种各 2 个共 8 个聚集起来，就能形成一个小小的骨架，让一段 DNA 缠绕其上，形成一个最小的 DNA 组装单位，叫作**核小体**。这一段 DNA 有多大呢？是 146 个碱基对，刚好接近 DNA 的持续长度，这恐怕不是一种偶然，这样的长度可能是一个最适合 DNA 折叠的碱基数量。这样看下来，组蛋白很小也就合理了。

当然组蛋白如此小可能也有别的原因。细胞对组蛋白的需求很大，个头小则生产和运输的成本都很低，也不容易在生产中出错，出了错也不觉得浪费。细胞内**血红蛋白**分子的大小也和组蛋白差不多，是不是也基于同样的经济学原因？

一根风筝线无论多长，只是缠在一个骨架上而已。DNA 则不同，它的

纤长丝线的每一段都需要频繁地暴露，不能像风筝线那样最里面的很少打开，所以 DNA 是由多个核小体支持的，每个核小体只能支持 200 个左右的 DNA 碱基对。

5. 组蛋白，翘起的尾巴

组蛋白八聚体并不是一个球形，而是有氨基酸的尾巴伸展在核小体的表面，就像 8 只搂在一起的小猴子，每只都露出一条长尾巴。

这些组蛋白尾巴会经历各种**蛋白质修饰**，就是加上或者移除某些**化学基团**，就像猴子的尾巴添加上各种装饰一样。

组蛋白尾部这些修饰就像是生命的行为艺术，不是凭空产生的，有创作者，有阅读者，也有清除者，它们都是细胞的不同蛋白质，它们的共同作用决定了细胞的命运。

牵一发而动全身，更何况是尾巴。组蛋白尾部修饰对核小体的结构影响很大，也就相应地影响了遗传信息的传递。

这种不是通过 DNA 序列，而是通过组蛋白或者 DNA 修饰对遗传信息产生的影响，叫作**表观遗传**，以同 DNA 遗传相区别。表观遗传是一种极具冲击力的观念，因为它意味着哪怕不能影响 DNA 序列（这常常会很难），对组蛋白施加影响（这要容易得多）也能产生遗传效应。当然表观遗传的效应可能相对微小，但综合下来也能产生很大影响。刘备曾说过，"勿以善小而不为，勿以恶小而为之"，说的就是要按照表观遗传学规律办事。

6. 沉默是金（基因）

真核细胞内的 DNA 很少是彻底裸露的，都是与蛋白质结合的，所以 DNA 不是呈现染色质就是染色体状态，当然多数时候是染色质，这被称为**常染色质**，就像一场球赛，进球只是一瞬，组织进攻的过程则相对漫长一样。但这是就整体而言，有些位置的 DNA 则几乎在其他大多数 DNA 呈常染色质的时候，依然近似于染色体，它们被称为**异染色质**。

常染色质就是 DNA 存在的常态，所以遗传信息是活跃的，复制、转录和翻译都在按部就班地进行。异染色质则是遗传信息的锁定状态。

基因中的遗传信息似乎是宁愿沉默也不表达的。当异染色质和常染色质偶然遭遇后——无论这种遭遇是自然事件还是人为操作——发生的情况都是常染色质上基因的沉默，而不是异染色质上的基因的激活。就像海明威说的："我们花了两年学会说话，却要花上六十年学会闭嘴。"基因则可能在上千万年的进化中学会了闭嘴。

7. 屏障 DNA，万寿有疆

异染色质和常染色质的遭遇总会发生，如果没有某种机制的制约，那么基因几乎总是会陷入沉寂，虽然距离会限制异染色质的传播速度，但沉默毕竟还是会发生，为了防止沉默的扩散，染色质之间必然存在着一些限制各自状态的疆界，它们是特定的 DNA 序列，称为**屏障 DNA**。屏障 DNA 让染色质的状态各自为政，从而保证了多样的功能。

8. 染色质状态遗传：我寄愁心与明月，随风直到夜郎西

尽管我们一般想当然地认为复制的是 DNA，遗传的也是 DNA，然而事实上，更准确的说法应该是：复制的是染色质，遗传的也是染色质。**非洲爪蟾**胚胎的实验表明，染色质的状态，无论它是抑制的还是活化的，可以持续至少 24 代。而一些典型的异染色质，可以持续终生。也就是说，DNA 的序列及其三维空间的状态是可以一起遗传的，这是表观遗传学的一种更广义的说法。

9. 两边的制造麻烦，中间的繁衍种族

核小体还会进一步包装形成更复杂的结构，直至形成染色体。染色体已经是处于破茧成蝶的阶段了，结构最为简单，类似字母 H。

染色体的各个结构对染色体分离的贡献并不是一致的，有几个部位非常

重要。一个位于"H"中间的一横的位置，是染色体上供**纺锤丝**牵拉使之分离的结构，称为**着丝粒**。着丝粒能让基因复制后的分离得以实现，从这个意义上说，着丝粒负责繁衍。另一个位于"H"的两端，所以被称为**端粒**。端粒位于一端，给复制出了个难题，因为它作为 DNA 的末端，在复制时无法找到合适的模板（详见"八、DNA：我来，我见，我征服"），从这个意义上说，端粒制造了麻烦。

基因在染色体上刻意回避了着丝粒和端粒的位置，就像乘客回避了司机和售票员的位置一样。着丝粒的位置是负责牵拉染色体的，端粒的位置是负责染色体末端结构的，这些位置的设置是为了分离而设计的，因此，基因位于这些位置是不合适的。当然并非说着丝粒和端粒上一点基因也没有，也有，但很少 [73]。

10. 染色体，装鸡蛋的篮子

如果把基因看作鸡蛋，染色体就是装鸡蛋的篮子。基因和染色体的数量比例是效率与安全博弈的典型例子。

按理说真核细胞所有基因都在一条染色体上意味着高效率。原核细胞（如细菌）的基因虽然谈不上染色质或者染色体，但可以看作在一条线上的，这样的效率是很高的，因为复制、分离变得简单。真核生物如果也采用这种形式，效率自然也会极高。然而，自然界中仅含有一条染色体的真核生物极少。唯一的例子是澳大利亚毛白蚁的雄蚁，它们只有一条染色体 [74]。之所以是一条而不是一对，是因为一般蚂蚁的雄蚁都是**单倍体**，可以把它们看作大号的精子。单染色体真核生物如此少见，这是因为仅含有一条染色体的话意味着安全方面的危机，就像所有鸡蛋放在一个篮子里，一旦篮子破了就什么都没有了。但是染色体的数量也不可能无限大。理论上染色体的最大数量可能等于基因数，对人类而言约有 3 万多个，但如此数量效率就大打折扣了。实际上，染色体的数目总是远远小于基因数的。目前已知的含有最多染色体的物种是**蝰蛇舌蕨**，它们有 720 对 1440 条染色体 [75]。拥有最多染色体数的哺乳动物是南美沙鼠，它们有 51 对 102 条染色体 [76]。

也许用来说明染色体不过是个篮子的最好的例子是赤麂（muntjac）了（图 10.2）[77-78]。印度赤麂和中国赤麂外观非常接近，两者甚至可以杂交产生后代，但两者的染色体差异极大。印度赤麂是已知的拥有最少染色体的哺乳动物，其雌性有 6 条染色体，雄性有 7 条染色体；相比之下，中国赤麂则有 23 对 46 条染色体，两者的杂交后代的雌性和雄性分别有 26 条和 27 条染色体。印度赤麂可能是中国赤麂经过染色体的融合进化而来的。

除了赤麂这种天然的例子说明染色体是个篮子，还有人工实验的例子。酵母菌有 8 对 16 条染色体，但是中国和美国两个课题组分别发现，将这 16 条染色体连在一起成为一条染色体后，酵母菌的生存几乎不受影响 [48,79]。染色体就是个任人打扮的小姑娘。

11. 染色体外 DNA：流浪的飞船

如果把染色体看作 DNA 生活的地球，那就还有载着 DNA 远离地球的飞船，这就是染色体外 DNA。并非所有的 DNA 都存在于染色体之上，染色体外 DNA 并不罕见。事实上，染色体外 DNA 赋予遗传信息传递以新的灵活性。就像流浪的飞船携带了文明的火种一样，从进化角度看，这些染色体外的"浪子"DNA 其实具有巨大价值。

线粒体和叶绿体中的 DNA 就是染色体外 DNA，我们曾在"十六、线粒体与叶绿体：打工人的生存之道"中讲述。这里想要探讨的染色体外 DNA，分别是原核细胞中的质粒和真核细胞中的染色体外 DNA。

12. 质粒：不穿衣服的病毒？

稍有些分子生物学常识的人，都会对质粒有印象，因为它们是现代分子生物学最常用的工具之一。质粒指的是小的、染色体外 DNA，它们可以独立复制。通常，它们携带的基因不同于基因组之中的大多数，而是在某些特殊情况和条件下发挥作用。

质粒最值得一提的是它们为什么得以存在。质粒作为染色体外 DNA，是会给宿主增添额外负担的，所以质粒一般会携带对宿主有益的遗传信息（如抗生素的抗性），以便能始终存在。但假如这个推论正确，为何质粒 DNA 携带的遗传信息没有整合进基因组呢？可能的答案是基因组尤其是原核生物基因组是寸土寸金的，只能容纳某些必需的基因。就像某个组织的固定人员数量有限一样，在突然增加工作的情形下，他们就会招募更多的临时工，这显然是一种经济的策略。质粒的意义在于其存在形式，即流浪 DNA，在进化中，这显然是对染色体 DNA 的重要补充。

质粒还有一个重要特点是它们同病毒的差别。很难用对宿主的有害程度区分质粒和病毒：大多数的病毒其实是无害的；有些质粒则能产生**毒力**产物，让其宿主更好地入侵其他物种。事实上质粒和病毒的主要差别在于**衣壳蛋白**。病毒会编码衣壳蛋白，将自己的基因组包裹起来，以便在宿主间传递；质粒却是裸露的 DNA（也有少数 RNA）。似乎可以说，质粒是不穿衣服的病毒，而病毒是穿衣服的质粒。

13. 染色体外环状 DNA，将错就错反成大错？

在真核细胞中发现染色体外 DNA 是非常令人惊讶的。2012 年，一个研究组在《科学》杂志上报道：小鼠组织、细胞系和人的细胞系中存在数以千计的**染色体外环状 DNA**，当时他们还给这些 DNA 起了个名字，叫微小 DNA。后来人们发现，这类染色体外环状 DNA 广泛存在在体细胞中，甚至在生殖细胞之中，并发挥重要功能，如免疫激活[80]。

按理说染色体外 DNA 似乎是一种不安全因素，因为它们可能造成基因组不稳定性，给肿瘤提供机会。但是，染色体外 DNA 也提供了额外的基因调控方式，给细胞增加了效率。

2019 年 11 月，一个课题组确实发现染色体外 DNA 在癌症中大量存在，并赋予癌细胞以生存优势[81]。

那么，为什么染色体外 DNA 这种现象在进化中保留下来了呢？这可能是基因**多效性**的一个例子。癌症在老年人中多发，染色体外 DNA 高效性带来的安全性损失只有在老年时期才体现出来，不会承受进化压力，另外人类平均寿命增加、癌症发病率升高只是近些年的事件。

14. 细胞的错觉

细胞周期就是染色质和染色体之间的切换的周期，就是细胞为了解决基因复制和分离而发展出来的一系列事件的组合。爱因斯坦曾经说过："时间是一种错觉。"细胞周期也是一种错觉，是 DNA 的组装带来的一种错觉。

真核细胞产生，染色质和染色体的结构逐渐复杂，遗传信息同外界环境之间的交互就更加广泛和深刻了，这依赖于细胞器的出现，但有些非细胞器结构的存在，其实早就默默无闻地做了极大贡献。

词汇表

刚性（rigidity）：物体受到外加作用力而拒绝形变的特点，与弹性相对。

染色质（chromatin）：真核细胞中基因载体 DNA 的存在形式，含有很多用于组织 DNA 的蛋白质。

染色体（chromosome）：染色质凝集的极端，主要用于遗传物质的均等分配。染色体是复杂遗传物质分配的一种优良方案。

组蛋白（histone）：真核细胞核内的高度碱性的、富含赖氨酸和精氨酸的蛋白质，负责 DNA 的组织。

核小体（nucleosomes）：真核细胞内 DNA 组织的基本单位，由组蛋白八聚体作为骨架、DNA 缠绕其上形成。

表观遗传（epigenetic inheritance）：指的并非由 DNA 序列改变而是由 DNA、组蛋白修饰等造成的表型差异的遗传学现象。

常染色质（euchromatin）：松散包装的染色质，富含基因，转录活跃。

异染色质（heterochromatin）：紧密包装的染色质，通常不含或者含有很少的基因，转录不活跃。

屏障 DNA（barrier DNA）：标记染色质疆域并隔绝不同的染色质区段的 DNA 序列。

非洲爪蟾（African clawed frog，拉丁学名 *Xenopus laevis*）：其胚胎和卵是常用生物研究工具。

纺锤丝（spindle fibers）：纺锤体辐射出来的由微管组成的纤维，用于染色体分离。

着丝粒（centromere）：染色体上的特化结构，用于连接姐妹染色单体，纺锤丝结合其上，启动染色体分离。

端粒（telomere）：线性染色体末端，富含重复 DNA 序列。

单倍体（haploid）：配子中的染色体数。

蝰蛇舌蕨（俗名 adder's tongue fern，学名 *Ophioglossum L.*）：生长在热带和亚热带地区的一种蕨类。

赤麂（muntjac）：也叫吠鹿（barking deer），一种主要生活在南亚和东南亚的小型鹿。

染色体外环状 DNA（extrachromosomal circular DNA，eccDNA）：1964 年发现的一种染色体外 DNA，环状，不同于线粒体、叶绿体 DNA、质粒等。

微小 DNA（microDNA）：人类中最丰富的染色体外环状 DNA。

多效性（pleiotropy）：一个基因影响超过两个看似不相关的性状的现象。

十九、生物分子凝聚体：萍水相逢，尽是他乡之客

1. 无冕王者

生物分子凝聚体被放在这样一个章节，纯属是为了方便，以便同后面的细胞器相互映照；但事实上，它们之于生命的重大影响，甚至可以追溯到细胞诞生之前。

生物分子凝聚体指的是同有膜细胞器相区别的细胞结构，它们常常由蛋白质和 RNA 等组成，负责维系的是一系列弱的、不断改变的相互作用。这些相互作用数量庞大，但每一种都很弱，因为很弱，所以作用不断终结，因为数量庞大，一种作用终结而新的作用产生。如此一来，生物分子凝聚体中的作用刹那生灭，但是总体结构得以一直存在。在没有膜存在的情况下，生物分子凝聚体能让生物大分子隔离和富集。从这个意义上看，生物分子凝聚体是无冕王者，振臂一呼，天下云集响应，赢粮而景从。

2. 无间行者

生物分子凝聚体的例子包括制造核糖体的核仁，以及应激颗粒，这是一种细胞面临扰动时制造的隔离点，既能储存生物大分子，又能防止其活性的过早发挥。

同大分子机器相比，生物分子凝聚体不但更大，也更加灵活，有更复杂

的调控方式；同有膜细胞器相比，生物大分子凝聚体没有物质、能量和信息交互方面的问题，因为它们是开放结构，可以方便地同外界进行对话。生物大分子凝聚体更像是从不停歇的行进者（表 19.1）。

表 19.1　生物分子组装物的比较

	大分子机器	生物分子凝聚体	膜包被细胞器
特征	固定的分子组成； 确定的空间结构； 自发形成； 可调控	动态的分子组成； 液态 / 凝胶样空间结构； 比大分子机器要大； 小分子自由通透； 应激、可调	膜包被； 内外存在主动运输； 对小分子不自由通透；
示例	细胞周期中的负责降解的酶； DNA 复制蛋白质机器； 核糖体； 核孔	核仁； 中心体； 应激小体；	内质网； 线粒体； 转运小体； 溶酶体

3. 相分离，篱落疏疏一径深

生物分子凝聚体很像液体：它们不断互相推搡、交换位置，甚至同凝聚体外的分子互换位置。但是凝聚体毕竟还保持完整，同周围的液体不同。因此，生物分子凝聚体形成过程有个贴切的名字——液态 - 液态相分离。相，指的是一种液体的存在状态。相分离最常见的例子是油水分离。相分离是生物分子凝聚体存在的一种解释，以同膜包被细胞器相比较。如果说膜结构造成的结果是"墙里秋千墙外道"，相分离导致的则并非难以逾越的高墙，而是"篱落疏疏一径深"。

以相分离组织的生物分子凝聚体能保证更大的有序性，这是大分子机器无法比拟的，但为什么还有膜性细胞器发展出来呢？"高墙"比"疏篱"有什么优势呢？首先，膜结构能提供更好的稳定性，脂类的疏水性对隔离有更大优势；其次，膜结构能防止毒反应对细胞的影响，就像监狱囚禁了危险分子一样，膜结构也能让某些危险对细胞的影响微乎其微；最后，膜结构能捕获小分子，这是生物分子凝聚体不具有的能力，例如没有膜结构，跨膜的离子梯度无法建立，细胞就无法驾驭电能。

4. 生物分子凝聚体，复制子的乳母

生物分子凝聚体很可能在生命诞生过程中扮演重要角色。在遥远时代，当**复制子**蹒跚学步的时候，可能就有生物分子凝聚体的影子。复制子的定义要求尚未有膜结构。能赋予复制子以准生命特征的，只能是类似生物分子凝聚体的状态。而膜结构，又何尝不能看作一种极端的生物分子凝聚体呢？相分离的例子油水分离，不就是膜对水环境隔离的影子吗？

当然，当膜结构终于发展出来以后，细胞也心甘情愿地舔尝了自己种下的酸涩之果，那就是并不轻松的跨膜蛋白质分选。

词汇表

生物分子凝聚体（biomolecular condensates）：细胞内无膜包被的细胞器或亚细胞器，执行某些特定功能。

核仁（nucleolus）：真核细胞核内最大的结构，是核糖体的组装部位。

应激颗粒（stress granules）：细胞面临压力时，细胞之中出现的由 RNA 和蛋白质组成的颗粒。

相分离（phase separation）：单一匀质混合物分离为不同的相的过程，常见于两种互不相溶的液体（如油和水）之间。

二十、细胞器与蛋白质分选：侯门一入深如海，从此萧郎是路人

1. 细胞大小限制，当能力无法承载野心

为了对抗热力学第二定律的魔咒，基因是要不停发展的。基因的发展首先表现为细胞的增大。真核细胞比原核细胞大得多，比如人类细胞的直径是大肠杆菌直径的 10~30 倍，体积则是 1000~10 000 倍。但细胞大小的增长不是无限的，这是因为细胞膜面积的增长速度无法追赶上细胞体积的增长速度，膜面积按平方增长，而体积则按立方增长，结果就是膜所提供的物质代谢速率不足以支撑庞大的体积，就像小区过大，快递员的数量无法充分覆盖一样。如何解决这个问题呢？细胞内以膜包被的**细胞器**就解决了这个问题，缓解了细胞膜面积和体积之间的尴尬比例。当然细胞器的出现只能缓解而不能从根本上改变细胞大小的限制，那如果基因想进一步发展该怎么办呢？多细胞生命因此诞生。至于多细胞生命的发展方向，我们还是先按下不表，而从细胞器说起吧。

2. 三大阵营

如果说**原核细胞**是喧闹的露天集市、里面一团热闹的话，**真核细胞**就是结构精致的商场，里面由膜分割成各种各样的组分，也就是**细胞质和细胞器**（**表 20.1**）。细胞质是除去细胞器的胞内组分。遗传信息的维持需要蛋白质的合成与降解，以及一系列代谢反应，这些工作非常重要和基本，不需要也不应该需要专门的细胞器，因为那会降低效率，通常这些工作由细胞质完成。因此，

细胞质的体积常常占到了细胞的一半。在众多细胞器中，**细胞核**就是一个专门处理遗传信息的细胞器，但它既不是体积最大，也不是膜面积最大的。不同细胞中细胞核在整个细胞中的占比一定是大有深意的。除细胞核之外，还有各种各样其他细胞器。尽管细胞质负责大部分蛋白质的合成，但是蛋白质的运输，尤其是向细胞外的运输，却需要专门的机构，这就是**内质网**的工作，内质网还负责脂类的合成。内质网加工的蛋白质和脂类常不能直接输出，需要添加某些修饰，这些修饰对于蛋白质以及脂类功能至关重要，例如添加糖基化修饰就是**高尔基体**的工作。细胞内不能只建设，也需要适当的破坏，所谓不破不立，**溶酶体**就是负责破坏的，它们能破坏失效的细胞器、大分子甚至细胞吞噬的外来物如细菌。溶酶体不是可以轻易转运的，需要一种叫作**内[吞]体**的细胞器推动。细胞还需大量的能量，原核生物的能量效率低，真核生物发展出专门的细胞器，包括**线粒体**和**叶绿体**。线粒体的很多工作并不是自己完成，一部分分配给自己的小弟，也就是**过氧化物酶体**。除了这些细胞器，科学家还发现了一些新的细胞器，如 2002 年发现的**炎症小体**[82]，2015 年发现的**迁移体**[83]。

表 20.1　肝脏细胞内各细胞器的相对体积和膜含量

细胞内组分	体积 /%	膜含量 /%
细胞核	6	0.2
细胞质	54	—
粗面内质网	9	35
滑面内质网	6	16
高尔基体		7
线粒体	22	7（外膜）
		32（内膜）
过氧化物酶体	1	0.4
溶酶体	1	0.4
内[吞]体	1	0.4
细胞膜	—	2

　　注：细胞膜的膜含量占比是很低的。内质网的膜面积最大。线粒体虽然很小，但是数量多，体积不小，仅次于细胞质；其内膜的面积也很大，仅次于内质网。滑面内质网同高尔基体常不易区分，因此其体积算在一起。

细胞器实现了细胞内的专业分工，却不是没有代价的。细胞器负责不同的任务，配合默契，整个细胞才生机勃勃。但细胞器由膜包被，而膜对于亲水物质是不容易通过的，这给细胞器间的交流带来了困难。因此，各种细胞器中必定存在独特的**膜转位蛋白**，以进行物质的输入和输出。

细胞内的这些细胞器可以有很多种分类方法，如果按照它们所需要的蛋白质的运输方式，可以分为三大阵营。第一阵营是细胞核；第二阵营包括线粒体、叶绿体等；第三阵营包括内质网、高尔基体、溶酶体、内[吞]体以及过氧化物酶体等，它们同细胞的分泌与吞噬有关，存在结构上的一致性。细胞核最重要，它的运输既要保证安全，也要保证效率，因此，运输的时候采用了一种叫作**门控运输**的方式，效率和安全性都很好。线粒体、过氧化物酶体和内质网需要特定的蛋白质到来，安全很关键，所以采用一种叫作蛋白质转运的方式。内质网上蛋白质会进一步到达高尔基体、溶酶体以至于细胞外，这时蛋白质已经经过了内质网苛刻的审核，效率变得更重要了，所以采用了膜泡运输，因为这是一种批量运输的方式。"近水楼台先得月"，说的就是细胞质定位蛋白质的悠悠岁月；"日暮苍山远""风雪夜归人"，说的则是那些非细胞质定位蛋白质的漫漫征途（**图 20.1**）。

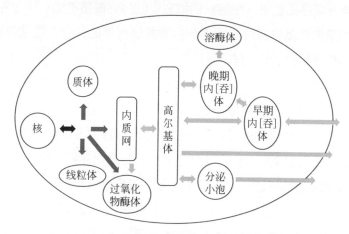

图 20.1 细胞内的蛋白质运输线路图

（黑色表示胞质和细胞核之间的运输；深灰色表示从胞质进入 3 种主要的细胞器，即质体（含叶绿体）、过氧化物酶体和内质网，以及从内质网进入过氧化物酶体，这些过程依赖转运蛋白，需要跨过膜的屏障；浅灰色表示的过程则由囊泡实现，不需跨膜。）

3. 细胞内蛋白质运输，"一命二运三风水"

那么具体来说，细胞内不同阵营蛋白质的运输方式是怎样的呢？在了解运输方式前，需要知道蛋白质不仅仅是氨基酸长链，还有单个蛋白质长链的折叠、修饰和多个蛋白质的组装，而且事实上，蛋白质的折叠、修饰和组装状态对于运输方式影响极大。

真核细胞内蛋白质在正确分配前要做几件事：合成、折叠、修饰和组装。细胞内蛋白质先合成出来；合成出来的多肽是链状的，还要进一步折叠成具有天然结构的蛋白质，如球状的**血红蛋白亚基**，某些拉链样的**转录因子**等；折叠好的蛋白质有可能经历各种修饰，如磷酸化、甲基化等；大的蛋白质复合物常常还需要由多个单个蛋白质组装起来，如血红蛋白由 4 个亚单位组成，组蛋白由 8 个亚单位组成。经历折叠、修饰和组装的蛋白质可能是体积庞大而又头角峥嵘的，不利于运输，因此，大多数蛋白质的运输，只能发生在折叠以前。

细胞内蛋白质的正确分配由蛋白质自身决定。蛋白质的定位不是由哪一个大独裁者蛋白质主导的，其命运就藏在蛋白质本身的序列里面。例如，分泌到细胞外的蛋白质和进入细胞核的蛋白质的序列截然不同。这些种类繁多、数量庞大的蛋白质就是通过不同序列实现井然有序的分配。这就像前往不同地点的人持有不同的车票一样。

蛋白质定位的信息充分利用了其氨基酸的组成、长短、位置，甚至高级结构。平均每个真核细胞需要协调 10 000 种、100 亿个蛋白质的运输，对它们进行区别，需要特定的信号。这些信号必须能够彼此区分，绝不含糊。氨基酸组成和长短是最常见的信号实现方式。目标是内质网的蛋白质用 5~10 个疏水的氨基酸作为通行证，但它们中的很多仅仅通行而已，另外一些还在 C端拥有 4 个氨基酸作为居住证。进入线粒体的蛋白质除利用疏水氨基酸之外，还交替使用带电荷的氨基酸；进入细胞核的蛋白质主要采用带正电荷的氨基酸；进入过氧化物酶体的蛋白质则选择 C 端的 3 个氨基酸作为信号。除了序列和长度，信号在蛋白质上的位置也很重要，因为蛋白质合成时是从 N 端向

C 端进行的，所以蛋白质在起始进入某个细胞器时常常将信号放在 N 端，而在返回时常常使用 C 端的信号，比如从细胞质进入内质网的蛋白质信号就在 N 端，而从高尔基体返回内质网的蛋白质信号则在 C 端。氨基酸序列的高级结构也能用于传递信息，有时序列大相径庭，但三维结构的表现是一致的，也可以用于识别，这被称为**信号斑**。

那么，蛋白质只要有自己的序列就可以完成分配吗？细胞内蛋白质的正确分配由一系列蛋白质辅助。细胞内蛋白质虽然在自己的序列里面隐藏了分配的信息，但是分配得以实现，还需要很多蛋白质的辅助才能实现。辅助蛋白质分几种类型，一是识别蛋白质的部分，即受体，它们能识别待分配蛋白质的信号序列从而启动分配，受体对于蛋白质的特定命运非常重要，可以看作检票的工作人员；二是运输蛋白质的部分，即转运蛋白，它们在细胞核、细胞内膜等蛋白质的分配中有不同的名字，但共同特点是让蛋白质跨过膜的屏障到达目的地，就像是列车；三是一些其他的辅助蛋白质，如防止蛋白质过早折叠的蛋白质、提供能量的蛋白质等。

在这些辅助蛋白质运输的蛋白质中，受体的位置具有灵活性。转运蛋白毫无疑问地必须定位于膜之上。受体最终总是引导蛋白质接近转运蛋白，但是受体既可以存在于膜上，比如在线粒体蛋白转运过程中；也可以游荡于细胞质之中主动寻觅，比如在内质网蛋白质转运过程中；还可以跟随被转运蛋白一起跨过膜结构深入细胞器内部。受体的这种灵活性其实受负责转运的蛋白质和待转运蛋白质两者影响。比如进入细胞核的门户高大宽敞，于是受体就可以送佛送到西，和待转运蛋白质一起入核。

蛋白质分配的过程就是识别和转运的过程。细胞内蛋白质摩肩接踵但是井然有序。当某个蛋白质（比如具有分泌到细胞外序列的蛋白质 X）碰到负责分泌性蛋白质分配体系中负责识别的部分即受体时，分配就开始了。受体一旦识别到信号，就将 X 介绍给负责分配的部分。在有足够能量的情况下，X 就被负责分配的蛋白质分配到自己应该去的位置。

换句话说，序列就是蛋白质的"命"，辅助蛋白质的识别和转运就是蛋白质的"运"，具体的细胞环境就是蛋白质的"风水"。

4. 一切细胞来自细胞，有些细胞器来自细胞器

细胞只能来自细胞。现在有所谓的**合成生物学**，但也只是针对 DNA 进行加工，必须依赖细胞结构。比如 2010 年《科学》杂志发文报道人工合成的生命体：**支原体 JCVI-syn1.0**，它由 100 万个碱基对组成，但必须被装载进**山羊支原体**细胞才能自我复制 [84]。

细胞内蛋白质的运输决定了有些细胞器来自细胞器。很多细胞器中蛋白质的运输需要转运蛋白，而转运蛋白只能存在于细胞器之中，这意味着细胞器无法从头合成，而是依赖事先存在的细胞器，内质网、质体和过氧化物酶体都是如此。

通过囊泡运输的细胞器有时却可以从头起始生成，如溶酶体。这些细胞器上蛋白质并非通过膜转位蛋白运输，而是通过囊泡获得，那么一连串迤逦而来的囊泡就能够形成新的细胞器。

5. 核定位信号，领土不可分割的一部分

决定蛋白质进入细胞核的信号叫作**核定位信号**。核定位信号最重要的特征是不可切割。大多数定位信号，如绝大多数线粒体蛋白质定位信号在完成其作用之后都要被切掉，可是核定位信号却始终存在。核定位信号为什么始终存在呢？这是因为细胞核会经历周期性的崩解与重建，如果核定位信号遭遇切割，那么当细胞核崩解时核蛋白就游离于细胞之中了，当细胞核重建时，核蛋白就没有办法再次进入了，所以核定位信号不可以被切掉。但是定位信号之所以在线粒体蛋白质中被切除，不是没有原因的，这些信号序列如此之长，近 30 个氨基酸，已经会影响蛋白质的功能了，因为多数蛋白质的平均大小在 500~1000 个氨基酸，所以要被切掉。而核定位信号不能被切掉，所以长度就不能太长，否则会影响蛋白质功能。除了长度限制，信号也不能像其他信号那样限定在固定位置（比如 N 端），因为有了这样的限定的话核蛋白就不大容易发展出合适的信号，所以核定位信号可以在整个蛋白质的任何

位置。

　　与核定位信号相对的是核输出信号，它们同样不能被切割、较短而且可以位于蛋白质的任何位置。

6. 细胞核膜上的巨无霸

　　细胞核同外界的交互依赖于**核膜上一个巨大的复合物**，叫作**核孔复合物**。细胞核是生命的核心，内外的物质、能量和信息交互需求特别大，比如大量蛋白质需要进入细胞核，而信使 RNA、核糖体等又要离开细胞核。为了完成如此大的转运，细胞核膜上的核孔复合物就发展起来了。核孔复合物由超过 30 种蛋白质组成，每种又包含数十个蛋白质分子，所以整个核孔复合物有 500~1000 个分子，相对分子质量高达 1.25×10^8，要知道，一般蛋白质的相对分子质量是 50 左右，仅是核孔复合物的 1/2500（**表 20.2**）。核孔复合物是在电镜下清晰可见的结构，同样说明其巨大的体量。

表 20.2　真核细胞内大的蛋白质复合物的体量

蛋白质复合物	亚基数	相对分子质量
剪接体	RNA（5）＋蛋白质（＞35）	1 800 000[85]
核糖体	RNA（4）＋蛋白质（＞82）	4 300 000[86]
ATP 合酶	蛋白质（23）	600 000
核孔复合物	蛋白质（30）	125 000 000
TOM 复合物	蛋白质（7）	490 000~600 000[87]
TIM 复合物	蛋白质（约 10）	440 000
Sec61 复合物	蛋白质（9~12）	约 700 000

　　注：虽然核孔复合物所含蛋白质数量不是最多，但是它的相对分子质量最大，是组装好的人类核糖体的 30 倍，难怪核糖体可以自由通行于核孔复合物之中。TOM 复合物（酵母中含有 7 个亚基）负责蛋白质经线粒体外膜的运输；TIM 复合物负责蛋白质线粒体内膜的运输；Sec61 复合物负责内质网定位蛋白质的运输。

7. 核受体，送君千里，才有一别

核定位和核输出信号都有各自的受体，它们除了识别信号，也能和核孔复合物结合，从而搭建起蛋白质和核孔复合物之间的桥梁，实现蛋白质的输入或者输出。

入核和出核蛋白质的受体有个特点，就是它们会跟随转运蛋白一起入核和出核，这同内质网、线粒体定位蛋白受体不一样，它们只把蛋白质带到膜上转运蛋白的位置就离开了，就像出租车送客只到门口就离开一样。其实，与其说入核和出核受体如此别致，不如考虑一下其他蛋白质受体为什么不会随之进出，所以，这样看来别致的可能反倒是其他蛋白质受体。入核和出核受体之所以可以一起出入，主要因为核孔复合物的庞大和高效，别的细胞器则没有这样得天独厚的条件。

8. 线粒体蛋白质运输，执竿入城

三国时期邯郸淳的《笑林》中有个故事："鲁有执长竿入城门者，初竖执之，不可入，横执之，亦不可入，计无所出。俄有老夫至曰：'吾非圣人，但见事多矣！何不以锯中截而入？'遂依而截之。"

这个故事说的是一个蠢人把长竿截断，以便入城。线粒体中定位的蛋白质比蠢人要聪明得多，知道把竿子垂直拿着进入。当然线粒体也做了同执竿者类似的事，也就是把长竿切断，但那要等到入城之后了。

线粒体定位蛋白的运输中的所有方面，可能都源于没有一个如核孔复合物一样高大雄伟的城门。

线粒体功能的发挥需要大概 1000 种蛋白质，其中只有 13 种是线粒体自己编码的，其余的都必须运进来。负责运输的也是蛋白质复合物，但比核孔复合物小得多，这可能导致了受体没有办法跟着一起进入；还有一个原因则是线粒体只有进的需求，没有出的需求，所以也就不会采取受体跟着进入的运输方式了。线粒体转运蛋白的微小也意味着蛋白质不能折叠成天然结构后再运输，而只能以未折叠的多肽链方式运输。而为了保证线粒体定位蛋白质的未折叠状态，细胞还需要发展出分子伴侣来辅助待运输蛋白质。一旦待运输蛋白质进入线粒体，信号序列就被切除了，这是因为这些信号序列如此之长，以致可能影响蛋白质的功能，因此需要切掉。

9. 线粒体内膜蛋白，约好同行

线粒体有内外两层膜，定位到线粒体的蛋白质很多是进入内膜之内的，但是也有蛋白质需要定位在两层膜之间，或者锚定到内膜上，后者尤其多，**呼吸链**就是如此。这些蛋白质是如何运输的呢？

大多数蛋白质采用了一种非常聪明的方法。这些蛋白质在线粒体定位信号之后，藏了一段新的终止信号，当线粒体定位信号穿过线粒体内膜后，终止信号刚好骑跨在内膜上，于是就终止了多肽头部向线粒体内膜进一步前行，但不影响多肽尾部继续跨过外膜，最终，整个蛋白质就锚定在线粒体内膜之上了。这种转运方式的好处在于更经济，因为既然蛋白质是在内膜之上，蛋白质全部转进内膜就显得有些冗余而变得不经济了。

但确实有些定位在线粒体内膜之上的蛋白质采用了这种看似冗余的方法，它们要先全部进入线粒体内膜以内，然后再转移到内膜之上。这些蛋白质为什么要绕道呢？一个可能的原因是为了同步。别忘记线粒体是一个自己有基因组、能自己编码蛋白质的细胞器，因此会自己制造 13 个蛋白质，而这 13 个蛋白质几乎全是位于内膜之上的，它们需要从线粒体**基质**中向内膜上转运。那些来自细胞质之中、最终同样定位在内膜之上的蛋白质，可能是和线粒体 13 个蛋白质共同形成呼吸链的蛋白质，对它们而言，约好后同行的好处可能是便于组装成大的呼吸链。

10. 过氧化物酶体，小弟还是大哥

同线粒体关系密切的一个细胞器是**过氧化物酶体**。这是细胞内一个富含**氧化酶**的细胞器，它的一个很重要的功能是**脂肪酸**的氧化。脂肪酸是富含能

量的物质，但是蕴藏在其长链脂肪酸中的能量要被利用，必须被氧化才可以，这一过程由过氧化物酶体中的氧化酶实现。因为脂肪酸氧化后进一步由线粒体利用，产生巨大能量，似乎过氧化物酶体是辅助线粒体的，那么过氧化物酶体就可能充当小弟的角色。

然而，在进化中可能过氧化物酶体才是大哥。一种假设认为，在远古时代，随着光合作用，光合细菌制造出越来越多的氧气，大多数细胞面临巨大的威胁，这是因为氧气非常活跃，对于史前世界没有处理高浓度氧气能力的细胞而言，氧是一种极具毒性的分子。于是细胞发展出过氧化物酶体，一方面被动解毒，另一方面主动利用氧气产生能量。当线粒体融入细胞大家庭之后，过氧化物酶体利用氧气制造能量的作用就完全被代替了，于是过氧化物酶体就只能从事那些线粒体无法完成的任务。比如在人类肝脏中，过氧化物酶体能利用氧化酶解毒，约 25% 的乙醇经过氧化物酶体的催化转变为乙醛。

过氧化物酶体定位蛋白转运值得一提的特点是信号序列非常短，只有 3 个氨基酸（**丝氨酸 - 赖氨酸 - 亮氨酸**），而且常常位于 C 端。相比之下，定位到线粒体、内质网上的蛋白质的信号由近 30 个氨基酸组成。这几乎一定是反映了不同蛋白质的特点，但是不是可以从这个角度看，认为过氧化物酶体起源可能更早，因此才有了更短的信号序列，就像更早注册邮箱的人有更多机会选到自己想要的简短的名字，而后来人注册则要用越来越长的符号。

11. 内质网，纳脂“往”

在众多的细胞器中，内质网似乎有着一人（细胞核）之下，万人（高尔基体等细胞器）之上的超然地位。遗传信息极为关键，当然需要一个专门化的结构，于是有了细胞核；但遗传信息需要不断地代谢才能维持，因此细胞膜及其上的蛋白质也很重要，如人类**基因组**中 30% 用来编码膜蛋白，于是细胞发展出了一个主要用于各种膜蛋白的转运的细胞器，这就是**内质网**。除了膜蛋白，分泌性蛋白质也经由内质网生产；脂类也在内质网中孕育。

内质网主要负责膜蛋白、分泌性蛋白质和膜脂的生产，因为蛋白质和脂的生产依赖的是空间而不是膜的面积，所以内质网并没有发展出类似线粒体的向内折叠的结构。但是内质网确实有由管和囊组成的网状迷宫样的结构，便于蛋白质和膜脂的运输。内质网形态结构最重要的特点则是同细胞核外膜相连，这样内质网的迷宫样的腔隙就和细胞核膜连通了，这样的好处是显而易见的：细胞亟须的膜蛋白和膜脂的运输得到某种程度的优先权。

12. 共翻译转运，田螺车

内质网获得的蛋白质运输的优先权达到了一个极高的水平：甚至在蛋白质完成合成之前就开始转运了，也就是说，蛋白质一边合成一边转运，就像绰号"田螺车"的搅拌水泥的运输车，它们一边加工水泥一边运输，这样的运输蛋白质的过程被称为**共翻译**转运。相比之下，那些将要到细胞核、线粒体、过氧化物酶体等地方的蛋白质是合成后才转运的，其转运方式叫**翻译后**转运。

共翻译转运可能有经济的考量。内质网中经行的很多蛋白质是膜蛋白，经历复杂的折叠，如果在合成后转运，可能成本过于高昂；通过共翻译的形式进行转运，能大大提高效率，这对于占基因组 1/3 的膜蛋白来说是尤其重要的。

为了实现共翻译转运，那些负责合成蛋白质的**核糖体**就不可避免地吸附于内质网之上，使得这部分内质网看起来就像是吸附了海螺的大船一样，外表斑驳粗糙，所以称为**粗面内质网**，而那些不吸附核糖体的内质网则要光滑很多，所以称为**滑面内质网**。

13. 双子星受体，大王派我来巡山

共翻译转运给受体出了个难题，就是信号被识别后，翻译需要暂停。如果不这样的话，翻译的速度大于转运的速度，那么蛋白质等不到转运就可能泄漏在细胞质里面了，这有时是很危险的，如溶酶体中的、具有降解生物大分子能力的酸性水解酶，它们一经翻译成熟，就会降解周围的蛋白质。

受体是如何接招的呢？内质网定位蛋白转运的受体截然不同于线粒体的或者细胞核的，它采用了双蛋白系统，包括**信号识别颗粒**和**信号识别颗粒受**

体。单一的受体被动存在于内质网膜上，很难遏制翻译；颗粒和受体的双系统则利用了颗粒的灵活性，可以主动进击捕捉刚露头的信号，给蛋白质翻译按下暂停键。

信号识别颗粒结构非常不寻常，由 1 个 RNA 和 6 个蛋白质组成，以 RNA 为纽带，分成两个部位，一个部位能够识别各种有轻微差异的信号，以启动蛋白质转运；另一个部位则能结合核糖体，暂停翻译，防止翻译过快。信号识别颗粒当然也有和它的受体相互作用的结构。信号识别颗粒利用 RNA 作为组成结构，可能是进化早期的事件。

14. 内质网，儿子还是孙子？

从内质网的功能和结构上看，几乎可以肯定它起源于细胞核。内质网同线粒体不同，后者的起源激起了学者们强烈的兴趣，而前者的起源了解得很少。有两种说法，一种认为内质网是细胞膜内化形成的[88]，另一种则认为是细胞核膜外展形成的[89]。内质网同细胞核膜相连，身上附着核糖体，这些都暗示着内质网的细胞核起源。考虑到细胞核起源于细胞膜，那么内质网相当于细胞膜的孙子，而不是儿子。

15. 蛋白质的内驱力

因为是以共翻译的方式转运的，内质网中的蛋白质就只能在内质网腔隙中实现折叠了。蛋白质的折叠对于其功能而言是非常重要的。

蛋白质的折叠是以一种**自组装**的方式进行的。所谓自组装，就是在没有外力的情况下，生物大分子会自动地形成某些具有功能的特殊结构。自组装并不耗能，恰恰相反，防止自组装反倒需要能量，自组装的这个特点极其重要。如果反过来，去组装不要能量而组装需要能量，那么生命绝不会存在了。自组装可以看作生命的内驱力。但蛋白质能自组装和能正确自组装是两码事。正确的自组装可以形成复杂的有序，而不正确的自组装则常常变得有序的复杂，一个极端的例子是牛海绵状脑病中的**朊病毒蛋白**。蛋白质的自组装不需要能量也不一定需要酶，但正确组织则常常二者都是必需的。

在众多的蛋白质中，内质网转运的蛋白质是特别容易出错的蛋白质。经由内质网的，多是膜蛋白。膜蛋白常常形成多次跨膜的复杂结构，这就注定了这些蛋白质错误折叠的可能性很大。相比之下，前往细胞核的蛋白质可能就不这么容易出错。线粒体之所以保留了很多必要的基因，是因为要编码那些复杂的不易转运的膜蛋白。那么，内质网如何纠错呢？纠错依赖于一种叫作**分子伴侣**的蛋白质，它们能让错误折叠的蛋白质形成正确的结构。

不管怎样，内在驱动，即使错误，也好过外在的驱动。内在驱动的成本，即使算上分子伴侣纠错所需要的蛋白质和消耗的能量，可能依然远低于一种假定的外在驱动方式。

16. 内质网内的行程码发放记

内质网纠错错误折叠蛋白质的过程并不简单。内质网需要先判断蛋白质折叠状态，需要让不正确折叠的蛋白质得到改正的机会，但也不能无限迁就不正确折叠蛋白质。内质网如何做到这一点呢？这依赖于一个以糖为基础的行程码系统（**图 20.2**）。

首先，内质网会给其中近一半的蛋白质加上糖，也就是在蛋白质侧链上加上**低聚糖**。所谓低聚，就是数量不是一个，而是好多个，具体地说是 14 个，其中的糖按距离蛋白质由近到远依次是：2 个 **N- 乙酰葡糖胺**、9 个**甘露糖**和 3 个**葡萄糖**，它们不是呈一条线状，而是呈复杂的树枝状。加上这么复杂的糖，其内涵是大有深意的，稍后我们就能看出来。相比之下，细胞质甚至细胞核里面的蛋白质也能加糖，但加的只有一个。负责加糖的是一种特殊的酶，即**寡糖基转移酶**，它按照 1:1 的比例和负责蛋白质转移到内质网的体系结合在一起，扫描刚刚转移进内质网的蛋白质，发现合适的位置，就加上糖。寡糖相当于行程码，这些加糖的酶相当于蛋白质行程码发放者。

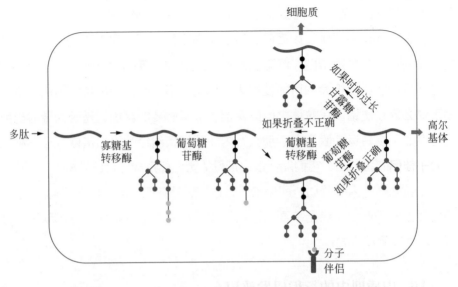

图 20.2　内质网中蛋白质的糖基化及其命运决定

（多肽进入内质网腔之后，同转运蛋白相邻的、存在于膜之上的寡糖基转移酶会立刻添加上一个含有 14 个糖基的、分叉的糖链，其中含有 2 个 N- 乙酰葡萄糖胺（黑色），9 个甘露糖（深灰色）以及 3 个葡萄糖（浅灰色）。接着葡萄糖苷酶会切掉两个葡萄糖，仅余一个葡萄糖的蛋白质会结合于分子伴侣。葡萄糖苷酶会继续切掉余下的糖，这时蛋白质会经历一个重要的酶——葡糖基转移酶——的检查：如果没有折叠问题，蛋白质离开内质网进入高尔基体；如果折叠有问题，葡糖基转移酶重新加上一个葡萄糖，蛋白质再度滞留于分子伴侣，重新经历循环；如果蛋白质经历多次循环依然没有正确折叠，甘露糖苷酶会开始切割甘露糖，这是一个离开内质网重进入细胞质的信号，而进入细胞质的最终命运就是蛋白质的降解。）

其次，寡糖会经历修剪，而糖链末端的葡萄糖的修剪尤其重要。这种修剪会决定蛋白质去留，比如仅仅当糖链的末端剩下一个葡萄糖时，糖蛋白可以结合到内质网膜上的分子伴侣之上。糖链的修剪相当于对行程码进行标记，负责糖链修剪的叫作**葡萄糖苷酶**，它们相当于行程码的标记者。

再次，内质网中有一个关键的酶，即**葡糖基转移酶**，可以对携带糖基的蛋白质进行质检，相当于行程码的查验者。如果蛋白质没有问题，相当于行程码是绿码，那就可以离开内质网了。如果蛋白质没有正确折叠，那么葡糖基转移酶会给它再行加上一个葡萄糖，这样蛋白质会重新经历分子伴侣的滞留、折叠以及剪掉葡萄糖的循环，相当于在行程码上打上标记，并重新留观，以及再次扫码通行。

最后，蛋白质并没有无限多的机会留在内质网中。如果蛋白质因为错误折叠而存在于内质网中的时间过长，那么寡糖中的甘露糖就会被切掉，这是一个让蛋白质重新回到细胞质的信号。在细胞质里面，蛋白质会经历降解。

蛋白质不但要正确折叠，还要快速折叠，这样才能在内质网中生存。

17. 内质网驻留时限，我们必须全力奔跑，才能留在原地

虽然细胞内有严格的检查过程，错误的蛋白质还是会发生，这时，错误折叠的蛋白质会被运回细胞质，它们已经无法重新利用了，只会被降解。细胞如何区别错误折叠的蛋白质和尚未完全折叠的蛋白质呢？毕竟这两者是很难区分的。蛋白质上的糖链可以作为一种计时器：含有 14 个糖的长链会被顺次切割，切割葡萄糖主要用于判断是否让蛋白质通行，如果继续切割露出甘露糖的话，这样的蛋白质已经待了太长时间了，就会被逆向转运系统识别，运出内质网，在细胞质中降解。尚未完全折叠的蛋白质常没有暴露出的甘露糖。

因此，就像《爱丽丝漫游仙境》中红皇后说的那样："只有全力奔跑，才能留在原地。"

因此，内质网中的蛋白质如果出了问题，虽然还能回到细胞质，但这依然是条不归路。这可能就是侯门一入深如海的真意。

18. 未折叠蛋白反应，理水

当内质网中蛋白质错误折叠大量积累时，细胞必须做出反应。如果错误折叠的蛋白质就像滔天的洪水一样，要怎么应对呢？

细胞内有 3 种方式应对错误折叠的蛋白质，称为**未折叠蛋白反应**，可能分别代表了细胞对于蛋白质错误折叠情况进行衡量后选择的不同策略。这 3 种方式的核心都是错误折叠蛋白质感受器，这是一种跨越内质网腔的蛋白质，它们的一头伸展在内质网腔中，主要用于感受错误折叠的蛋白质，因此相对较小；另一头则暴露在细胞质中，主要用于产生信号，决定细胞投资以及命运

走向，因此相对大得多、结构也复杂得多。

　　第一种错误折叠蛋白质感受器采用的是堵的方式。当感受器的内质网腔面感受到错误折叠蛋白质后，其胞质面结构发生变化，展现出切割活性，可以切割一个特殊的居然含有**内含子**的信使 RNA——这是一个少见的细胞质中存在内含子的例子——于是这个信使 RNA 的外显子连接，翻译成蛋白质。这是一个什么样的蛋白质如此特别呢？其实是一个分子伴侣，能帮助处理折叠错误的蛋白质。据《山海经》记载，最初禹的父亲鲧盗窃了息壤，用来堵塞水。这第一种错误折叠蛋白质的处理方式，类似息壤。当水量不大的时候，息壤堵塞的方法未尝不是一种好方法，所以当错误折叠蛋白质不多的时候，这第一种方法可能是最合适的方法。然而，当错误折叠的蛋白质数量更多的时候，可能需要更有效的方法。

　　第二种错误折叠蛋白质感受器采用的是通的方式。当感受器的内质网腔面感受到错误折叠蛋白质后，其胞质面结构同样发生变化，结果是翻译起始过程被抑制，于是进入内质网的蛋白质减少了。在这样的整体翻译减少的大背景下，某些蛋白质还能逆势增加，这同样是一些帮助减少错误折叠的蛋白质。据《庄子·天下》记载："昔禹之湮洪水，决江河而通四夷九州也"，也就是大禹治水采用的是疏通的方式，这第二种方式减少错误折叠蛋白质的源头，也可看作是一种疏通的办法。这种办法适合错误折叠太多、无法通过分子伴侣堵塞，而只能控制源头。但这种疏通一味地限制错误折叠蛋白质的进入，也还是短线的办法，还需要长线调整。

　　第三种错误折叠蛋白质感受器发挥的是后期建设的方式。第三种感受器同前两种不一样，它实际上是个**转录因子**，按理说转录因子都在细胞核内起作用，这个转录因子也应如此，但最初它被限制在内质网膜上。当这个感受器的内质网腔面感受到错误折叠蛋白质后，它并不像其他感受器那样胞质面结构发生变化，而是自己从内质网转移到高尔基体，在那里这个转录因子被切去束缚，于是可以进入细胞核，启动未折叠蛋白质反应。大禹治水初见成效后，还做了很多细致的工作，处理了"名山三百，支川三千，小者无数"。第三种方式似乎也是缓慢悠长，主要依赖转录，相当于大禹治水后的水磨功夫，而前两种都是快速起效的方式。

19. 不正确，毋宁死

出了问题的蛋白质虽然还能回到细胞质，但并非回炉再造，而是直接死亡。错误折叠的蛋白质是一种有序的复杂，常常是不可拆解的，直接毁灭反倒是一种经济的选择。细胞在这方面似乎是非常浪费的，以效率换安全。比如 **T 细胞受体**和**乙酰胆碱受体**是非常重要的细胞表面蛋白质，而这两种新生受体的 90% 会被降解。

蛋白质运入内质网常常只是旅程的开始，更加波澜壮阔的征途还在后面。一切有为法，如梦幻泡影，从内质网开始的跋涉，因为采用的是囊泡运输，看起来也是泡影，虽然囊泡存在时间短暂如露亦如电，但足以承载生命了。

词汇表

细胞器（organelle）：细胞内结构与功能单位，既可以是有膜的（如内质网、高尔基体），也可以是无膜的核糖体，甚至是原核细胞的鞭毛等。

内质网（endoplasmic reticulum, ER）：真核细胞内的囊、管状结构，本质是一种运输系统，输出蛋白质和脂类等。

高尔基体（Golgi apparatus）：真核细胞内的一种细胞器，主要负责以囊泡形式进行蛋白质运输。

溶酶体（lysosome）：主要存在于动物细胞内的一种细胞器，含有大量酸性水解酶，用于生物大分子的降解。

内 [吞] 体（endosome）：真核细胞内膜系统用于分选的一种细胞器。

过氧化物酶体（peroxisome）：真核细胞内的一种细胞器，同氧化反应有关。

炎症小体（inflammasome）：细胞质中先天免疫系统多蛋白质复合物，负责激活炎性反应。

迁移体（migrasome）：动物细胞中发现的一种胞外囊泡，在迁移性胞吐中形成，同线粒体质控有关。

膜转位蛋白（membrane translocator）：介导蛋白质跨膜的膜蛋白，同小分子跨膜的转运蛋白（transporter）相区别。

门控运输（gated transport）：特指胞质和细胞核之间通过核孔复合物的蛋白质、RNA 等的转运。

信号斑（signal patch）：用于蛋白质分选的信号，却不是基于序列，而是基于高级结构，因此其组成氨基酸可能在一级序列相距较远，也不会像信号肽那样被切除。

合成生物学（synthetic biology）：多学科研究领域，目的是创造新的生物部件、设备、系统或者重新设计自然界存在的生物系统。

JCVI-syn1.0：通过将人工合成的丝状支原体丝状亚种（*M. mycoides*）基因组移入山羊支原体（*Mycoplasma capricolum*）得到的新型细菌。后来在其基础上获得了 JCVI-syn3.0，被认为是第一个真正的合成生命。

核定位信号（nuclear location signals，NLSs）：用于进入细胞核蛋白的分选信号，常含有数个带正电荷的氨基酸。

共翻译转运（co-translational transportation）：指的是蛋白质一边翻译一边转运的方式，适用于内质网中经行的蛋白质。

翻译后转运（post-translational transportation）：指的是蛋白质翻译后转运的方式。

粗面内质网（rough ER）：附着有核糖体的内质网。

滑面内质网（smooth ER）：不附着有核糖体的内质网。

信号识别颗粒（signal recognition particle，SRP）：一种丰富的、存在于细胞质中的、结构保守的蛋白质 RNA 复合物，在真核细胞中将蛋白质转移至内质网，在原核细胞中将蛋白质转移至细胞膜。

信号识别颗粒受体（signal recognition particle receptor）：SRP 的受体。

分子伴侣（chaperone）：辅助蛋白质正确折叠的蛋白质。

低聚糖（oligosaccharide）：也叫寡糖，多个单糖的聚合物，常用于细胞识别和细胞黏附。

N- 乙酰葡萄糖胺（N-acetylglucosamine）：葡萄糖的氨基衍生物。

甘露糖（mannose）：一种单糖。

寡糖基转移酶（oligosaccharyltransferase）：一种膜上的蛋白质复合物，将含14个单糖的寡糖链从多萜醇转移至裸露的多肽链的天冬酰胺的氨基上。

葡萄糖苷酶（glucosidase）：一种糖苷水解酶。

葡糖基转移酶（glucosyltransferase）：一种糖基转移酶。

未折叠蛋白反应（unfolded protein response）：真核细胞面对内质网压力时的一种反应，同阿尔茨海默病、帕金森病等有关。

二十一、细胞内膜运输：大智慧到彼岸

1. 细胞的高效运输，长鲸吞航，修鲵吐浪

除了小分子运输和蛋白质分选，细胞内还有大量其他并不容易的运输需求。比如，通过蛋白质分选进入**内质网**的蛋白质已经证明了自己的身份，它们的旅程还将继续；而经由内质网、**高尔基体**的脂类等需要运至细胞膜甚至胞外，它们才刚刚启程，这些过程统称为**胞吐**。再比如，细胞也常常将细胞膜上的一些物质运回细胞内部，或者再生，或者降解，细胞需要的营养（如各种维生素、胆固醇甚至铁）都无法直接运输，必须同一些大分子结合才可以实现转运，这些过程统称为**胞吞**。无论是胞吞还是胞吐，这些运输复杂而急迫，针对单个蛋白质的运输方式常常不能满足需求，需要发展出更加高效的运输方式。

要想发展出高效的运输方式，需要弄清楚运输的主要障碍，蛋白质分选中运输的主要障碍是跨膜。蛋白质在水环境中跨越脂类构成的膜并不容易，所以发展出**核孔**或者**膜转位蛋白**，但无论是膜转位蛋白还是核孔，其孔径的物理大小都让蛋白质等的运输受限，无法批量运输。高效运输方式必须不依赖跨膜才能实现。如何才能不用跨膜呢？最好的办法就是将待运的货物装在膜里，通过膜融合的方式实现运输，这就绕过了跨膜的烦琐，这就像普通旅客进入车站需要顺次接受安检，而列车工作人员可以组团乘坐车站专用汽车直接进入车站一样。膜运输是提高运输效率的好办法。

细胞内包含大量的有膜**细胞器**，运输的本质就是到达不同的膜，因此转

运的时候采用膜包被的结构转运最方便，可以通过膜的诞生与融合来实现物质批量运输。这种由膜包被的、负责物质运输的载体叫作**运输小泡**，它们是细胞内的专用汽车。

曾令洛阳纸贵的左思的《三都赋》中的《吴都赋》里有句话："长鲸吞航，修鲵吐浪。"细胞内的膜泡运输造成的吞吐的繁忙热闹，要远远超过长鲸和大鲵（娃娃鱼），效率很高。

2. 网格蛋白，三脚兽

运输小泡需要解决的关键问题包括：如何发生，谁来乘坐，去哪里，以及如何卸载等。在细胞内从膜结构中制造一个小泡并不容易，这依赖于一种特殊蛋白质，比如一种**网格蛋白**就能完成制造小泡的任务。网格蛋白形成一个三足的结构，而三足结构彼此连接，形成六角形或者五角形结构，包被在小泡的外表面。三足可能是最简单的具有包被能力的蛋白质结构了。网格蛋白无论是形成三足结构，还是更加复杂的网状结构，仅仅自身就可以实现，这是大分子自组装的性质决定的。小泡的制造如此重要，以至于小泡的命名常常由这些制造蛋白质来命名，比如网格蛋白制造的小泡叫作**网格蛋白包被小泡**。细胞中其他运输小泡大体类似。

3. 接头蛋白，双头蛇

网格蛋白能让小泡成型，但无法选择谁来乘坐，这就需要一种**接头蛋白**来决定（**图21.1**）。接头蛋白一边携带需要运输的蛋白质，一边同网格蛋白相连，呈双头结构。需要说明的是，接头蛋白运输的蛋白质是包被在膜里面的，这是接头蛋白与蛋白质分选时的受体不一样的地方，受体和运输蛋白是一一对应、直接相连的，而接头蛋白和运输蛋白不是一一对应，而且中间隔着一层膜。接头蛋白要运输被膜包裹的蛋白质，那就只能是跨膜的蛋白质，而非跨膜的分子则只能通过结合跨膜蛋白才能被转运。接头蛋白就像锅盖上的把手，跨膜蛋白就像固定把手的螺栓，锅盖就像膜，而网格蛋白则像握住锅盖把手的人的手掌，至于非跨膜可溶的待运的分子，就像和螺栓相连的螺丝。接头蛋白具有选择谁进入转运小泡的能力，这是它的独特之处。

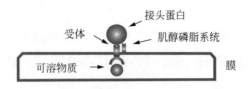

图 21.1　接头蛋白

（接头蛋白一方面同网格蛋白（未显示）连接，另一方面同跨膜受体以及非跨膜可溶物质相连，组织起来转运小泡。肌醇磷脂系统可以辅助识别过程。整个结构类似一个锅盖。）

运输小泡的制造常常由接头蛋白来启动，而网格蛋白等则会促进小泡的成型。

4. 脂上而不是纸上的密码

说到这，还没有解决运输小泡最关键的问题——到哪里去。人类可以通过眼睛观察，选择去向，细胞内的小泡在茫茫细胞之海内是如何决定去留呢？它们需要能识别不同的细胞器和细胞膜，但如何实现呢？一个想法是通过蛋白质。细胞间的通信常常是通过蛋白质来实现的，不同的细胞常常分泌复杂的**配体和受体**，就像钥匙和锁，决定细胞状态的开启和关闭。蛋白质当然是一个好方法，但对于细胞内运输小泡而言，它们还有更加经济的方法，那就是膜脂。

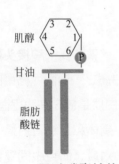

图 21.2　肌醇磷脂结构

（肌醇头部 3、4、5 位置的磷酸化和去磷酸化一共可以产生 8 种信号。）

细胞内运输小泡的去向常常并不很多，所以需要识别的信号量也不大，而运输小泡最终的目的就是膜的融合，通过膜脂区分彼此提供了新的便捷选择。哪种膜脂最合适呢？**卵磷脂（磷脂酰胆碱）**和**脑磷脂（磷脂酰乙醇胺）**虽然含量很大，但是其脂类一头双尾结构中的头部缺乏足够的变化。一种叫作**肌醇磷脂**的脂类（**图 21.2**）的头部是肌醇，而肌醇头部是一个六个碳的环，其中的

3、4、5 位置可以被**磷酸化**和**去磷酸化**，可能因为 1 位连接磷酸甘油，而 2、6 位置又距离 1 位太近显得空间逼仄。肌醇磷脂的这种信号是由不同的细胞膜结构中存在的磷酸化和去磷酸化的酶来实现的。3、4、5 位置的单磷酸形式有 3 种，两两组合得到双膦酸形式有 3 种，三者组合得到三磷酸形式有 1 种，再加上没有任何磷酸修饰的，算下来可以产生 8 种不同的结构，或者说信号。这 8 种信号对于指导细胞内的小泡的走向就够了。细胞内不同细胞器、膜结构中的肌醇磷脂展现出不同的信号，用来指导运输小泡的去向，这些信号就像特殊的密码指示，能让小泡识别。比如当膜上的肌醇磷脂的 4、5 位置发生二磷酸化时，接头蛋白就会与之结合，启动运输小泡的装配，这个密码同时也会指导小泡从母体分离。

5. 小泡到达，直白的交接

最终小泡如何到达目的地呢？如果说在运输小泡形成之初，脂类提供了不同膜结构的一种细微难识的区别，细胞中还存在另外一套基于蛋白质的交接系统，可以用来指导细胞内运输小泡到达目的地。胞吞和胞吐过程中不同的细胞膜结构中存在一种叫作 **Rab** 的蛋白质及其**效应物**，有趣的是，Rab 蛋白对应的成分叫作效应物，而不是常见的所谓受体，为什么这样呢？可能的原因是 Rab 同它的效应物的结合并不是非常严格，也可能赋予了小泡运输的某种弹性。

6. 轻解罗裳，独上兰舟

网格蛋白和接头蛋白可以看作运输小泡的两件衣服。当运输小泡制造出来后，外衣必须被脱掉，这是因为它有助于小泡的形成，却不利于小泡同目的地膜的融合。小泡需要在形成后脱掉网格蛋白，独自远行，这个过程依赖于一系列蛋白质。需要注意的是，"脱衣服"是需要能量的，网格蛋白的脱离需要消耗 ATP。

7. 小泡融合，拉纤的长索

运输小泡的终极宿命是同目的细胞器融合，这依赖于一种叫作 **SNARE** 的蛋白质，它们同 Rab 及其效应物类似，也是成对的，分为小泡上的和目标细胞器上的，结合似乎也是松散而有弹性的方式。SNARE 是纤长的链状结构，类似长索，可以将小泡像两条船拉近一样最终融为一体。

8. 从内质网到高尔基体，进者生，退者死

胞吐的第一站是从内质网到高尔基体。内质网是一个蛋白质命运的转折点，正确折叠的前进者会离开内质网，走出一条生路，错误折叠的蛋白质会被**分子伴侣**滞留在内质网内，并最终运回细胞质，在那里，它们只能被降解。

内质网似乎在安全与效率之间的博弈中，走向了安全的极端。内质网一方面为了效率，制造了大量的蛋白质，另一方面为了安全，又简单粗暴地消灭了很多蛋白质。除了前面提到过的 **T 细胞受体**和**乙酰胆碱受体**的例子，另一个例子是**囊性纤维化**突变基因致病的原因。囊性纤维化是一种比较普遍的遗传病，在白种人中发病率高达 1/2500，影响多个脏器，尤其是肺。囊性纤维化常常由基因突变导致。一种突变其实只是导致产生一种轻微错误折叠的膜蛋白。因为情况轻微，这个错误折叠的膜蛋白如果能到达膜的话，将正常发挥功能。但事实上，这个错误轻微的蛋白质无法通过内质网的质控，而滞留于内质网并最终降解。我们能因此说细胞做了蠢事吗？似乎并不能。如果细胞容忍了这个囊性纤维化的基因突变的话，可能也需要容忍其他突变，并最终发展出对细胞有更大伤害的改变。宁可妄杀，绝不放过，这是细胞安全的底线。

9. 运输小泡的融合

从内质网走向高尔基体的小泡是由外被体包被小泡 1 号包被的，它们一个个顺次产生，但是它们在移动过程中会彼此融合，形成一个管状结构。这

样的好处可能是可以一同运输。小泡的移动常常由某些**马达蛋白**牵引、沿着细胞内由骨架蛋白搭建的高速公路移动，而小泡的融合可以用少数的马达蛋白牵动，这进一步提高了效率。

10. 高尔基体返回内质网途径，追捕偷渡客

从内质网走向高尔基体的小泡中的，不全是"正当旅程者"，也有很多"偷渡客"。内质网中的膜蛋白和可溶性蛋白中，都有这样的"偷渡客"，它们需要被遣送回来。负责遣送回内质网的，是外被体包被小泡 2 号，之所以可以被遣送，因为这些偷渡蛋白身上有记号。溜到或者溜向高尔基体的内质网中的膜蛋白的信号简单，因为膜蛋白更容易运回来；溜到或者溜向高尔基体的内质网中的可溶性蛋白的信号复杂些，因为把它们运回来也复杂些。

抓回溜到或者溜向高尔基体的内质网中的可溶性蛋白并不容易，需要一种特殊的蛋白质，这种蛋白质需要在内质网中同这些可溶性蛋白结合很弱，以便脱离它们的羁绊，而又要在内质网外同它们结合很强，以便抓到它们，这是如何办到的呢？秘密在于高尔基体的 pH 值较低，负责抓捕的蛋白质可以在低 pH 值情形下同需要被抓的蛋白质有更强结合。

11. 高尔基体，三室两厅，南北通透

对于大多数蛋白质和脂类，内质网不过是个旅馆，它们还要继续漫漫征途，紧接着内质网的，是**高尔基体**。

高尔基体同内质网结构上的不同之处在于：第一，不同于内质网的单一内部结构，高尔基体内部分成不同的分区，如果说内质网是一间屋子，高尔基体可能就是三室两厅或者四室两厅；第二，因为分成不同的分区，高尔基体进一步有了明确的方向，比如连接内质网的，称为**顺面**，背向内质网而指向细胞膜或者其他细胞器的，称为**反面**。两个面之间，是 4~6 层扁平的囊状结构。如果把顺面高尔基网络和反面高尔基网络看作南北通透的两厅屋子，那么高尔基体顺面扁平囊、高尔基体中间扁平囊和高尔基体反面扁平囊就是三室屋

子了。

如果说内质网的关键词是脂的话，高尔基体的关键词就是糖。高尔基体的不同结构中，存在特定的酶，并对经行的蛋白质进行特殊的糖基化修饰，也就是加上或移除不同的糖。

除了对来自内质网的蛋白质进行进一步的加工，高尔基体还负责碳水化合物的合成。

12. 糖基化，甜蜜的拥抱

在内质网和高尔基体中，蛋白质会加上或者移除各种糖链，即所谓的糖基化修饰的改变。蛋白质的糖基化修饰比其他蛋白质修饰（如**甲基化、乙酰化、泛素化**）要复杂得多。蛋白质每次经历的甲基化等修饰常常是由某个具体的酶来实现的，结果也仅仅是增加或者减少了一个甲基，糖基化则不同，有时蛋白质上会添加 3 种 14 个糖的基团，而这是由多个不同的酶共同完成的。

为什么蛋白质会经历如此复杂的糖基化修饰呢？其他的蛋白质修饰是对蛋白质功能进行微调，糖基化则决定蛋白质功能甚至蛋白质自身的有无。蛋白质的折叠是一个大问题，而不正确折叠会导致蛋白质聚集，有时会带来很大危害，膜蛋白又是所有蛋白质中最不容易正确折叠的。糖基化首先能增加膜蛋白的水溶性，促进折叠；糖基化还能形成某种糖密码，以实时监控蛋白质的折叠进程。如果说甲基化等修饰是蛋白质折叠的"锦上花"，那么糖基化修饰就是"雪中炭"。

糖基化修饰还能防止其他大分子接近蛋白质，因此能使蛋白质免于蛋白酶的降解。糖基化修饰尤其是细胞膜蛋白的糖基化修饰具有类似细胞壁的保护作用，同时又兼顾灵活性。从这个意义上，糖基化修饰，是对细胞甜蜜的拥抱。

13. 溶酶体，死亡谷的原住民

高尔基体中的蛋白质顺流而下，这些蛋白质的命运开始发生大的变化，其中一些蛋白质进入溶酶体。溶酶体的名字其实并非完美，带有某些歧义。

Lyso- 有溶解的意思，-some 则是小体，所以 lysosome 翻译成溶解体是没有问题的；中间加上一个酶字，最初是为了强调具有溶解能力的是酶，溶酶的溶应该是定语，但却很容易被误解为宾语前的动词，比如有个**溶菌酶**，即一种杀菌的酶，其中的溶就是宾语前的动词。因此，溶酶体其实和**蛋白酶体**（细胞内负责降解蛋白质的体系，主要成分是酶）类似。

溶酶体是真核细胞内最具进攻性的细胞器，没有之一，只有在存在溶酶体的情况下，细胞才具有威慑力。蛋白酶体只能降解细胞内自身的蛋白质；溶酶体却能降解外来的蛋白质，而且不只是蛋白质，也包括核酸、脂、糖，甚至细胞器。蛋白酶体降解的蛋白质是经过精确调控的，如添加某种标志；溶酶体降解中固然也包含精确调控的成分——这当然也是针对自身的降解——但更多是对外来物的粗暴消灭。正因如此，蛋白酶体可以裸露地存在于细胞质中，而溶酶体却必须被膜包被。

溶酶体中包含 40 多种酶，如蛋白酶、核酸酶、糖苷酶、脂肪酶、磷脂酶、磷酸酶等。这些酶都是酸性水解酶，即只在酸性环境中才表现良好活性的酶。换句话说，溶酶体的 pH 值是 4.5~5，远低于细胞质的 7.2，这样的好处是溶酶体即使泄漏，其中的酶也不会对细胞产生影响。

溶酶体是很多大分子的死亡谷。第一种是细胞特意内吞进来的大分子；第二种是存在于细胞膜表面被细胞无意裹挟进来的大分子；第三种是某些专职吞噬细胞吞噬进来的大分子，如**巨噬细胞**和**中性粒细胞**吞噬闯进机体的如细菌等包含的大分子；第四种则是细胞内部自身的大分子，如破损的细胞器。

但是溶酶体本身也需要蛋白质来消灭有害的或无用的大分子，这些大分子则经由内质网、高尔基体运来，常常经历复杂的糖基化，以防止被内部的酸性水解酶破坏。如果说酸性水解酶是利刃，那么溶酶体的原住民就是坚韧的鞘。

14. 自噬，壮士断臂

溶酶体对自身大分子、细胞器的降解，有个专门的名称，叫作**自噬**。很显然，就像家庭需要对过期的物品定期清理一样，自噬对于细胞正常的生长发育很有必要，除此之外，细胞在面临饥饿、感染时也有壮士断臂的需要。

自噬的机制现在还知道得并不十分清楚。自噬起始于某些信号，然后形成一个被膜包裹的体系，而这个体系会同溶酶体融合，启动对包裹物的降解。

自噬可以是有选择的，也可以是非选择的。非选择的自噬发生于诸如饥饿等情形中，细胞会随机选择一部分细胞质，包裹起来启动自噬，用细胞质中的一部分成分帮自己渡过难关。选择性的自噬则相反，细胞并非随机选择，而是针对损耗废弃的细胞器如线粒体、过氧化物酶体、核糖体、内质网以及入侵的微生物，选择性地包裹，最后启动自噬。

选择性自噬中较常见的是**线粒体自噬**。这是因为同其他细胞结构相比，线粒体经历复杂的氧化磷酸化，特别容易损耗。那么在什么情况下会启动线粒体自噬呢？线粒体自噬的启动一定不能太容易，那样细胞可能会误伤线粒体，但是也不能太难，那样线粒体可能会损伤细胞。选择哪个节点、以哪种方式启动线粒体是能兼顾效率与安全的呢？线粒体众多功能中，内膜两侧的质子梯度非常关键，它们是 ATP 合成的动力，也是线粒体所需蛋白质和代谢物运输的力量之源，所以是线粒体中最难维持的一个环节。也正因如此，自噬起始就来源于反常的内膜两侧质子梯度。但是反常的质子梯度还有很多结果，是选哪个启动自噬呢？损伤的线粒体无法维持质子梯度，会导致 ATP 合成减少、蛋白质和代谢物输入下降。质子梯度、ATP 含量以及代谢物水平都不容易识别，而蛋白质的输入则是一个较容易辨别的指标。因线粒体损伤无法进入的蛋白质会滞留于线粒体表面，成为启动自噬的信号。有 1000 个左右蛋白质会进入线粒体，哪一种作为启动自噬信号最为合适呢？众多蛋白质中，一个激酶承担了这个重要的使命。

《坛经》中说："摩诃般若波罗蜜是梵语，此言大智慧到彼岸。"[90] 在佛教看来，能到达彼岸，是一种大智慧。细胞内的膜泡物质运输就展现了高效和安全的智慧。但除了物质，细胞内外还有一种更重要的东西需要传递，那就是信号。

词汇表

胞吐（exocytosis）：细胞内一种主动地、大批量地运输物质（如神经递质、蛋白质）出膜的方式。

胞吞（endocytosis）：细胞的一种主动地通过膜包裹将物质运输入膜的方式，分为吞噬和胞饮。

运输小泡（transport vesicle）：胞内或胞外的一种由脂双层包裹的液体结构，在胞吞和胞吐中形成，负责物质跨膜。

网格蛋白（clathrin）：有被小泡形成中一种关键蛋白质。

接头蛋白（adaptor）：有被小泡形成中连接受体和网格蛋白的连接蛋白质。

肌醇磷脂（phosphatidylinositol，PI）：常见的一种磷脂。

Rab 蛋白：Ras 超家族的一员，具有 GTP 酶活性，调控膜运输。

SNARE：一大类蛋白质家族，负责膜融合。

溶菌酶（lysozyme）：泪水、口水、人奶以及黏膜中的一种有抗微生物活性的酶，是先天免疫的一种组分。

二十二、信号转导：无眼耳鼻舌身意，"有"色声香味触法

1. 信息为网

当我们谈论细胞处理的信息时，指的常常是细胞彼此之间的信息处理，而不是细胞同无机环境之间的信息交互。之所以如此，是因为细胞之间的博弈而不是细胞对环境的予取予求塑造了今天的世界。

令人关注的永远是细胞间的信息交互，因此，弄清细胞之间的对话很重要。

细胞间的对话就像电话，只有两头通话的人可以识别，中间的信息传递就像电话线里面的电流，微妙难识。香农曾经用简单的 6 个方框表征信息的传递（图 22.1）[91]。信息传递中最重要的特点是讯息和信号的转换，也就是说，信息的传递中存在编码和解码的问题，如电话、传真等需要接收信号并解读。细胞同样如此，当环境改变细胞需要做出趋吉避凶等抉择时，是通过分子机

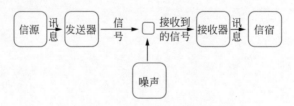

图 22.1　香农的信息论模型

（香农曾经将信息传递用此图进行总结。需要注意的是，讯息和信号是不一样的：信号是对讯息的编码。）

制来实现的；仅仅看这些分子机制，是很难窥测细胞的动向的，直到细胞做出最终选择的那一刻，这些分子机制才表现出意义。人们现在针对细胞所做的很多研究，其实就是解码：弄清楚分子机制背后的宏观意义，并据此获得对细胞的控制力。

对于细胞而言，信号转导中重要的分别是**信号、膜受体、胞内信号转导途径，**以及**效应蛋白（图 22.2）**。细胞内的复杂性在于，信号转导过程中存在各种复杂的反馈过程，信息传递的过程不是简图中所示的一条线，而是信息之网，牵一发而动全身。

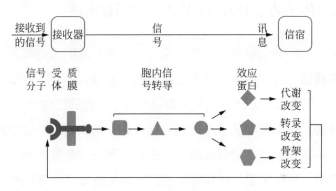

图 22.2　细胞信号转导简图

（细胞内信号转导可以用香农的模型的一半来概括：信号分子相当于接收到的信号；膜受体即接收器，当然有些受体并非膜受体；胞内信号通路介导信号、讯息的传递；效应蛋白可以看作信宿，主要类型包括代谢的改变、转录改变以及细胞骨架的改变，其中骨架的改变可以直接影响行为如形状、运动，代谢改变则影响细胞的状态，而转录则能制造新的产物如信号分子。细胞的复杂在于：一，信宿可以作为新的信源发送信号，如代谢产物、转录产物和骨架改变都可以作为新的信号分子继续传递；二，在图中所示的所有节点，都存在复杂的反馈行为，从而使得信号的效应错综复杂。）

2. 信号通路，樱桃口，小蛮腰

细胞信号转导途径的组织很有趣。比如信号分子非常小巧，如朱唇一点，受体却庞大得多；再比如，信号转导过程中，信号通路的数量相对很少，但是上游的胞外信号分子、受体，核内的效应蛋白数量相对很多，整个结构呈现蛮腰的形状，中间细，两边粗。

信号传播途径的组织是有深刻内涵的。胞外信号分子相对很小，这样便于信息传递，制造和传播的成本都低廉；受体结构则复杂得多，因为需要足够的组件读取信息，并向胞内传递。胞外信号分子和受体数量庞大，是为了让细胞能应对各种情况，效应蛋白数量很大，是为了让基因组中不同的信息得以读取，但信号通路数量少，是为了节省资源，就像我们通话中**信道**数总是小于用户数一样。

3. 信号传递的 3 种方式：耳语、呐喊和电话

信息传播的距离很重要。一种是只有当细胞接触时才能传递信息，称为**接触依赖性通信**，可以看作是耳语，比如细胞发育过程中、免疫反应中就采用这种近距离信号传递方式。另一种是信号分子分泌到环境中，被受体识别，这称为**旁分泌**，传播距离远了些，可以看作是呐喊，比如肿瘤细胞常常可以向环境中分泌某些因子，从而促进自身生长。再一种则是跨越万水千山的远距离信号传播，类似电话，比如神经细胞靠长长的轴突传递信号，或者如内分泌细胞将信号分子分泌到血液中，周流全身，暗随流水到天涯。

4. 信号组合，一起点餐

信号十分丰富，细胞外的大千世界都能充当信号；相比之下，受体的数量要少很多，它们虽然比信号通路数量多，但是远不及信号的数量。吾受体也有涯，而信号也无涯。因此，多种信号常常可以作用于同样的受体。这样的好处不仅仅在于经济，还有安全的考虑：细胞不应轻易启动对外的反应，有时甚至要注意彼此相反的信号之间的博弈，之后再做取舍，否则会疲于奔命。

信号组合启动反应就像餐馆点餐，如果单一顾客简单问询、餐馆就开始做饭菜是要冒险的，如果几个人一起坐下商量好再下单，常常是不会浪费的。

5.3 种受体

有限的受体为了实现对近乎无限信号的响应，慢慢发展成主要用来识别，这就在信号传递上有了不足，为了弥补这种缺憾，受体从来不是单独发挥作用的，而常常同其他的蛋白质结合在一起，这称为**偶联**。信号受体就是按照同它偶联的成分来分类的，主要分为了三种，第一种是**离子通道偶联受体**，第二种是**酶偶联受体**，第三种则是 **G 蛋白偶联受体**。

离子通道偶联受体的好处在于：信号作用于受体之后，会导致离子通道的开或者关，这会形成离子的大量涌入或者涌出，产生极强的效应。因此，神经细胞常常采用离子通道偶联受体传递信号，以满足神经信号传递对时效的苛刻需求。

酶偶联受体常常通过细胞内的具有**激酶**活性的部分传递信息，激酶一般是通过**磷酸化**这种方式发挥作用，这比较快，激酶还能方便地实现级联放大效应。磷酸化的独特远超其他蛋白质修饰，成为信号转导的专属之选。

G 蛋白偶联受体的本质其实依然是受体同离子通道或者酶偶联，不同之处在于，中间多了个媒介，这就是所谓的 G 蛋白。多了 G 蛋白有什么好处呢？G 蛋白能发挥中继器的作用，就是让信号不衰减，从而给信号转导提供了保障。正因如此，G 蛋白偶联受体的数量非常庞大，是高等生物细胞内最重要的信号传递方式。

信号受体的组合，能通过小小的信号，让细胞内翻江倒海，起到四两拨千斤的效果。

6. 胞内信号转导，万籁有声

受体继续向胞内传递信号的时候，面临着减噪的问题。噪声常常是一种甜蜜的负担。当细胞非常简单的时候，胞内信号通路可能很少，信号传递相对简单，此时噪声很低。随着细胞的发展，更多信号传递途径得以发展，它们之间存在很大相似性，反倒给信号的区分带来了麻烦。细胞采取的第一个方法是加和减，这样信号通路必然会更加精准而又更加强大，比如信号分子同它们的靶标蛋白的结合亲和力与特异性都很高，以致很少受信号分子同非靶标蛋白结合影响，这是加的方法；细胞同时也发展出减的方法，这就是降低背景，比如在以磷酸化为主要传递信号的细胞内，存在一定数量的磷酸酯酶，以削弱磷酸化背景，减噪增声。

细胞避免噪声影响的第二个方法是忽视。信号分子的靶标都是具有一定惰性的，对较少的信号分子选择视而不见、听而不闻，直到信号积累到一定程度才启动下游事件。这种方式能过滤掉很多不必要的信息。

细胞避免噪声影响的第三个方法是备份。细胞内信号在浓度和活性上会发生随机改变，信号同它们的靶标蛋白之间的结合也会改变，这其实放大了噪声。细胞的解决之道就是备份：一个信号和下游通路之间可以有很多途径，这就保证了一个信号总会被识别，下游通路总会被启动。

7. 信号集成

细胞内信号分子可以实现集成，以更好地将信息向内传递。集成的方法有几种，一种需要一个骨架蛋白，类似一个插排，可以让多个细胞内信号分子聚集在一起；另一种不需要骨架蛋白，由受体分子自身不同位置的磷酸化发挥类似插排的作用；还有一种则利用磷脂分子实现信号的富集。

8. 条条大路通罗马，但每条路的风景都不一样

香农在其名著中提到：通信的基本问题是，在一点精确地或近似地复现在另一点所选取的讯息。细胞内信号转导的基本问题是，在一点精确地或近似地接收在另一点所选取的讯息，并做出适当的反应。但众多的信号传递的具体路径差别很大。

信号的反应时间差异很大。**突触**的信号反应时间以毫秒计算，而细胞发育过程的信号反应时间以小时或者天来计算。

信号的敏感性差异很大。**激素受体**对极低浓度的信号就可以感知，但**神**

经递质常常要很大浓度才能激活其受体。

信号的**动态范围**差异很大。发育决定产生响应的信号的浓度范围很小，视觉信号的跨度则很大。

反应的持续时间差异很大。突触反应的持续时间常少于 1s，发育决定反应的持续时间甚至可以和有机体的寿命一样漫长。

信号加工过程可以将简单信号转化为复杂反应。逐渐增加的信号可以在输出端转变为开关模式；简单的输入可以在输出端转化为振动模式。

多种输入可以整合。生长、增殖和发育中信号会整合，就像计算机中的"和"功能。

单一信号能产生多重反应。同一信号经由信号通路可以传递给多个效应蛋白。

9. 信号传递的速度

人类的平均反应速度大概是 273ms，经过训练的人会短些。但是反应速度不会无限制缩短，这是因为信号传递速度是由传递信号的物质基础决定的，而物质发生改变的时间是受限制的。膜两侧的离子浓度的改变耗时可能很短，以毫秒计，速度很快，所以神经系统传递信号常常用离子通道作为受体；蛋白质的磷酸化改变耗时要长些，以秒、分钟计，速度没有那么快；如果反应涉及转录和新蛋白质的合成的话，耗时就更长了，常常以分钟、小时计，速度也就很慢了。

10. 三种曲线

细胞信号的反应方式分为 3 种（**图 22.3**）。第一种是随着输入信号强度的增加，反应强度逐渐增加。这种方式的好处是对于输入的响应在预期之内，不会有意外，代谢过程对于激素的响应就采用这种方式。第二种是 S 形曲线，同**微丝、微管**组装过程类似，在最初的时候，输入强度很大而反应强度依然很小，随着代谢过程的进行，输入较少但反应很大，最后的阶段输入很大而反应很小。这种方式的好处在于最初防止反应轻易发生，后期防止过度反应，只有输入足够大的时候才响应，不轻易折腾。第三种方式是全或无，只有当输入增大到某个值的时候，反应才迅速飙升达到峰值。这种方式的好处在于对不同的细胞命运进行多选一的抉择。

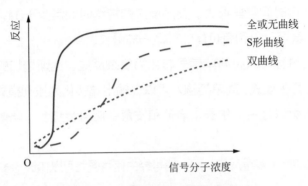

图 22.3　细胞信号 3 种反应方式

（短虚线代表双曲线反应方式，随着信号分子浓度增加反应逐渐增加；长虚线代表 S 形曲线方式，信号分子浓度低时不反应，到达一定水平时反应指数增加，到达平台期时信号分子浓度增加反应却不再增加；实线代表全或无曲线，当信号浓度到达一定水平时，反应迅速增高。全或无曲线可以看作是 S 形曲线的一种形式。）

11. 两种反馈

细胞信号转导的复杂性主要由反馈来表现。三种曲线提供了诸多反应方式，常常是通过**正反馈**来获得的。正反馈让较少的信号产生持续的反应，就像 S 形曲线或者全或无曲线所揭示的那样。**负反馈**曲线则能产生类似振荡的效果，有时甚至不用输入就可以实现持续的振荡。

三种曲线和两种反馈形成的复杂性表现了细胞具有特殊的能力——细胞可以自主调节对信号的反应，或者等比增加，或者突然增加或减少，这种能力称为**适应性**。适应性是有机体不同于无机体的典型特征。

12. 第二信使

细胞在进行信号转导时，一个关键的问题是信号的衰减，如何防止信号强度在传播过程中下降呢？这就需要中继设备，就像电信号传递过程的中继器一样。G 蛋白就是一个重要的中继设备，但还有很多中继设备位于受体下游，这就是**第二信使**。第二信使同胞外信号分子一样，也是小分子，唯一的不同是位于胞内，它们因此被称为第二信使，以同胞外信号分子作为第一信号传递者相区别。有哪些小分子适合作为第二信使呢？常见的有水溶性物质和脂溶性物质两大类，水溶性的有**环腺苷酸**、钙离子等，脂溶性的有**甘油二酯**。这些物质一般通过结合并改变信号通路或者效应蛋白来实现作用。

　　信号转导对细胞具有极重要的意义。对大多数细胞而言，虽然没有"眼耳鼻舌身意"的差别，但接触的却是实在的"色声香味触法"。细胞面对这斑斓世界，却是相当专一的，所有的一切，核心是为了遗传信息的传递。在遗传信息的传递中，复制与分裂周而复始，没有间断，人们为了方便理解，起了个名字，叫作细胞周期。

词汇表

信号转导途径（signal transduction pathway）：细胞内传递信息的具体途径，其物理载体是各种蛋白、脂类和小分子等。

信道（channel）：指物理传播媒介（如电线），或者逻辑传播媒介（如电信学、计算机网络中的通道）。

接触依赖性通信（contact-dependent signaling）：指仅仅影响直接接触细胞的信号传播方式。

旁分泌（paracrine signaling）：指通过分泌因子影响周围局部细胞的信号传播方式。

离子通道偶联受体（ion-channel-coupled receptors）：指同离子通道偶联的受体，结合配体后可以导致离子通道的开和关，常存在于神经、肌肉细胞之中。

酶偶联受体（enzyme-coupled receptors）：指同酶偶联的受体，结合配体后可以导致酶活性的改变，这些酶常常是磷酸激酶。

G 蛋白偶联受体（G-protein-coupled receptors，GPCR）：指同 G 蛋白偶联的

受体，存在于真核细胞之中，呈七次跨膜结构。

突触（synapse）：神经系统中的一种结构，可以将化学信号或者电信号从神经元传递给其他神经元或者效应细胞。

激素受体（hormone receptor）：结合化学信使的受体分子，可以是跨膜的，也可以是胞内的。

神经递质（neurotransmitters）：神经元分泌的跨突触的用于影响其他细胞的信号分子，如谷氨酸、γ 氨基丁酸、乙酰胆碱、甘氨酸和去甲肾上腺素。

动态范围（dynamic range）：指可能的最大值和最小值之间的跨度，如光、声等的范围。

适应性（adaption）：适应性有 3 个层次的含义，第一个层次是指进化过程中自然选择赋予物种适应环境的能力，第二个层次是指种群对环境的适应力，第三个层次指的是个体对环境的适应力。我们在这里指的是细胞的适应力。

第二信使（the second messenger）：细胞对外界环境中的信号分子（第一信使）做出反应而分泌的信号分子称为第二信使。

环腺苷酸（cyclic AMP）：ATP 的衍生物，用于信号转导。

甘油二酯（diacylglycerol）：两个脂肪酸分子共价结合于一个甘油分子，同甘油三酯（即脂肪）结构类似。

二十三、细胞周期：固执而持久的错觉

1. 细胞周期，华丽的婚礼

细胞周期，也就是细胞周期性的复制和分离的过程，在人类身上显露无遗。人们总是在仔细地甄选，以确保得到含有自己基因的子女，这其实并不容易；然后对子女进行耐心的培养，以期子女不仅在基因上，甚至在价值观上都和自己一致；等到子女长大，父母会为子女举行盛大的婚礼，婚礼上新人们盛装出席，容光焕发；婚礼的结束一般标志着子女同父母的阶段性分离，开启自己的生活。如果说父母之于子女可以概括为耐心的培养、隆重的婚礼和华丽的新家的话，细胞周期可以分为忠实的复制、精致的包装和干净彻底的分离。忠实的复制就是 DNA 合成期，简称 S 期；精致的包装和干净彻底的分离就是细胞分裂期，简称 M 期（图 23.1）。

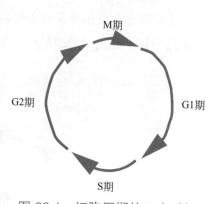

图 23.1　细胞周期的四个时相

（细胞周期是有方向性的，所以在 S 期和 M 期间存在两个时相：M 期后、S 期前即 G1 期；S 期后、M 期前即 G2 期。G1、S 和 G2 期合称为间期。）

S 期和 M 期并非非此即彼，这两个阶段都需要准备和铺垫，所以两者之间存在两个其他的时期，分别叫作 G1 期和 G2 期。一个哺乳动物细胞的典型的 S 期是 10~12 小时，G1 和 G2 合起来是 11~13 小时，而 M 期则不足 1 小时。

2. 细胞周期调控，苛刻的审查

细胞周期是生命的车轮，从大约 10 亿年前滚滚而来，直到现在，然而，这个车轮尽管动力十足，却会随时遭遇刹车。细胞周期如果准备不足就启动的话，会坠入深渊，刹车机制却能保证细胞周期正道直行。

细胞周期存在 3 个"刹车"，它们存在的位置是大有深意的（**图 23.2**）。第一个刹车位于 G1 之末，尚未到 S 期。这个刹车的好处在于可以决定 DNA 是否开始复制。DNA 复制是遗传信息最关键的生命选择之一，一旦启动，耗时耗力，在这个点选择刹车，成本低，效率高。第二个刹车位于 G2 和 M 期之间。这个刹车的好处在于可以决定染色体是否分离。分离是遗传信息复制后接下来的必然，一旦启动，无法挽回，在这个点选择刹车，安全性好，效率也高。按理说，以上两个刹车一个负责复制，一个负责分离，似乎就够了，然而，还存在第三个刹车。这个刹车位于 M 期之中，正好是 M 期中后期之间。这个刹车存在的意义在于可以决定细胞是否进行胞质分裂。核分裂后就是胞质分裂，细胞分裂的最后一步，在这个点设置刹车，能给细胞以最后的

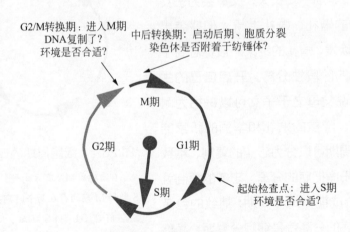

图 23.2　细胞周期调控

（细胞周期调控系统大概在 10 亿年前发展出来。有三个点最为重要：第一个是起始检查点，位于 G1 末临近 S 期的位置，这一点将决定细胞是否起始 DNA 的复制；第二个点是 G2/M 转换点，位于 G2/M 之间，决定细胞是否进入分裂；第三个点是 M 中后期转换点，位于 M 中的中后期之间，决定细胞是否从中期进入后期并进行胞质分裂。）

机会，事实上，很多细胞确实很好地利用了这个刹车，做出了很多很好的抉择，比如**巨核细胞**，只进行核分裂不进行胞质分裂，可以形成含有多个核的细胞，以便产生数量庞大的血小板。

3. 周期调控机制，五环之歌

细胞周期调控的具体执行者是 5 类蛋白，它们分别扮演不同的角色（**图 23.3**）。

最重要的一类叫作**细胞周期蛋白依赖性激酶（CDK）**。它们最大的特点是通过**磷酸化**影响数量庞大的下游蛋白质，从而驱动细胞周期的进行。磷酸化在众多的修饰中脱颖而出，因为它们新奇而且迅速。CDK 的磷酸化活性呈现周期性改变，但 CDK 自身的表达却在整个细胞周期中近乎恒定，这是 CDK 的另一个特点。

图 23.3　细胞周期调控系统

（细胞周期调控系统由 5 部分组成，分别是细胞周期蛋白依赖激酶（CDK）、周期蛋白、细胞周期蛋白依赖性激酶抑制因子（CKI）、磷酸化系统和降解系统。）

CDK 表达近于恒定，但活性呈周期性变化，依赖于**细胞周期蛋白**，事实上，周期蛋白依赖性激酶的名字也来自周期蛋白。周期蛋白本身没有酶活性，而且表达周期性变化，它们可以同周期蛋白依赖性激酶结合，启动激酶活性。

如果说只要周期蛋白结合就可以启动 CDK 活性，那似乎太简单了，CDK 本身还受磷酸化的调控。也就是说，在周期蛋白结合之后，CDK 还常常不能启动，需要额外的磷酸化才能被动员起来。

CDK 和周期蛋白会驱动周期进程，但也需要制动措施，这就是细胞**周期蛋白依赖性激酶抑制因子（CKI）**。CKI 能同时结合激酶和周期蛋白，启动暂停键。

如果只存在 CKI 的话，细胞周期的制动并不彻底，还存在一种蛋白质降解系统。细胞周期中的蛋白质降解系统既能降解周期蛋白，也能降解 CKI。从某种意义上，细胞周期的单向性就是蛋白质降解系统保障的。

4. 细胞周期中的 DNA 复制,一之谓甚,其可再乎?

在真核细胞周期中,S 期 DNA 的复制只能发生一次,否则的话就会给分离带来很大的问题。但这是如何实现的呢?机制非常简单,就是将复制的过程分为两步,第一步发生在晚 M 期或 G1 早期,此时一个预复制复合物会组装在复制起点之上,这个过程叫作**发放复制执照**;第二步,这些装在复制起点上的预复制复合物不会启动,直到 S 期当 CDK 激活后,复制才开始。正因为双步骤发放执照,刚刚启动的起始检查点上不可能立刻进行新一轮复制,因为其上的预复制复合物在复制一开始时就离开了,只有等到下一个周期才能重新组装。

5. 染色质复制,带着你的妹妹,带着你的嫁妆,赶着那马车来

我们总是说 S 期发生的是 DNA 复制,但在真核生物细胞中,可以说发生的是染色质复制。在真实的真核细胞内部,DNA 并不是裸露的,而是有着复杂的包装的,哪怕在原核细胞里面,DNA 依然有一定的组织形式。DNA 的复制并不是简单的 DNA 双螺旋的复制,组蛋白、非组蛋白、组蛋白和非组蛋白的修饰等都得到复制,因此,更准确的说法应该是染色质的复制。

说是染色质复制而不是 DNA 复制,有着深远的意义。这意味着所谓的遗传,远远不是 DNA 序列的遗传,而是整个染色质状态的遗传。DNA 序列可能只是遗传信息最核心的部分,染色质状态也承载了更多的遗传信息。这同时也意味着,有些因素即使不能影响 DNA 序列,如果能影响染色质状态,也会产生遗传学效应。事实上,这就是所谓的**表观遗传学**的概念。

6. M 期的时相,从闭门造车到隔江而治

同 S 期相比,M 期似乎更加复杂,包含 5 个更细致的分期,这是因为 M 期有肉眼可见的形态变化,如果以后人们对其他时期有了更深入的了解后,可能 S 期等也会进一步分成很多时期(表 23.1)。

表 23.1　M 期的 5 个时相

时相	开始	特点	结束	概括
前期	染色质消失	染色体形成	核膜崩解	闭门造车
前中期	核膜崩解	染色体被捉	染色体阵列	出门远行
中期	染色体阵列	赤道面分布	染色体分手	整装待发
后期	染色体分手	染色体向两级	纺锤体崩解	塞北江南
末期	纺锤体崩解	两极新核形成		隔江而治

　　M 期之初，经过复制后的两条 DNA 长链凝集成染色体。因为有两条染色体并且这时彼此相连，所以称为**姐妹染色单体**，它们之间靠一种特殊蛋白质系缚在一起。此时细胞核还完整也必须完整，这一时期被称为**前期**。可以将前期形容为"闭门造车"。

　　随着 M 期的进展，核膜崩解，染色体才第一次意识到了核外发生的翻天覆地的变化。此时**有丝分裂纺锤体**形成，这是一个由**微管**形成的、巨大的、跨越细胞两极的结构，形似纺锤。它们像庞大的蛛网，而染色体就像被蛛网捕捉的飞虫，不同的是，染色体对自己的被捉是兴高采烈的。这一时期称为**前中期**。可以将前中期形容为"兄弟携手，出门远行"。

　　染色体最终整齐地排列在纺锤体的中间，就像即将开赴远方的士兵，严阵以待。这一时期称为**中期**。可以将中期形容为整装待发。

　　姐妹染色单体分手标志着**后期**的开始。随着姐妹染色分手，纺锤丝携带着染色体奔向细胞的两极。可以将后期形容为"塞北江南"。

　　纺锤体的崩解标志着**末期**的开始。随后新的细胞核在两极开始形成。但此时新的细胞彼此还未分开，中间有个叫作分裂沟的结构。可以将末期形容为"隔江而治"。

　　以上 5 个时期是 M 期中的**核分裂**。除了核分裂，M 期还要完成**胞质分裂**。至此，一个细胞成长后分裂为两个子细胞。

7. M 期的三体问题，染色体的被动和主动

　　M 期最重要的问题是可以概括为"三体问题"，就是**中心体**、**纺锤体**和

染色体三者的关系。一般来说，中心体启动纺锤体组装，纺锤体系缚染色体，实现遗传物质的分配。然而事实上，染色体并非被动等待，它们也可以启动纺锤体的装配。当中心体缺少的时候，染色体周围的微管可以肩负起组织纺锤体的任务。高等植物和很多动物的卵子天然缺少中心体，就是靠染色体启动纺锤体的形成。

8. M 期的终结，从三国到两晋

在 M 期，中心体、纺锤体和染色体三者博弈，结果是染色体的均等分配（图 23.4），隔江而治，仿佛从三国到两晋。该过程不是一蹴而就的，而是会有几个选项，只有选择来自两极的纺锤丝系缚于染色体两侧，才能实现均等分配。

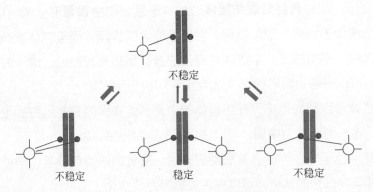

图 23.4　染色体均等分配

（线状星型结构代表中心体，辐射出纺锤丝，柱状结构代表染色体，球状结构代表连接纺锤丝和染色体的动粒。最初，来自中心体的纺锤丝通过动粒捕捉到染色体（上图），接下来会有三种可能：来自同一个中心体的纺锤丝同时连接两个动粒（下图左侧），来自两个中心体的纺锤丝同时连接两个动粒（下图中间），来自两个中心体的纺锤丝连接同一个动粒（下图右侧）。下图左右两侧的都是不稳定的，会转化为上图所示，下图中间则是稳定的，一旦达到该状态，就会锁定。）

那么染色体的均等分配是如何实现的呢？

第一种方式很简单，就是**动粒**的背靠背构造。动粒是纺锤丝附着染色体的结构，为了实现染色体的分离，每条复制后的染色体都含有两个动粒，而这两个动粒是背对着的，这降低了两个动粒面对同一个中心体纺锤丝的可能性。

第二种方式则依赖动粒的精细结构（**图23.5**）。动粒是否能结合纺锤丝受张力调控。动粒的结构分为内外两侧，两者之间靠蛋白质联系；动粒外侧面对微管，既可以结合微管，也可以脱离微管，关键在于内外两侧间的一个抑制蛋白，如果抑制蛋白发挥作用，微管就脱离，如果抑制蛋白不能发挥作用，微管就结合；而抑制蛋白则受到张力的调控，当张力低的时候抑制蛋白可以抑制微管结合，当张力高的时候，抑制蛋白无法抑制微管结合。那么张力是如何而来的呢？张力就来自染色体和纺锤丝的结合方式，如果两个动粒连接同一侧的纺锤丝，自然没有张力。

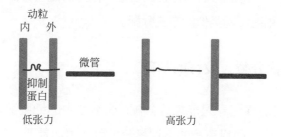

图 23.5　张力调节染色体均等分配

（垂直粗柱代表动粒内外两侧，水平柱表示纺锤丝微管，细线表示抑制蛋白。左图所示为低张力情况，右图所示为高张力情况。）

可以将染色体分离的机制看作是握手动作。**姐妹染色单体**像是手拉手漫步在一条窄路上的一对姐妹，两边则有即将开赴不同方向的军队，姐妹们被告知只能选择一支军队，不同军队也被要求只能从姐妹中选择一个。这个双向选择的过程发生的方式就是握手，但只是礼貌象征性的握手。握手会有很多情景，比如姐妹同时和一方军队的人握手，或者两方军队同时和姐妹中的一个握手，在这样的情形下，握手是绵软无力的，让人无法感受到诚意，结果必然是无法达成共识。姐妹和双方军队都在寻找一双传递温度的手。当姐妹两人分别与两方军队同时握手时，手拉手的姐妹彼此交握的手感受到了另一只手被握带来的张力，这种张力让姐妹双方都识别出了，这来自军方的手是充满诚意和温度的。但是姐妹俩还不会马上就彼此分开，她们就这么握着，始终站在道路中间，直到所有其他姐妹都找到一双坚定的手之后，才分道扬镳。

9. 细胞器的分裂，各显神通

遗传信息的均等分离靠复杂机制保证，那么细胞器的分离又是靠什么实现的呢？需要说明的是，细胞器的分离不像遗传物质要求那么苛刻，因此分裂机制也就各显其能。线粒体和叶绿体无法从头合成，只能得自遗传，其分配机制靠数量取胜，因为这两个细胞器的数量都很大，即使分配不均也问题不大；内质网是一个完整的结构，就是通过一分为二进行分配；高尔基体同纺锤体两极相连以和内质网类似的方式分配。

10. 不对称分裂，发育的基础

细胞核中的遗传信息只能均等分配；细胞之中的细胞器分配尽量均等，但是否均等不重要，而且有意的不均等分配可能更加重要。很多物种的组织发育始于细胞质中的不均等分配。为了实现这种不对称分配，细胞首先将某些组分富集到细胞一侧，这些组分称为**细胞命运决定因子**；之后，细胞在命运决定因子富集的部位之外建立分裂体系，既涉及**微管**组成的纺锤体，也涉及**微丝**系统。不对称分裂在多细胞发育中至关重要。

11. 不再胞质分裂，迅速的内部扩张

大多数情况下胞质分裂都是细胞周期不可缺少的一环，但有时它们可以被忽略，这样做主要是为了得到更高的效率。在果蝇胚胎发育早期，最初的 13 轮核分裂都不伴随胞质分裂，以至于一个细胞内积聚了数千个细胞核（ 2^{13}=8192 ），然后，这些核会定位到细胞膜内侧，细胞膜会延伸并从膜上脱离而包被这些核。这种胞质分裂方式最大的优势是效率，因为省略了每一轮分裂时的胞质分裂，采用最后一次成型，效率大大提高。不仅在果蝇中，哺乳

类的**巨核细胞**分化成血小板的过程中也存在胞质分裂消失的情形。

12. 有性生殖，虽是近忧，更为远虑

同原核细胞的简单分裂方式相比，真核生物有丝分裂要复杂得多，而**减数分裂**还要更复杂。减数分裂是伴随着**有性生殖**而发展起来。真核生物的绝大多数细胞常常含有双份的遗传信息，一份来自父系，另一份来自母系，在进行常规的分裂时，这些细胞采取有丝分裂的形式，得到和自身 100% 一致的遗传信息副本。但是当真核生物进行有性生殖时，专门的细胞会采取减数分裂的方式，得到只含有一份遗传信息的细胞，这称为配子，在雌雄两性中分别叫作卵子和精子。卵子和精子会结合，重新得到含有双份遗传信息的细胞，叫作**合子**，合子同卵子和精子相比，只有 50% 一致。合子可以进一步发育成个体。减数分裂是有性生殖的重要特征。

有性生殖看起来似乎不是一桩好生意。有性生殖成本高昂：寻找配偶耗时耗力，求偶之争残酷异常。有性生殖效率低下：无性生殖按照一分为二可以实现指数扩增，有性生殖则是合二为一，一对配偶只有生育至少两个后代才可能保证种群数量不减少。有性生殖还意味着安全性的下降：没有谁能预测**基因重组**带来的结果是好是坏。

但有性生殖毕竟在真核生物中发展起来了，因为在进化尺度上的巨大优势。多细胞真核生物固然有更大的复杂性，但同单细胞相比有两个致命弱点，一个是有害突变积累得更多，这就像一条鱼腥了一锅汤；另一个是应对环境变化等的能力更弱，这就像船大难掉头。有性生殖尽管在个体上无法预测结果，但从群体上和进化尺度上，可以增加变异度，提高对环境的适应性。

13. 减数分裂，虽是近忧，更为远虑

减数分裂最为吊诡之处在于重组本身。一般来说，达到产生配子阶段的生物，总的来说还是比较适应环境的，但在生成配子的时候都会发生重组。而对个体而言，重组结果不可预料，一动不如一静。但对种群而言，重组结

果必然带来更多变化，一静不如一动。重组造成的多样性是安全的保证。

　　减数分裂第二个有趣之处是重组的时机（**图 23.6**）。减数分裂中遗传信息的重组发生在配子而不是合子形成的过程中，大有深意，因为极大地提高了效率。如果重组发生在合子之中，则交换将占用发育的时间。

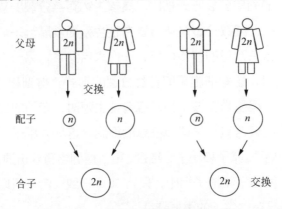

图 23.6　减数分裂中交换的时机

　　（含有两份遗传信息的父母分别制造雌雄配子，即含有一份遗传信息的精子和卵子；精子和卵子通过受精作用形成含有两份遗传信息的合子。遗传信息的交换发生在配子形成过程中，通过减数分裂来实现（左侧）。交换理论上似乎也可以发生在合子之中（右侧），但事实上却不存在。）

　　细胞周期之所以可以看作一种错觉，在于没有一个生物实体叫作细胞周期，周期只是一连串不可逆分子事件的组合。这种组合在大多数时候让细胞不断分裂，但有时也会让细胞死亡。除了细胞分裂与死亡，细胞还存在第三种选择，这就是细胞衰老。

词汇表

细胞周期（cell cycle）：细胞内的一系列事件，最终导致一个细胞分裂为两个子细胞。

S 期（synthesis phase）：细胞周期中 DNA 复制的时相。

M 期（mitotic phase）：细胞周期中染色体分离为两个子细胞的时相。

巨核细胞（megakaryocyte）：骨髓中的一种细胞，用于产生血小板。

细胞周期蛋白依赖性激酶（cyclin-dependent kinases，CDKs）：调控细胞周期的激酶，与细胞周期蛋白结合是调控的一种方式。

细胞周期蛋白（cyclins）：在细胞周期进程中表达呈现特定波动形式的一种蛋白质，同CDKs结合，调控细胞周期。

细胞周期蛋白依赖性激酶抑制因子（cyclin-dependent kinase inhibitors，CKIs）：抑制CDKs活性的一种蛋白质。

发放复制执照（licensing）：DNA复制的第一步是蛋白质复合物组装到复制起点之上，称为发放复制执照。

姐妹染色单体（sister chromatids）：DNA复制形成的相同拷贝共存于染色体之中，中间以中心粒连接，称为姐妹染色单体。

前期（prophase）：M期的第一个阶段，染色质凝集，核仁消失。

有丝分裂纺锤体（spindle apparatus）：真核细胞在细胞分裂时由微管形成的结构，用于将姐妹染色单体分到子细胞之中。

前中期（prometaphase）：M期的第二个阶段，核膜崩解，纺锤丝通过动粒结合于染色体。

中期（metaphase）：M期的第三个阶段，染色体阵列于赤道面上。

后期（anaphase）：M期的第四个阶段，姐妹染色单体分离趋向细胞两极。

末期（telophase）：M期的最后一个阶段，染色体到达两极，开始去凝聚，核膜重建，纺锤体解聚。

核分裂（nuclear division）：细胞分裂中染色体分离的阶段。

胞质分裂（cytokinesis）：细胞分裂中胞质及其中细胞器分离的阶段。

中心体（centrosome）：动物细胞中负责组织微管的一种细胞器。

动粒（kinetochore）：真核细胞之中同复制的染色体相关的一种结构，被纺锤丝附着，驱动染色体分离。

减数分裂（meiosis）：有性生殖生命体中一种特殊的细胞分裂，用以产生配子，因为染色体数减半，所以称为减数分裂。

有性生殖（sexual reproduction）：生殖方式的一种，涉及复杂的生命周期，包括单倍体配子（如精子和卵子）的产生，两者结合为合子并发育为个体。

二十四、细胞衰老：君埋泉下泥销骨，我寄人间雪满头

1. 增长的极限

1988 年 2 月 24 日，密歇根州立大学 32 岁的**理查德·伦斯基**开始了一个实验。近 36 年后的今天，这个实验依然在继续，其间只有两次中断，一次是 2020 年，持续了数月，原因是新冠疫情，另一次是 2022 年，仅间隔约 1 个月，原因是搬家，从密歇根搬到 2000 公里外的得克萨斯州奥斯汀[92]。有什么实验耗时如此之长呢？这就是大肠杆菌长期进化实验。2020 年初，实验中的大肠杆菌已经繁殖了 73 000 代。事实上，大肠杆菌就是这样从远古一路走来，并向未来不停迈进。

在伦斯基开始漫长实验的 27 年前，也就是 1961 年的时候，宾夕法尼亚大学 33 岁的**伦纳德·海弗利克**却面临截然不同的命运。他递交了一篇论文，却被拒绝了，签署拒绝信的是**佩顿·劳斯**，是 1966 年诺贝尔生理学或医学奖获得者。之所以如此，是因为海弗利克的发现是：人胚胎**成纤维细胞**在体外培养中仅能分裂 40~60 次[93]。这同大肠杆菌数万代的繁殖形成鲜明对比。海弗利克给他的发现起了个名字，就是**细胞衰老**。人们则给体外培养细胞有限分裂一个新名字，叫作**海弗利克极限**。海弗利克本人似乎超越了这个极限，1928 年出生的他，如今已 96 岁。

2. 端粒，基因组的"阿喀琉斯之踵"

海弗利克后，人们发现，成纤维细胞之所以只能分裂 40~60 次，是因为**端粒**复制的先天不足。因为 DNA 复制只由一种 DNA 聚合酶实现，方向是从 5 到 3，所以在 DNA 的末端即端粒的位置无法实现有效复制。结果是细胞每分裂一次，**染色体**上的 DNA 末端就缩短一些。一开始这种 DNA 的缩短不会造成什么影响，因为同庞大的染色体相比，每次分裂时端粒位置的 DNA 损失相对很小。但水滴石穿，当细胞分裂数十次后，损失的 DNA 就足够多了，它们会启动细胞内的 DNA 损伤反应，结果是**细胞周期**停滞，一系列衰老的特征接踵而来。

也就是说，端粒是基因组的"阿喀琉斯之踵"。端粒因染色体从环状变为线状而诞生，解决了 DNA 复制时的螺旋问题，让 DNA 有了更广阔的发展空间，使得真核生物的基因组不断增大。但同时，端粒的存在也给复制出了难题，结果就是衰老的发生。

3. 细胞衰老，肿瘤的"达摩克利斯之剑"

端粒缩短导致的衰老却绝非一无是处，还具有防止肿瘤的效果。**癌基因**的激活、**抑癌基因**的失活在最初尚在可控情形下，都能诱导细胞衰老，从而使得肿瘤无法发生。或者换句话说，肿瘤若要发生，必须跨过衰老这一关。事实确实如此，防止衰老也是肿瘤成长路上必须获得的技能。

也就是说，端粒的存在，在赋予更大基因组的同时，也防止了细胞的恶性增殖。端粒给予真核细胞双重保护。

4. 生死间的第三种选择

细胞衰老似乎是生死间的第三个选项。一般情况下细胞每时每刻面对来自机体反应的各种压力，压力造成的细胞损伤常常是可逆的，细胞结构与功能的完整性没有受到影响；但是，如果压力超出细胞应对的范围，那么细胞将启动新的机制，走向不可逆的衰老，表现为细胞尚在，但结构与功能的完整性已经黄鹤一去不复返了。正因如此，细胞在时时刻刻监控压力的大小，从而做出自己的选择。端粒缩短在最初属于可逆的压力，但一旦进展至某一阶段，就变成了细胞无法承受之重，于是启动了衰老。衰老赋予了细胞更好的适应性。

可以这样说，细胞衰老的存在给细胞的效率与安全提供了新的保障。因为衰老的存在，细胞既不会苟且偷生，酿成更大灾祸，降低安全，也不会仓促赴死，造成大的浪费。

5. 模糊的面貌

因为是介于生死间的第三种选择，细胞衰老的面貌是模糊的，因为它同细胞生死既有相同，也有不同。

细胞衰老的重要特征之一是细胞周期停滞。细胞周期有着复杂的调控机制，细胞衰老若要启动周期停滞，最好的策略是在关键节点启动周期停滞，这就是 p53 和 Rb，周期停滞的内外两个开关。端粒缩短、癌基因的激活、抑癌基因的失活等是衰老的启动者，最终常常汇集到 p53 和 Rb。p53 和 Rb 又会顺次诱导**细胞周期蛋白依赖性激酶抑制剂**，细胞周期陷于停滞。然而，之所以说细胞衰老面貌模糊，是因为周期停滞也是其他很多细胞状态的特征，如细胞进入静息期、细胞分化等。

细胞衰老的另一个特征是分泌某些物质。衰老细胞分泌物质有两个效果，一个是让衰老信号向更远处传播，这可能会通知其他细胞也进入衰老状态，这对细胞群体响应不良环境毫无疑问是有益的；另一个是让衰老细胞被免疫系统识别，以清除衰老细胞，这样就减少了衰老细胞对群体的伤害。但是衰老细胞常常无法控制其分泌物的最终效应。尽管初衷可能很好，衰老细胞分泌物的效应有时并不尽如人意，比如促进炎症等。之所以说细胞衰老面貌模糊，是因为衰老细胞分泌物差异极大，很难找到一个放之四海而皆准的共同标志物。

大分子损伤也是衰老的特征之一。DNA 损伤作为细胞内对遗传物质影响最大的事件，首当其冲会诱导衰老。大约一半的激活衰老的 DNA 损伤来自端粒缩短。但其他 DNA 损伤事件也会刺激衰老，如放射性刺激、化疗药物、氧化压力等。令人惊讶的是，蛋白质、脂类损伤也能诱导衰老。

尽管最初认为衰老细胞还会保持生存必需的代谢水平，后来发现，细胞衰老中代谢会发生广泛的改变。很多同代谢有关的细胞器发生异常。比如线粒体是一个和代谢息息相关的细胞器，并且是**细胞凋亡**的开关，但它们在细胞衰老中发生的改变还远远不到凋亡的程度。细胞衰老中线粒体**膜电位**下降，质子泄漏更多，融合、分裂的速率下降，质量增大，酶代谢产物增加，ATP 的产率下降。

如果说细胞衰老是"我寄人间雪满头"的话，那么什么是"君埋泉下泥销骨"呢？那一定是细胞死亡了。

词汇表

理查德·伦斯基（Richard Lenski，1956—　）：美国进化生物学家。

伦纳德·海弗利克（Leonard Hayflick，1928—　）：美国生物学家，第一个发现体外培养的细胞存在衰老现象。

佩顿·劳斯（Peyton Rous，1879—1970）：美国生理学家，因发现病毒致癌现象于 1966 年获得诺贝尔生理学或医学奖。

细胞衰老（cellular senescence）：指的是细胞分裂停滞的现象，最初由海弗利克在 1961 年通过体外培养胚胎成纤维细胞而发现。

海弗利克极限（Hayflick limit）：指的是正常的、分化的体细胞所能经历的有限分裂次数。该界限并不适用于干细胞。

二十五、细胞死亡：另一场伟大的探险

1. 细胞死亡，不幸的死亡各有各的不幸

村上春树在《挪威的森林》中说："死并非生的对立面，而是作为生的一部分永存。"[94] 死亡是生命的一部分，意味着死亡是不可避免的。然而，人们依然希望能在死亡这道必答题中给出自己的选择。死亡无外乎何时何地何种方式，其中时间和地点似乎选择的空间不大，而方式则似乎成了大多数情况下唯一能发挥的主观能动性。以一种体面的方式死亡甚至是中国古代的一种极致的幸福，所以一部古籍《尚书·洪范》中提到幸福时说："一曰寿；二曰富；三曰康宁；四曰攸好德；五曰考终命。""考终命"就是尽享天年而死。作为帝王的康熙则解释说："五福以考终命列于第五者，诚以其难得故也"，也就是说，尽享天年而死最为难得。

细胞的死亡同样如此，尽享天年而死极为难得。在漫长的进化中、无数的危机下，**坏死**是细胞最常见的死亡方式。坏死是被动的和惨烈的。但同时，在漫长的艰难时世中，细胞又发展出各种各样的死亡方式，这些死亡方式，包括如秋叶之静美的**凋亡**，如壮士断腕之雄烈的**自噬**，等等，恰恰是可以实现"考终命"的。

2. 凋亡，如秋叶之静美

细胞凋亡从各方面看来，都具有一种美感。泰戈尔的《飞鸟集》[95] 中有

一句：Let life be beautiful like summer flowers and death like autumn leaves，被我国著名的翻译家郑振铎翻译为：使生如夏花之绚烂，死如秋叶之静美。细胞凋亡（apoptosis）来自希腊语，意为 falling off，也是叶子掉落的意思。而细胞凋亡，也一样静美。

多细胞生物在发育中遵循一个原则：宁可多退，也绝不少补。这种原则尽管似乎效率低下，有很多的浪费，但却极大地保证了安全。

比如细胞发育过程中，常常制造出更多的细胞，然后再一一剪裁。脊椎动物的手掌在发育之初是铲子样的形态，直到指间部分的细胞死掉后，手掌才可抓可握。《诗经》中说"手如柔荑，肤如凝脂"，如果没有指间细胞的死亡，那就是"手如凝脂"、大大的一块了。很多类型的神经细胞中，几乎超过一半会死掉，而它们看起来都是健康强壮的。细胞死亡让不再需要成为不再存在。

在手掌和神经的例子中，剪裁掉的细胞似乎从未发挥作用，而在另一些情形中，曾经有用的细胞在功能不再之后也要下岗。尾巴曾经帮助小蝌蚪找到妈妈，虽然严重误导了小蝌蚪，但毕竟功不可没，然而，当尾巴不再被需要之后，就通过死亡退出历史舞台了。还有一种情形是感染后产生的大量**淋巴细胞**，它们在完成任务，也就是清除感染源后如果还依然存在，就会导致炎症的持续存在，于是，它们也会通过程序化的死亡而消失。

以上的例子中，那些多出来的细胞或有用或曾经有用，但都无害，而事实上细胞也常会出错，比如脊椎动物的免疫反应中，某些细胞或者没有产生有用的受体，或者产生了攻击自身的受体，从而变成了危险细胞，它们就会通过死亡来保证不会贻害其他细胞。

在以上所有的例子中，多余细胞的清除都是由凋亡来实现的。

凋亡在清除细胞时，如春风化雨，润物无声。凋亡时，细胞会凝缩，骨架土崩，核膜瓦解，染色体聚集断裂成碎片，类似冰消，细胞表面膨出断裂成膜包被的小体，称为**凋亡小体**，好比玉陨。凋亡的细胞在释放内容物前，就常常被一种叫作**巨噬细胞**的免疫细胞吞噬，所以细胞死得干干净净，不会引起**炎性反应**，而且这一切发生得非常快，在 30 分钟到 1 小时内就会结束，因此不容易被察觉。从这个角度说，细胞凋亡是静美的。似乎可以用泰戈尔的另一句诗来描述凋亡：天空中没有翅膀的痕迹，但我已飞过（I leave no trace of wings in the air, but I am glad I have had my flight. ）。

3. 凋亡通路，效率与安全

那么凋亡是如何实现的呢？凋亡涉及细胞、细胞器等的终结，是一种不可逆的改变，应怎样获得呢？到现在为止，似乎只有两个可能，一个是**溶酶体**，另一个是细胞周期。溶酶体可以实现对胞内外成分的吞噬和水解；细胞周期中不可逆的改变涉及蛋白质的消亡，如中后期转换时某些关键蛋白质通过**泛素化**修饰以降解。溶酶体和蛋白质降解似乎都是细胞凋亡的备选，事实确实如此，二者都同凋亡有复杂的关系，但谈到凋亡的直接执行机制，却并非溶酶体和蛋白质降解。

细胞凋亡采用了一种独特的方式，即使用**蛋白水解酶**系统来实现对众多胞内蛋白质的切割。细胞凋亡的蛋白水解酶本身对细胞是把双刃剑，必须被妥善保存。溶酶体中也有水解酶，但那是**酸性水解酶**，泄漏到细胞质中也不会造成很大危害。细胞凋亡水解酶可不是酸性的，因此必须被做成没活性的，只在凋亡时才表现活性，这是为了安全。细胞凋亡水解酶还可以实现级联扩大效应，就像多米诺骨牌一样，推倒一块，就会迅速扩展到数量庞大的其他个体，这是为了效率。

4. 胱天蛋白酶，从三节棍到双刃斧

具体地，细胞凋亡中的蛋白水解酶叫作**胱天蛋白酶**，英文是 **caspases**，其中 c 是 **cystine** 即**半胱氨酸**，说的是这种酶的活性位点上常见半胱氨酸；asp 是 **aspartic acids** 即**天冬氨酸**，说的是这种酶会在蛋白质的天冬氨酸处切割；ase 则是酶的简称。caspase 以此得名。

胱天蛋白酶的结构蕴藏了无穷的智慧，可以看作从三节棍到双刃斧（图 25.1）。胱天蛋白酶的蛋白质结构含有 3 个部分，一个是调节结构，另两个是酶活性结构，但这两个酶活性结构并不会表现出功能。直到调节结构受

到鼓励，酶活性结构受到切割重新排列，并两两配对后，酶活性才体现出来。

胱天蛋白酶的结构保障了效率与安全。胱天蛋白酶以这种切割的方式可以实现级联放大效应，提高了效率。胱天蛋白酶以单体形式存在的时候没有活性，直到经历切割后经历结构重排才具备了酶活性的必要条件，两两配对后才真的具有酶活性，这是第一层次的安全保障。胱天蛋白酶还可以进一步分成两类，一类负责启动，叫作**起始者胱天蛋白酶**，另一类负责执行酶切功能，叫作**效应物胱天蛋白酶**，这是第二层次的安全保障。

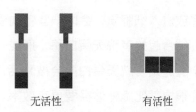

无活性　　　　有活性

图 25.1　胱天蛋白酶激活过程

（如左图所示，胱天蛋白酶结构含有三部分，深灰色的常常为调节结构，浅灰色和黑色是酶活性结构，但作为单体结构，此时的胱天蛋白酶是没有酶活性的。浅灰色和黑色组成的结构中间有一个可以被切割的位点，一旦切断，浅灰色和黑色部分会重新排列，一对胱天蛋白酶形成类似右侧的结构，此时具有酶活性。）

效应物胱天蛋白酶可以切断核纤层，释放某些内切酶以切断 DNA，以及其他各种效应，最终表现出凋亡的典型特征。

5. 胱天蛋白酶激活，左手受体，右手色素

胱天蛋白酶是胞内利器，有严格的启动方式，分为内外两种。来自胞外的是一种叫作**死亡受体**的方式。细胞表面有种蛋白质叫作死亡受体，平时是人畜无害的。当细胞注定死亡，比如被淋巴细胞判断为危险时，淋巴细胞会分泌一种蛋白质，刚好可以结合到死亡受体。之后死亡受体就向细胞内传递信号，移除胱天蛋白酶上的调节结构，启动了起始者胱天蛋白酶。有趣的是，死亡受体自身及其配体都是三聚体，也就是三个亚基组成的复合物，这同细胞内大多数的以二聚体发挥功能的蛋白质迥然不同。这有两个好处：第一，凋亡的起始并不容易；第二，一旦起始，在数量上很快可以实现级联放大。

胞内的唤醒起始者的呼喊则来自**线粒体**。线粒体内膜上有种呼吸链上的关键蛋白质，本来是用来生产能量的，叫作**细胞色素 c**，细胞色素 c 从线粒体

释放进入细胞质，会同一些辅助蛋白质形成一个七聚体，进一步这个七聚体会结合起始者胱天蛋白酶，形成一个更大的称为**凋亡体**的复合物。凋亡小体中的起始者胱天蛋白酶会被激活，启动凋亡。因为形成七聚体，胞内凋亡途径很显然比胞外途径要更有效率。事实上，胞内凋亡途径在脊椎动物中具有更重要的作用。

6. 细胞色素 c，金风未动蝉先觉，春江水暖鸭先知

细胞色素 c 原来是线粒体呼吸链的一员，为什么会成为诱导凋亡的开关呢？这是一个尚未有公认解释的问题。一个可能的说法是线粒体的敏感性，作为为机体提供能量储备的细胞器，线粒体可能对细胞的状态非常敏感，由这样一个细胞器提供对凋亡的诱导，可能最合适了。

7. B 细胞淋巴瘤 2 家族蛋白质，细胞色素的水龙头

作为凋亡的胞内途径的诱导者，细胞色素 c 的释放必须经历严苛的调控，这由一个成员众多、各怀心事的家族，即 **B 细胞淋巴瘤 2 家族蛋白质**（简称 Bcl-2 家族蛋白质）来实现。细胞色素 c 是呼吸链的一员，松散地同线粒体内膜相联系，又因为是水溶性的，很容易脱落而位于线粒体内外膜之间。但是细胞色素 c 穿越线粒体外膜进入细胞质则不容易，该步骤也成为它们释放的主要调控点。Bcl-2 家族蛋白质成员很多位于线粒体内膜，其中的一些能在那聚集形成通道供细胞色素 c 通过，促进凋亡，另一些则抑制聚集，防止细胞色素 c 通过，抑制凋亡。Bcl-2 家族蛋白质是很多凋亡调控的关键节点，其他很多因子通过 Bcl-2 家族蛋白质起作用。

8. 磷脂酰丝氨酸，看到了就吃掉我

从外表看来，凋亡最重要的特点是"涧户寂无人，纷纷开且落"，也就是不着痕迹，这主要得益于一些吞噬细胞的帮助。凋亡细胞是如何被吞噬细胞

识别的呢？它们采用的标识并不是常见的细胞表面蛋白，而是细胞表面的脂。**磷脂酰丝氨酸**是磷脂的一种，一般位于膜的胞内侧；当凋亡起始后，磷脂酰丝氨酸会转移到膜的胞外侧，而为某些吞噬细胞识别，启动对凋亡细胞的吞噬。磷脂酰丝氨酸可能是一种低成本而高效的"吃掉我"的识别信号。

在小说《哈利·波特》中，邓布利多说："对于那些有准备的头脑，死亡不过是另一场伟大的探险（to the well-organized mind, death is but the next great adventure）。"[96] 这句话对细胞是特别合适的。正是因为细胞的凋亡，多细胞有机体才能窥见更广袤的世界，也就是成分复杂的细胞外组分，它们被称为细胞连接和细胞外基质。

词汇表

坏死（necrosis）：一种细胞损伤，导致活体组织中细胞通过自裂解方式死亡，几乎总是对细胞有害的。

凋亡（apoptosis）：多细胞有机体的一种程序化细胞死亡，高度可调，赋予有机体以生存优势。

自噬（autophagy）：细胞内一种自然的、保守的降解方式，通过溶酶体依赖的机制移除不需要的或者失调的组分。

凋亡小体（apoptotic body）：细胞在凋亡时释放的一种分泌小泡，表面富含磷脂酰丝氨酸。

巨噬细胞（macrophages）：免疫系统的一种白细胞，用以吞噬和消化病原体，如癌症细胞、微生物、细胞碎片以及外源物质。

炎性反应（inflammatory reaction）：机体在应对有害的刺激物如病原体、损伤细胞或者刺激物做出的复杂的、保护性生物反应，涉及免疫细胞、血管以及各种分子，用以消除起始的细胞损伤原因，清除坏死细胞和组织，启动细胞修复。

胱天蛋白酶（caspase）：一种富含半胱氨酸、天冬氨酸导向的蛋白水解酶，是细胞凋亡中的主要水解酶。人类含有约 12 种胱天蛋白酶。

起始者胱天蛋白酶（initiator caspase）：负责凋亡起始的胱天蛋白酶，在人和鼠中有胱天蛋白酶2、胱天蛋白酶8、胱天蛋白酶9和胱天蛋白酶10。

效应物胱天蛋白酶(effector caspase)：负责执行凋亡中酶切功能的胱天蛋白酶，在人和鼠中有胱天蛋白酶3、胱天蛋白酶6和胱天蛋白酶7。

死亡受体（death receptors）：指的是肿瘤坏死因子（TNF）家族中一类包含死亡结构域的成员，如TNFR1、Fas受体等，最初得名是因为参与凋亡，现在知道还参与很多其他功能。

细胞色素 c (cytochrome c)：同线粒体内膜松散联系的小的含血红素蛋白，呼吸链的主要成员之一，高度亲水。

凋亡体（apoptosome）：凋亡过程中形成的一个七聚体车轮样结构。

B 细胞淋巴瘤 2 家族蛋白质（Bcl-2 family protein）：位于线粒体外膜上的蛋白质，抑制细胞凋亡。

磷脂酰丝氨酸（phosphatidylserine，PS）：一种磷脂，细胞膜组分之一，具有活化各种酶的作用。

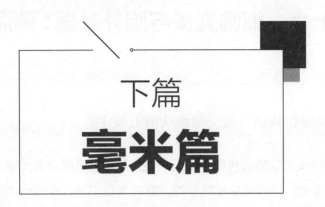

下篇

毫米篇

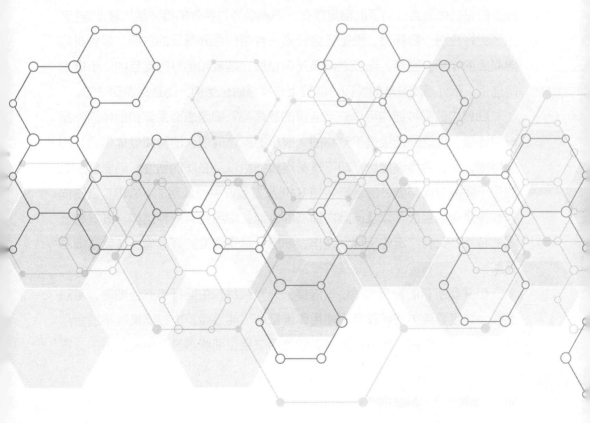

二十六、细胞连接与胞外基质：藻海无边

1. 细胞和基质，砖头与流动的混凝土

单块砖头可以随心所欲、了无牵挂；若要搭建成摩天大楼，可不能靠砖块简单的堆叠，最好砖块是特制的，拥有类似积木、榫卯一样的可以连接的结构；但这样的结构可能还是不够坚固，还需要混凝土在砖块之间弥合。对多细胞的有机体而言，为了能稳定存在，细胞会通过特殊的榫卯结构彼此连接；为了更好应对外界环境，细胞还会分泌一种叫作**胞外基质**的东西，起到类似混凝土的作用。当然，细胞之间是充满物质、能量和信息的交互的，所以细胞连接、胞外基质并非如榫卯、混凝土一样是僵化结构，而是充满动态的。

细胞内的哪种结构可以充当连接的载体呢？细胞表面**受体**和**配体**固然是一对连接，但这种连接是不对称的，很小的配体同很大的跨膜受体结合，不够坚固，更适合传递信息，却不具备连接细胞以及基质的韧性。前面提到过的用于**囊泡**导向与融合的系统，如 **Rab** 及其效应物、成对的 **SNARE** 蛋白同样缺少坚固的品质，以及向胞内铺展的纵深。细胞内有一种结构，既具有坚固的特点，又有广泛的延伸，是作为细胞、基质连接的好选择，这就是**细胞骨架**。

但并非所有的骨架都适合做连接。只有**微丝**和**中间纤维**充当细胞、基质连接，细胞骨架中的微管就不能用作连接。可能是微管太过坚挺，不适合用作需要韧性的连接，也可能因为微管是用来定位细胞器甚至负责分裂的，不

适合用来连接。

2. 四种连接，坚强的臂膀和腿脚

细胞间连接共有两类4种，分别是细胞 - 细胞锚定连接，包含黏着连接和桥粒，它们就像坚强的臂膀；以及细胞 - 基质锚定连接，包含肌动蛋白连接的细胞 - 基质连接和半桥粒，它们就像坚强的腿脚（图 26.1）。

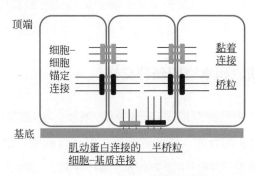

图 26.1　细胞连接

（细胞在组织中会区分出顶端和基底，前者常常朝向外部，如小肠的肠道，后者则朝向细胞基质，如小肠的基底。细胞彼此之间、细胞和基底之间都有连接，称为锚定连接。其中细胞之间的连接分为由微丝（短线）建立的黏着连接（浅灰色）和中间纤维（长线）建立的桥粒（黑色）。细胞和基质之间则分为微丝（短线）建立的细胞基质连接以及中间纤维（长线）建立的半桥粒。）

3. 跨膜黏着蛋白质，百足之虫

微丝和中间纤维是筋骨，细胞连接是臂膀和腿脚，还需要一双手才能互相拉紧，这双手，就是实现跨膜联系的一类特殊的蛋白质，叫作**跨膜黏着蛋白质**。跨膜黏着蛋白质又分为两种类型，分别是负责细胞间联系的**钙黏素家族**和负责细胞、基质联系的**整合素家族**。

跨膜黏着蛋白质间的相互作用遵循小而多的原则。同配体 - 受体相互作用相比，跨膜黏着蛋白质间的相互作用其实非常微弱，但跨膜黏着蛋白质的数量非常庞大。如果说配体 - 受体相互作用类似结实的扣子的话，那么跨膜黏着蛋白质之间的结合类似尼龙扣，由多个很细小的结合汇成较强的结合，在细胞间、细胞基质间建立联系。少而大的联系似乎更加经济，但为什么细胞联系采用这种小而多的原则呢？小而多的方式可能主要是为了安全，因为整个膜结构需要互相结合，如果只是少部分负责结合，给膜在该区域的物理强度提出了过高的要求，小而多似乎不需要更强韧的膜就可以实现，保证了安全。

4. 胞外基质，积水空明藻荇交横

多细胞有机体中细胞制造了自己的胞外基质，极端的丰富多彩。比如钙化得如石头般的骨头和牙齿，透明的角膜，绳子样的筋，水母中的胶，乌龟、龙虾的甲壳，如果说透明的角膜如积水空明，那么，其他的胞外基质则像水中纵横的藻荇。

在众多细胞中，一种叫作**成纤维细胞**的制造了大量的胞外基质。这些胞外基质中一小部分是蛋白质，比如胶原，编码它们的基因大概 40 个，另一小部分则是蛋白多糖如**糖胺聚糖**，编码它们的基因大概 36 个，最多的则是糖蛋白，编码它们的基因超过 200 个。也就是说，绝大多数的胞外基质是蛋白质，但必须经过糖基化修饰：蛋白质有着多样的功能，但需要糖类修饰赋予蛋白质稳定性。

细胞连接形成了多细胞结构组织的基础，精巧的生命形态得以形成，复杂的有序得以建立。然而，多细胞生命体中也潜滋暗长另一种倾向，那就是有序的复杂，这常常是由癌症导致的。

词汇表

胞外基质（extracellular matrix，ECM）：由胞外大分子（胶原、酶、糖蛋白等）

和矿物质（羟基磷灰石等）组成的三维网络，为细胞提供结构和生化反

应等支撑。

跨膜黏着蛋白质（transmembrane adhesion proteins）：主要包含钙黏素和整合素。

钙黏素（cadherin）：一种依赖钙离子的细胞黏附分子。

整合素（integrin）：一种细胞黏附分子。

糖胺聚糖（glycosaminoglycans，GAGs）：长的包含重复二糖单位的多糖。

二十七、癌细胞：点点是离人泪

1. 艰难时世

我们生活在一个癌症的时代。当你花上一分钟用目光漫不经心地扫视这一页时，全球约有19人因癌症离世，其中大概有5个中国人和1个美国人[97–99]。要知道，在这一分钟里全球也只不过出生了267人。因此，可以毫不夸张地说，癌症正在肆虐。

2. 癌症特征，春色三分，二分尘土，一分流水

癌症到底是什么呢？一个吊诡的现实是：癌症的复杂程度随着对癌症的研究而不断增加。也就是说，这是一件你越研究越弄不明白的事。一个因之而来的悖论是，对癌症的研究和癌症本身一样复杂，我们还能战胜癌症吗？

当然有很多人还是力图描述癌症。2000 年，美国癌症学家**罗伯特·韦恩伯格**和**道格拉斯·哈纳汉**写了第一篇对癌症的总结性综述《癌症的特征》，在这篇文章里，作者总结了癌症的六个特征；11 年后，他们写了第二篇对癌症的总结性综述《癌症的特征：风云再起》[100]，增加了两个特征，两项基础和一种环境；2022 年，哈纳汉自己又写了第三篇对癌症的总结性综述《癌症的特征：新的征途》[101]，又增加了两个特征，两项基础和一种环境。也就是说，现在对癌症的认识一共有十个特征、四项基础和两种环境（**图 27.1**）。

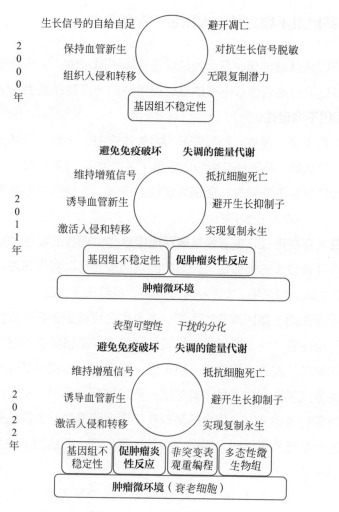

图 27.1 癌症的特征

（韦恩伯格和哈纳汉在 2000 年和 2011 年写了两篇总结癌症特征的综述；哈纳汉在 2022 年写了第三篇总结癌症特征的综述。加粗是 2011 年新增内容，斜体是 2022 年新增内容。注意，2011 年对 2000 年总结的六项基本特征在措辞上有轻微调整。）

苏东坡有词："春色三分，二分尘土，一分流水。细看来，不是杨花，点点是离人泪。"癌症现在则是特征十分、四分基础、一分环境，细看来也不是杨花，点点都是患者的眼泪。

要真正描述癌症，既不能从特征，也不能从环境，最好从基础说起，这才能了解癌症。

3. 基因组不稳定性，大风起于青萍之末

之所以从基础说起，是因为说特征让人不明根由，说环境而癌症尚未发生，从基础说起最合适。癌症的基础最重要的一点就是基因的变异，我们称之为**基因组不稳定性**。

癌症始于基因改变。当某些基因发生改变时，含有这些基因改变的细胞获得了生存优势，并在局部组织中取得了主导地位，这一过程叫作**克隆扩增**，更多克隆扩增会不断发生，表现为癌症的进展。当我们谈论基因改变时，有时并不仅仅是 DNA 一维序列的改变，也有可能是 DNA 的三维结构，如 DNA 与**组蛋白**的存在形式，或者说是**表观遗传**状态。癌症的发生过程同历史进程中很多事件有极大的相似性，如最初的基因改变可以看作陈胜、吴广揭竿而起，更多克隆近似项羽、刘邦的摇旗呐喊，最终天下大乱。

癌症固然始于基因改变，而癌症本身也会促进更多基因改变的发生。我们的基因组在安全性上有巨大的投资，一般来说基因组的稳定性是可以维持的，但改变总会发生。而癌症一旦形成，则会进一步提高基因改变概率。有时是因为癌症基因组对诱导变异的试剂更加敏感，有时是由于维持基因组稳定性的基因自身改变了。癌症的复杂在于诸多因素是互为因果的，就像一团乱麻，当一个线头错过时，更多的线头也弄乱了，而这更多的线头又将最初的线头淹没了。

以人为例，并非 30 000 个基因中的任何改变都会导致癌症，只有那些同癌症关系密切的才会。由此有了两个概念，一个是**癌基因**，一个是**抑癌基因**。顾名思义，癌基因就是那些可能诱导癌症发生的基因，而抑癌基因就是那些抑制癌症发生的基因。因此，一旦诱导癌症发生的基因改变或者是那些癌基因被活化了（一般情况它们是不会活化的），或者是那些抑癌基因被抑制了（同样的，一般情况这些基因是不会被抑制的），就会导致癌症发生。

一个最著名的抑癌基因是一个相对分子质量为 53 000 的蛋白质，所以得名 **p53**，p53 的众多功能中，最关键的功能是监测 DNA 损伤并修复或让细胞死亡，所以 p53 也被称为基因组的守卫者（guardian）。

很多其他监测 DNA 损伤的基因也类似于抑癌基因 p53，但它们的作用没有 p53 重要，因此被称为看护者（caretaker），这个词在分量上比守卫者要轻。

4. 炎性反应，帝国危途

除了基因组不稳定性，**炎性反应**是另一种孵育癌症的基础性要素，但其作用却是违反人的直觉的。

病理学家很早就发现，同常见的外伤中发生的炎性反应类似，在某些肿瘤中常常发现类似的反应，表现为浸润的免疫细胞。这些免疫细胞既有来自**先天免疫系统**的，也有来自后天免疫系统的，这是我们体内的两种不同的免疫机制。尽管人们推测这些免疫细胞似乎是在力图消灭肿瘤，但让人们大跌眼镜的是，肿瘤相关炎性反应还能促进肿瘤的起始与进展，当然促肿瘤的相关炎性反应似乎主要是来自先天免疫系统。

炎性反应为什么能促癌呢？这是因为炎性反应会制造很多生物活性分子，而这些分子在癌症所处的环境中，会促进癌细胞增殖、生存、血管新生、入侵甚至转移。

在对癌症的贡献中，炎性反应为什么获得了和基因组不稳定性相仿的地位呢？有两个原因，第一是炎性反应对癌症的助力是从摇篮到坟墓的，炎症能在癌症发生的很早期就起作用，并一直做贡献，直到癌症的晚期；第二是炎症能孕育突变，炎性反应分泌到肿瘤环境中的因子包括**活性氧**，这是一种能致突变剂，能加速肿瘤细胞的克隆扩增。

英国人**埃德蒙·伯克**曾说过："若善良者无所作为，则邪恶者大行其道。"炎症则不仅不作为，甚至助纣为虐。

5. 细胞社会各阶级分析

基因组不稳定性和炎症虽然是肿瘤发生的基础，但它们也有自己的基础，这就是外界环境，因为这个环境并不会扩展到无限大，有意义的仅在于癌症周围，因此称为**肿瘤微环境**。肿瘤微环境中鱼龙混杂、敌我交织难辨。

人们一度认为癌细胞是一种匀质的细胞，也就是癌细胞都是相似的，正常细胞才各有不同。随后人们认识到，癌细胞内部层次分明，其中最重要的是一种能产生其他癌细胞的阶层，被称为**肿瘤干细胞**。

肿瘤干细胞的概念带来很多新的认识。肿瘤干细胞常常是对手术、放化疗等有抗性的，这不仅因为它们常常增殖较慢，更因为肿瘤干细胞还能进入一种休眠的状态，而这一状态可以持续十年甚至数十年。这解释了为什么肿瘤会复发，因为放化疗杀死的是迅速增殖的普通癌细胞，却对肿瘤干细胞无能为力。

除普通癌细胞与肿瘤干细胞的不同外，癌细胞在肿瘤微环境中还有很多朋友和敌人。

第一个朋友是**内皮细胞**。内皮细胞也叫血管内皮细胞，是血管、淋巴管内侧用来隔离血管、淋巴管与血液的细胞，而且只有薄薄的一层。肿瘤在发展的过程中需要大量的新生血管为自己铺路，而内皮细胞就可以干这件事。

第二个朋友是**周细胞**。从名字上也能看出来，周细胞跟内皮细胞刚好相反，它们是在血管外周，有着类似手指的结构，把新生血管抓牢。周细胞有两个功能，第一个是为肿瘤血管内皮提供支持，如分泌某些因子；第二个是它们能和内皮合作，制造一些膜结构，从而让周细胞自身和内皮都更加牢固，在血流冲击中岿然不动。

而免疫炎症细胞。第三个亦敌亦友的是人们很早就注意到了癌症和炎症的相似性，并将癌症看作永不愈合的创伤，也就是说，一般的炎性反应是瞬时的，免疫炎症细胞会很快消失，而在癌症中，慢性炎症持续存在。作为癌细胞的敌人的免疫炎症细胞包括**细胞毒性淋巴细胞**、**自然杀伤细胞**；作为癌细胞的朋友的免疫炎症细胞包括**巨噬细胞**、**肥大细胞**、**中性粒细胞**、**T 淋巴细胞和 B 淋巴细胞**。在癌细胞的免疫炎症细胞朋友们中，有个新成员特别引人注目，这就是**骨髓来源的抑制性细胞**，它们能抑制作为癌细胞敌人的细胞毒性 T 细胞和自然杀伤细胞。

第四个朋友是**癌症相关成纤维细胞**。这类呈纤维状的细胞能促进肿瘤的增殖、血管新生甚至转移。

第五个朋友是**肿瘤基质中的干细胞和祖细胞**。这些细胞会形成源源不断的供给链，为肿瘤提供必需品。

6. 持续增殖，我欲与君相知，长命无绝衰

在了解了环境与基础之后，可以开始了解癌症的具体特征了。癌症的第一个特征是可持续增殖信号。

将这一点作为癌症的第一个特征，似乎不会带来异议。正常细胞小心翼翼地控制细胞的增殖信号，而癌细胞则通过让这一信号失调而掌控了自己的命运。癌细胞让正常细胞增殖信号失调的手段很多。细胞增殖信号常常包含一对**配体**和**受体**，就像火柴和干柴堆一样，一般两者不会轻易在一起，而是在不同细胞手里。癌细胞则可以同时拥有配体和受体，让增殖源源不绝，就像同时有火柴和柴堆，能让火熊熊燃烧。癌细胞还能传递信号给周围环境中的正常细胞，让它们促进自身的增殖受体，就像让外部的火柴点燃自己身上的柴堆。癌细胞还能让增殖受体有更多的表达，就像将自己的柴堆变大。最厉害的是，癌细胞能让增殖受体持续激活，就像一堆可以自燃的柴堆一样。很多增殖配体和受体就发挥了前文提到的癌基因的作用。

7. 避开抑制，癌细胞的阴阳相济

《易传·系辞上》中说"一阴一阳之谓道"，癌症也是如此，紧接着可持续增殖信号的第二个特征是避开生长抑制因子。如果把可持续增殖信号看作阳，那么避开生长抑制因子就是阴。既然增殖信号同癌基因相关，避开生长抑制因子就同抑癌基因相关。

最常见的抑癌基因有两个，一个是前面提过的 *p53*，另一个叫作 **Rb**，因最初发现于**视网膜母细胞瘤（Rb）**得名。

p53 主要在细胞内发挥作用。它不仅会监测 DNA 损伤，还能感受核酸水平、生长信号强度、葡萄糖和氧气含量，如果这些因素都表现不佳，p53 就会让**细胞周期暂停**，直到情况得到改善才能继续；如果事情糟糕到没有改善的可

能，p53 就会启动细胞**凋亡**。

　　Rb 则主要感受细胞外和细胞间的信号，并决定细胞是否进入细胞周期循环。

8. 不死之身

　　避开生长抑制因子强调了免于生长抑制，癌症的第三个特征，抗拒细胞死亡，则强调免于细胞死亡。

　　细胞死亡有各种方式，最常见的包括**凋亡**、**自噬**和**坏死**。凋亡最早被发现是癌症的死敌，自噬则是最近被发现有抑制癌症的作用，然而，坏死却能促进炎症进而帮助肿瘤。癌症要想生存，就要发展出一系列的机制让凋亡和自噬瘫痪，进而让坏死自由发挥。

9. 永生之谜

　　如果可持续增殖信号是阳，那么避开生长抑制因子则是阴。如果抗拒细胞死亡是阴，那么癌症的第四个特征，赋能复制永生也就是阳。

　　赋能复制永生指的是细胞持续复制，永不停歇。建立于 1951 年的**海拉细胞**系到现在还依然在实验室中不停地复制，并没有终止的迹象。正常细胞都是只能经历有限的复制周期，这是由于无限复制有两个障碍，一个是**衰老**，另一个是**危机**。当将细胞在体外培养时，自然而然地，所有细胞总会进入衰老，然后是危机，在危机期，大多数细胞就都死亡了。然而，有极少数的细胞会跨越了危机期，而实现无限复制，这个过程称为**永生**。

　　为复制永生赋能的，可能是**端粒酶**。端粒是染色体末端的特殊结构，由于 DNA 复制机器的特殊性（只能从 5 到 3 方向复制），端粒会逐渐变短，而端粒的缩短是细胞寿命的计时器。端粒酶能很大程度修复缩短的端粒，延缓细胞走向衰老。正常细胞中端粒酶的活性有限，而肿瘤中的端粒酶会反常地增高。

10. 血管新生，彼岸花

癌症的第五个特征是**血管新生**。血管新生是癌症从原位向目的地入侵与转移的先导。据传说，彼岸花是开在冥界忘川彼岸的血一样绚烂鲜红的花，血管新生的发生远离出生地，又会有血液流经，恰恰具有彼岸花的气质。

正常情况下，血管新生只发生在两个阶段，一个是**胚胎发生**，另一个则是在伤口愈合和女性生育周期中昙花一现。然而，在肿瘤中血管新生却会持续发生。

11. 入侵和转移，门泊东吴万里船

癌症的第六个特征是入侵与转移。癌症的不归路始于局部入侵，发达于远端转移，如乳腺癌可以转移到肺、骨甚至脑。入侵就是门口的船，转移则是万里远航。

癌症的入侵和转移涉及对胞间、细胞与**胞外基质**联系的克服。多细胞有机体结构的组织依靠细胞之间、细胞与基质之间的联系，而这些联系成为癌症入侵和转移的限制。就像水面各种网络以及水与岸之间的各种连接，它们会限制船的通行。**E 型钙黏素**是胞间、细胞与基质联系的主要蛋白质，因此，肿瘤细胞中 E 型钙黏素常常消失。多细胞有机体中细胞的移动也有自己的凭借，就像船行中的撑篙和纤绳一样，它们有利于船的通行。**N 型钙黏素**是迁移的神经元、组织发生中间充质细胞中常见的蛋白质，在入侵和转移的肿瘤细胞中也就高表达。

入侵和转移常常是癌症预后不良的元凶。最具说服力的证据可能来自植物。植物并非不会发生肿瘤，但是植物的肿瘤不会造成太大问题，原因在于植物存在细胞壁，这限制了植物肿瘤的入侵和转移 [102]。

12. 能量重编程，癌细胞是败家子吗？

癌症的第七个特征是所有肿瘤特征中最不可思议的一个，这就是能量重编程，更直接的说法就是**有氧糖酵解**。正常细胞在有氧气的情况下，对能量

来源如葡萄糖的利用分为两步，第一步发生在细胞质中，是通过糖酵解将葡萄糖转化为**丙酮酸**，同时制造能量，第二步发生在**线粒体**，通过**氧化磷酸化**将丙酮酸转化为二氧化碳和水，同时制造更多能量，氧化磷酸化产生的能量是糖酵解的 15 倍。正常细胞在没有氧气的时候，反应只到第一步为止，即糖酵解。而癌细胞则不同，即使在有氧气的情况下，依然选择糖酵解。

那么癌细胞如何通过低效的糖酵解方式获得足够的能量呢？癌细胞是通过增加葡萄糖输入这种低效的方式获得足够能量的。癌细胞中转运葡萄糖进入细胞的蛋白质会大大增加，以此解决效率不足的问题。

那么癌细胞为什么通过低效的糖酵解方式获得能量呢？一个较为可接受的解释是癌细胞需要的是糖酵解产生的中间代谢产物，用来生成癌细胞所需的各种物质，如核苷酸、氨基酸等。

13. 逃脱免疫监控

癌症的第八个特征是目前为止、在临床上展示最大潜力的一个，就是逃脱免疫破坏。免疫系统始终对组织和细胞进行监控，并对大多数新生癌细胞进行识别和清除。因此，凡是形成肿瘤的，都是成功逃脱了**免疫监控**的癌细胞。

在 2011 年的时候，人们尚未能前瞻免疫治疗在癌症中的巨大潜力。癌症显然是躲过了免疫监控的，但在多大程度上呢？恢复免疫能多大程度抑制癌症呢？当时线索有限。一条是在免疫缺陷鼠中研究致癌物诱导的肿瘤，发现 T 细胞、自然杀伤细胞（NK 细胞）等缺陷的小鼠患癌概率明显增高；另一条则来自临床流行病学的研究发现，结肠癌、卵巢癌患者肿瘤组织中如果有 T 细胞、NK 细胞等浸润，那么预后就比没有这些免疫细胞浸润的肿瘤患者要好得多。这两条线索一正一反，支持免疫治疗可能有效。

当 2018 年诺贝尔生理学或医学奖颁给**免疫检查点**之后，免疫治疗已经成为很具潜力的治疗癌症策略。

14. 效率与安全

以上简单介绍了癌症的八个特征、两项基础和一种环境，一些新的进展因为尚未经受时间考验而暂不介绍。这些特征大都是描述性的，同正常细胞的结构功能相比，人们对癌细胞的理解似乎更缺乏逻辑性。那么可以对这些理解再进一步概括吗？我想似乎是可以的，那就是同正常细胞相比，癌症在发展的过程中效率与安全失衡，或者换句话说，正常细胞安全大于效率，而癌细胞则效率大于安全。癌细胞最核心的就是基因组不稳定性，这导致了安全性的削弱，然而癌细胞却常常因此获得了更高的效率，比如持续的增殖。如何理解癌细胞的有氧糖酵解呢？一个可能的解释是：有氧糖酵解在制造能量上固然有所不及，但在制备癌细胞所需材料上，有更高的效率。

在 2011 年的综述里，作者最后总结："我们持续预见到癌症研究正成长为一门逻辑性不断增加的科学，金字塔般的表型复杂性来自简单原则的外化。"癌症固然遵循某种原则，但这原则弃安全而追求效率，却是进化的死胡同。多细胞生物只有跨过癌细胞的骸骨，才能走向更广阔的天地。

词汇表

罗伯特·韦恩伯格（Robert Weinberg，1942—　　）：美国生物学家，主要研究领域为癌症，是第一个癌基因 *Ras* 和第一个抑癌基因 *Rb* 的发现者。

道格拉斯·哈纳汉（Douglas Hanahan，1951—　　）：美国生物学家。

基因组不稳定性（genome instability）：某一系细胞基因组的高频突变。

克隆扩增（clonal expansion）：肿瘤形成过程中的特征，指的是具有某些基因或者表观遗传改变的克隆的扩大和增多，可能由于机会，更可能是该基因或者表观遗传改变赋予了细胞某种优势。

癌基因（oncogene）：有导致癌症潜力的基因。

抑癌基因（tumor suppressor gene）：其功能丢失可导致癌症的基因。

肿瘤微环境（tumor microenvironment）：环绕肿瘤的环境，包括血管、免疫细胞、成纤维细胞、信号分子以及胞外基质等。

肿瘤干细胞（cancer stem cells，CSCs）：实体瘤或者血液系统癌症中同正常干细胞类似的细胞类型，能产生癌症样本中的其他细胞。

内皮细胞（endothelial cells）：单层鳞片状细胞，分布在血管和淋巴管的内表面。

周细胞（pericytes）：是一种多功能的微循环壁细胞，包裹着内皮细胞。

细胞毒性 T 细胞（cytotoxic T cells）：一种 T 淋巴细胞，用于杀伤癌细胞、病原体感染细胞以及因各种方式损伤的细胞。

自然杀伤细胞（natural killer cells）：先天免疫系统的一种淋巴细胞，功能同细胞毒性 T 细胞类似。

肥大细胞（mast cells）：结缔组织驻留细胞，参与免疫和神经免疫。

中性粒细胞（neutrophil）：最丰富的粒细胞，占白细胞的 40%~70%，是先天免疫系统的组分。

T 细胞：淋巴细胞的一种，在获得性免疫中发挥重要作用，名称来自胸腺（thymus）。

B 细胞：分泌抗体的细胞，B 来自囊（Bursa）。

骨髓来源的抑制性细胞（myeloid-derived suppressor cells，MDSCs）：一种异质的免疫细胞。

癌症相关成纤维细胞（cancer-associated fibroblasts）：肿瘤微环境中的一种细胞，可以通过重新组织胞外基质或者分泌细胞因子来促进肿瘤。

视网膜母细胞瘤（retinoblastoma）：一种罕见的、从视网膜未成熟细胞发展而来的癌症，病程快，并几乎只在儿童中发现。

海拉细胞（HeLa cell）：最古老和最常见的永生化细胞系，该细胞系于 1951 年 2 月 8 日取自 30 岁的美国黑人妇女海里埃塔·拉克斯（Henrietta Lacks）的宫颈癌细胞。拉克斯在同年的 10 月 4 日去世。

端粒酶（telomerase）：一种核糖核蛋白，给端粒的 3' 末端添加物种特异性的端粒重复序列。

血管新生（angiogenesis）：指新的血管从预先存在的血管中发生的过程。

胞外基质（extracellular matrix）：是由细胞外大分子、矿物等组成的三维网络，如胶原蛋白、酶、糖蛋白和羟基磷灰石，为周围细胞提供结构和生化支持。

E 型钙黏素（**E-cadherin**）：研究最广泛的钙黏素，也叫 Cadherin-1。

N 型钙黏素（**N-cadherin**）：也叫 Cadherin-2

有氧糖酵解（**aerobic glycolysis**）：细胞在氧气存在的情况下抑制有氧呼吸，而通过发酵代谢糖的现象。

免疫监视（**immunologic surveillance**）：指免疫系统识别并清除肿瘤细胞的功能。

免疫检查点（**immune checkpoints**）：指免疫系统调控子，它们对于自我耐受至关重要，能防止免疫系统无差别地攻击细胞。抑制性免疫检查点是癌症的免疫治疗方法的主要靶标。相关研究于 2018 年获得诺贝尔生理学或医学奖。

二十八、多细胞发育：大道之行也，天下为公

1. 多细胞发育，复杂的有序，而不是有序的复杂

生命的发展表现出复杂性的提高，但核心是有序，而不是复杂，从这个意义上讲，细胞发展的方向是复杂的有序，而不是有序的复杂。

复杂的有序，是细胞为了对抗热力学第二定律而发展出来的，能远离热力学第二定律揭示的无序和能量耗散状态。而有序的复杂，核心则在于复杂度的提升是通过有序的方式获得的。两者最大的区别在于前者是可以解析的而后者不可解析，前者就像一团整齐可拆解的风筝线，后者则像一团杂乱无法解开的风筝线。多细胞有机体就是复杂的有序，而肿瘤则是有序的复杂。

2. 多细胞发育原则，礼运大同

复杂的有序是怎么建立起来的呢？孔子曾说过一段话："大道之行也，天下为公。选贤与能，讲信修睦，故人不独亲其亲，不独子其子，使老有所终，壮有所用，幼有所长，矜、寡、孤、独、废疾者皆有所养，男有分，女有归。货恶其弃于地也，不必藏于己；力恶其不出于身也，不必为己。是故谋闭而不兴，盗窃乱贼而不作，故外户而不闭，是谓大同。"

这段话出自《礼运大同篇》，描述的是孔子心中的理想世界。既然是理想世界，就是暂时还没有达到的状态。但孔子不知道的是，我们的身体很早就

实现了"大同"。多细胞有机体的发育，就是一种大同的境界。

之所以说多细胞有机体的发育达到了大同，是因为它遵循了"大道之行也，天下为公"的原则。所有动植物都来源于一个单个细胞——**受精卵**，这个受精卵会经历梦幻般的复杂变化，发展出多达数亿个细胞，这些细胞不是一盘散沙，而是经历增殖、分化甚至衰老、凋亡而形成秩序井然的复杂结构，而所有这些细胞都有着共同的目标——为了生殖细胞的传续。而且，这一梦幻般的发育过程不是、也不可能是由哪个大独裁者决定的，而是由一个细胞**自组装**的过程造就的。细胞生长、增殖，乃至衰老、凋亡，一步步组成高度复杂的结构，数以亿万计的细胞中的每一个都要自己决定如何行动，并选择性地利用藏在自己基因组中的遗传信息。多细胞有机体的这种大同确保了遗传信息得以在代际流转。

3. 细胞的选择题

来自受精卵的多细胞发育尽管复杂，但其实就是一个细胞做选择题的过程。每个细胞都同样具有**基因组**中携带的巨大信息，但是每个细胞都不会使用所有的信息，而是选择其中一部分。就像尽管词典涵盖所有词汇，但我在写作这本书的时候只选择某些字词一样。这是一个异常复杂的选择题。

细胞在发育中的选项具体有 3 个：①细胞增殖，细胞会从一到多，但这也不是一个必选项，因为很多细胞会停止增殖；②细胞分化，细胞常常会发展成位于不同地点的拥有不同特征的细胞；③细胞形态发生，这成为组织与器官形成的基础（**图 28.1**）。

那么细胞在做这些选择题时遵循什么原则呢？主要是时间和空间的就近原则。时间就近指的是细胞的状态主要受过往的历史而且是最近的历史的影响，空间就近指的是细胞受周围的邻居的影响很大。细胞做选择题时常常依赖时空两大因素做出决定。

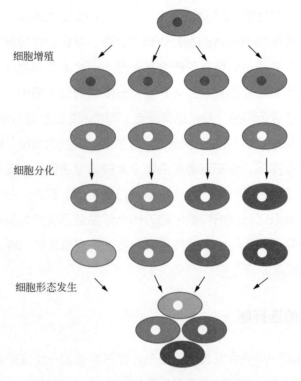

细胞增殖

细胞分化

细胞形态发生

图 28.1　多细胞发育中 3 种主要命运

4. 卵细胞，母仪天下

受精卵最初的发育中，卵细胞的作用很大。受精后，受精卵常常迅速分裂，但不生长。这样的情形在**血小板**发生的过程中也会看到，血细胞的**前体**细胞会经过多次核分裂，细胞核甚至可以达到 64 个，但细胞质不分裂，于是一个大的细胞里面会有很多的核，这样做的好处是能得到足够数量的血小板用于机体修补。受精卵发育但不生长这一过程完全受来自母亲的卵子中的物质控制，胚胎基因组的信息尚未启动。受精卵采用这种方式的好处可能同血小板发育过程类似，是为了得到足够多的细胞启动后续的发育进程，保证了效率。当到达某一点时，母亲卵子中储存的信使 RNA 和蛋白质会经历突然的降解，然后胚胎基因组被激活，于是细胞连接在一起，形成一个实体或者中空的球状结构，叫作**囊胚**。母亲卵子中物质的降解表明储备是充足的，而主动的降解则是当基本细胞具备之后，排除母系的影响，这样就保证了安全。

卵子和精子的区别也可就此得出：那些在最初的发育中贡献更多的，就是卵子。从这里也能看出卵子和精子的策略：前者注重安全，后者崇尚效率。

5. 原肠胚，三生万物

囊胚之后，细胞会经历一种复杂的转变，发展出一种多层的包含原始肠道的结构，因此被称为**原肠胚**。在原肠胚中，来自囊胚中的一些细胞组成**外胚层**，外胚层会进一步发展为表皮和神经系统；另一些细胞内陷形成**内胚层**，内胚层会进一步发展为肠道及其附属物包括肺、胰腺和肝；还有一些细胞分布于内外胚层间，形成**中胚层**，中胚层产生肌肉、结缔组织、血液和肾脏等。

至此，多细胞有机体的结构已经大体齐备，后面的进一步的细胞移动和分化也只是修修补补了。

6. 最低细胞配置，安内攘外，心动神驰

发育的表现是细胞的组合，那么对于动物而言，哪些细胞是保证机体完成生命活动的最小配置呢？很显然人体的四大组织、八大器官中的很多细胞对于很多低等生物来说是奢侈品。对于蠕虫、软体动物、昆虫和脊椎动物等来说，最基本的细胞只有四种：**表皮细胞**在外保护，**消化道细胞**在内吸收，**肌肉细胞**允许运动，**神经细胞**控制行为。

当然这些细胞并非毫无章法地杂糅在一起，而是按照一定规律进行的，具体说就是皮肤在外，嘴来进食，肠道来吸收，而肌肉、神经穿插其间。在空间排布上，因为我们生活在三维空间，所以大多数动物细胞按三个维度排列：**前后轴**（嘴、脑在前而肛门在后）、**腹背轴**以及左右轴。

7. 发育潜力变化，为学日益，为道日损

有趣的是，随着发育进程的推进，细胞的类型和数量都在增加，然而，

细胞的分化潜力却在下降。老子在《道德经》中说："为学日益，为道日损。"细胞发育中细胞的类型和数量在"日益"，而分化潜力在"日损"。

在囊胚期，胚胎细胞可能是**全能的**，即能发育成成体的所有细胞类型；或者是**多能的**，即几乎能发育成成体的所有细胞类型。在原肠胚期，胚胎细胞的发育潜力就大大下降了，比如三个胚层的细胞就只能发育成各自胚层的细胞了，无法跨越胚层界限。

发育潜能的下降可能是种安全性考虑，如果细胞在数量增加的同时也不减少分化能力，细胞癌变的概率将大大增加。

8. 细胞记忆，不忘初心，方得始终

细胞在发育过程中，是怎么保持其发育状态呢？也就是，肌肉、神经、皮肤、肠道的细胞为什么不会在发育中变为其他细胞呢？

既然细胞在发育中其状态取决于历史和邻居，那么细胞保持其发育状态就有三种可能：第一种是它们不断地从邻居中得到信号，保持其自身特点；第二种是从历史中得到讯息，保持其特点，这第二种方式可以看作一种记忆；第三种是两者兼而有之。那么细胞选择的是哪种方式呢？是第二种，也就是发育细胞是有**记忆**的。由于发育表现出的就是一系列特定基因的表达，所以发育中细胞是能记住过往细胞都表达了哪些基因的。这第二种方式同其他两种方式相比，最为节省资源。

9. 发育特异性基因，社交网络

那么，发育中表达的一系列特定基因有什么特殊性呢？既然发育相关基因是和多细胞相关联的，那么很显然那些多细胞有机体中有的、单细胞**真核生物**中没有的基因，就可能包含了发育相关的基因。通过比较单细胞真核生物**酵母**、线虫和动物基因组，人们发现了很多发育关键基因：第一类是涉及细胞间黏附和细胞信号的基因，在人类基因中，这样的基因有数百个，在酵母中这样的基因则不存在或者极少；第二类是调控**转录**和**染色质**结构的基因，在

人类基因中，这样的基因超过 1000 个，而在酵母中这样的基因只有 250 个左右；第三类则更加出乎意料，是一类叫作**微 RNA** 的很短的 RNA，在人类基因中，这样的基因至少有 500 个而线虫中则没有。

这三类基因中，显然同细胞的社会性相关的黏附、信号分子是起主要作用的；但它们的表达需要受到转录调控，于是有了第二类转录、染色质相关基因；然而，转录只负责产生而不是消除，所以还需要一类负调控的方式，于是有了微 RNA，它一般发挥对信使 RNA 的负向调控作用。为什么不选择蛋白质的降解，就像细胞周期中那样呢？可能在发育中如果选择蛋白质降解的方式太过于奢侈了，关键的发育相关蛋白质将被浪费，选择对信使 RNA 的负向调控可能是一种比较经济的方式，因为只影响信使 RNA 的数量，并不涉及蛋白质的生产。

10. 基因组的留白

发育中，基因何时何地表达甚至比基因本身还重要。基因何时何地表达的信息藏在哪里呢？是环境中吗？不是，而是在基因组中。在基因组的什么地方呢？肯定不是编码基因的地方，而是藏在基因中那些非编码的序列里，如基因间序列、**内含子**等地方。这些调控基因表达的序列，叫作**调控 DNA**。编码的 DNA 就像是一堆积木，可以用来搭建各种形状；调控 DNA 就像积木搭建的方案，会指导搭建出各种具体的形状。

我们知道，在高等生物基因组中编码的 DNA 占比很少，而非编码 DNA 数量则很大，其中很大一部分可能就是负责调控。艺术中有所谓"不着一字，尽得风流"的艺术留白，基因组中也有大量的留白，从这个角度来看，基因组是大自然创造的一种伟大的艺术。

11. 简单实现的复杂，而不是复杂实现的复杂

细胞发育需要信号，而且发育所运用的信号通路非常简单，如**"刺猬"**信号、**"缺口"**信号等信号通路，那么这样简单的信号如何满足发育的复杂需求呢？

有三个办法。第一个是复制，也就是某个信号通路的成员会有多个亲戚基因，也就是不同的信号，其中每一个都在不同组织、器官中发挥作用，这是进化的结果。第二个是组合，也就是不同的信号组合实现不同的功能。第三个是记忆，也就是每个细胞对信号的反应取决于该细胞过往的历史。这些方式的结果就是细胞可以通过非常简单的方式实现发育的复杂性。

细胞喜欢的是这种基于简单而得来的复杂。比如 DNA 作为遗传信息的载体，通过 A、T、G、C 四个碱基实现了遗传信息的复杂性，蛋白质通过多种氨基酸实现了生物功能的多样性，微管、微丝通过亚基的组合实现了结构的可变性，等等。

12. 发育，从对称到不对称再到对称

多细胞生物的发展之路，从某种意义上是一个从对称到不对称，再到对称的过程。

组织和器官的形成常常是从对称到不对称。这是通过几种机制来实现的，其中一种机制是信号分子的梯度（**图 28.2**）。某些细胞分泌信号分子，周围细胞接收信号。依据接收信号分子的量的不同，细胞发育为不同类型。但这种

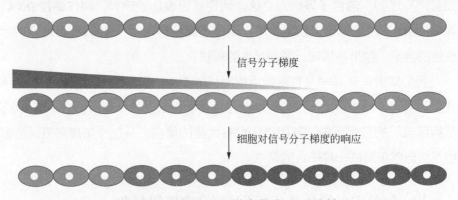

信号分子梯度

细胞对信号分子梯度的响应

图 28.2　信号分子梯度带来不对称性

（在一组细胞中，一个细胞（中间左一）成为释放信号分子的细胞，其他细胞则对该信号做出响应。根据信号分子距离的不同，周围的细胞做出不同反应，进而发展为不同细胞类型。）

机制中最初的细胞类型就是不对称的。

另一种机制则解释了最初一致的细胞如何发展为截然不同的类型的（图 28.3）。细胞 A 和细胞 B 相差无几，都能分泌 X，但彼此抑制对方分泌 X。某种情况下 X 获得了一点点优势，由于正反馈的存在，这种优势不断放大，直到两种截然不同细胞的形成。

虽然组织、器官常常表现为不对称，但是多细胞生命体在整体上常常是对称的，这又分为辐射对称，如向日葵；左右对称，如人等。

多细胞发育构造了各种复杂的生命体，但这只是开始，复杂生命体要想在这世界走一遭并留下些印记，自身不断地更新是不可缺少的，而这，归功于**干细胞**。

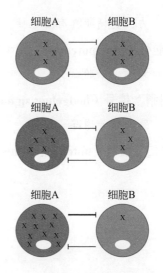

图 28.3 侧向抑制带来不对称性

（两种同样的细胞，都能分泌因子 X，但两种细胞互相抑制彼此分泌 X。当存在轻微差别如细胞 A 中积累稍多一点 X 后，由于正反馈的存在，这种差别会逐渐放大，A 中 X 越来越多，而 B 中 X 越来越少。直到形成截然不同的两类细胞，表现为不对称性。）

词汇表

受精卵（zygote）：雌雄配子通过受精作用形成的真核细胞。

自组装（self-assembly）：在由预先存在的组分构成的无序系统中，通过组分间的特异的、局部的相互作用而形成有序结构和模式的现象。

囊胚（blastula）：细胞发育早期的中空的细胞球。

原肠胚（gastrula）：由囊胚发展而来的包含 3 个胚层的结构。

外胚层（ectoderm）：原肠胚的最外层，会分化成表皮和神经。

内胚层（endoderm）：原肠胚最内层，会分化成各种腺体。

中胚层（mesoderm）：原肠胚中间层，会分化成肌肉等。

全能性（totipotency）：指有机体内的一个细胞能分裂产生所有分化细胞的潜

力，受精卵具有全能性。

多能性（pluripotency）：指干细胞可以发育成3个胚层，却不能发育成胚外结构（如胎盘）。

"刺猬"信号（hedgehog signaling）：指将信息传递给胚胎细胞以实现正确发育的信号通路。

"缺口"信号（notch signaling）：保守信号通路，涉及神经发生、癌症等。

二十九、干细胞：率土之滨，莫非王臣

1. 为何要有成体干细胞？

多细胞有机体由一个细胞——受精卵——发育而来，并向制造新配子的道路走去。以人为例，从**受精卵**到**胚胎干细胞**，再到各种细胞，会经历大约数十次的分裂，形成 200 多种、共计约 1.0×10^{13} 个细胞。成体中这些细胞有的寿命很长，甚至和机体寿命相当，如眼睛晶状体细胞，就像《逍遥游》中的"上古有大椿者，以八千岁为春，八千岁为秋"；有的却稍纵即逝，比如中性粒细胞，寿命只有 5.4 天[103]，就像"朝菌不知晦朔，蟪蛄不知春秋"。对于那些寿命极长的细胞，显然终其一生不需要替换；对于那些寿命短暂的细胞，则必须获得源源不断的补充。在成体中提供细胞补给的，是**成体干细胞**（图 29.1）。

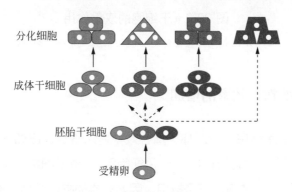

图 29.1　成体干细胞的作用

（多细胞有机体由单个受精卵发育而来。受精卵的最初阶段是胚胎干细胞。当有机体在成年的时候，有些组织也依然会有干细胞，即成体干细胞；另一些组织则没有干细胞，只有分化的细胞。）

2. 不对称分裂，双重命运

成体干细胞若要补充机体损失的细胞，需要具有双重能力，其一是能产生分化的细胞；其二要有更新自我的能力（图 29.2）。大多数细胞或者保持自我，比如癌细胞的持续增殖；或者不断分化，比如红细胞的始终产生。具有不对称分裂能力是干细胞的重要特点。

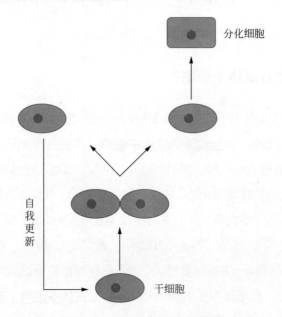

图 29.2　干细胞的双重作用

（干细胞一方面能分化成执行某些特定功能的细胞，另一方面则能保持自我。）

3. 前体细胞，效率的增加

如果干细胞始终保持不对称扩增，效率显然不足。比如一个干细胞经历 10 次不对称分裂，只能产生 10 个分化细胞和 10 个干细胞。不对称分裂在获得性能优势的同时，效率却打了折扣，因为分裂的指数扩增的能力不再具备。**前体细胞**则解决了干细胞扩增的效率问题（**图 29.3**）。

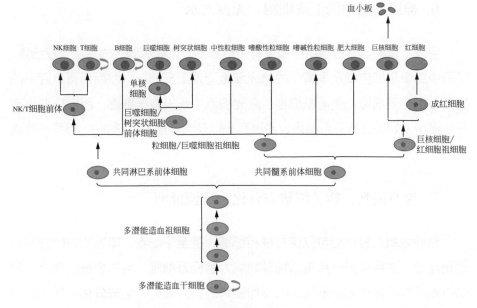

图 29.3 前体细胞的作用

（介于分化细胞和干细胞之间的，是前体细胞，它又可以进一步分为多潜力前体细胞和单潜力前体细胞。）

4. 造血干细胞，发育之树

成体干细胞最好的例子莫过于造血干细胞了。造血干细胞始于骨髓，分化为淋系和髓系，前者会分化成自然杀伤细胞、T 细胞和 B 细胞，后者则产生红细胞、血小板等。造血干细胞的子孙对有机体的影响非常巨大。

5. 胰腺、肝脏细胞，有本之木

还有很多组织的更新可以在没有干细胞的情况下发生。胰腺中的**胰岛素分泌细胞**、肝脏中的肝细胞都是如此，它们的更新依赖分化细胞的增殖。胰腺中的胰岛素分泌细胞、肝脏中的肝细胞中其实也有干细胞，但是只在更紧急的情况下才启动，以实现组织的更新。

6. 神经系统中的上皮细胞，无源之水

另外，有些器官的组织中是没有干细胞的。比如鼻腔中的嗅觉上皮细胞、耳朵中的听觉细胞以及眼睛中的感光细胞同属上皮细胞，然而只有鼻腔中的嗅觉上皮有干细胞，而听觉细胞、感光细胞中都没有干细胞，所以这些上皮一旦损伤（如听过高分贝噪声、看过强光以及老年退行性病变），都是不可再生的。

7. 施万细胞、精子细胞去分化，逆流成河

有些细胞在分化后可以逆转成祖细胞，甚至干细胞。哺乳动物的神经有**髓鞘**包被，这得益于一种有添加髓鞘能力的**施万细胞**。当神经被割断时，割伤位置远端的神经元会退化，而添加髓鞘的施万细胞则会**去分化**，形成具有增殖能力的施万祖细胞。退化的神经元会再生，但它们想要定位到原来割伤的位置，就要依赖那些去分化的施万祖细胞。在那里，施万祖细胞重新给神经元添加髓鞘，完成神经再生过程。这是已分化细胞逆转为祖细胞的例子。

还有祖细胞逆转为干细胞的例子。在小鼠和果蝇精巢中，**精原细胞会经**历顺次分化，从干细胞经**有丝分裂**成为增殖祖细胞，从增殖祖细胞经**减数分裂**成为精子。然而，当精子因为各种原因被破坏而丢失时，增殖祖细胞会逆向成为干细胞。

8. 变形虫的伸缩

以上提到的都是作为补充细胞储备的干细胞，那么在物种个体水平上，再生能力能达到什么水平呢？

变形虫是人类已知的再生能力最强的物种。一种叫作**地中海圆头涡虫**的变形虫体长不到 1cm，它们有一层表皮、一个肠道、一个脑、一对原始的眼睛以及一组外周神经系统、肌肉、排泄和生殖器官，也就是说它们大体具备动物的组织结构，但是都具体而微，仅由 20~25 种分化的细胞组成。就是这

样的简单的变形虫，它们身体的任何一小块组织都能再生为一个全新的个体。不仅如此，当陷入饥饿状态时，它们会越来越小，但这种小是成比例的，即身体的缩小表现为各个部位的细胞数的减少，但整体构架还在，以至于可以仅为正常大小的 1/20，而当营养恢复时，它们又能恢复到正常大小。变形虫的这种生长过程叫作**退行生长**。退行生长和正常生长的切换几乎是无限的，而且不会影响变形虫的生存和生殖。

变形虫为什么会有这么逆天的再生能力呢？又为什么能大能小呢？这归功于变形虫体内的一种叫作**成新细胞**的细胞群。成新细胞占变形虫细胞数的 20%，并广泛分布于全身，在细胞分裂时，它们可以充当干细胞用于产生分化细胞，这解释了变形虫为什么会具有如此强大的再生能力。变形虫的分化细胞会不断地通过**凋亡**的方式死亡，死亡细胞被邻近的细胞吞噬并消化，产生一种在其他物种中罕见的**同种相残**现象，变形虫因此可以在生长和缩小之间无缝切换，这解释了变形虫的退行生长现象。

变形虫中的一种，地中海圆头涡虫的基因组于 2018 年测序完成[104]，从中发现了很有趣的现象。变形虫基因组在 10 亿个碱基对左右，大概是人类基因组的 1/3，分布在 4 对染色体上。同其他动物相比，变形虫的基因组关键在一个字上：缺。变形虫缺少 DNA 损伤修复的基因，但却拥有对 DNA 损伤的极高抗性；变形虫缺少重要的代谢相关基因，如脂肪酸合成基因；变形虫还缺少同有丝分裂相关的基因。所有这些基因都是在各个物种中高度保守的。

9. 蝾螈的分合

变形虫虽然再生能力是地表最强，但毕竟是非常简单的生物，复杂生命体中再生能力的王者则是**蝾螈**。

蝾螈有断肢再生能力。在蝾螈断肢处，已经分化的细胞重新进入胚胎状态形成胚芽，胚芽不断长大，最后代替断掉的肢体，整个过程精准，就像胚胎发育中的肢体发育一样。

胚芽主要来自断肢处的骨骼肌。这些多核细胞重新进入细胞周期，去分化，变回单核细胞，然后增殖并最终重新分化，形成新的肢体。

当然，同变形虫相比，蝾螈的再生能力是相当有限的，骨骼肌来源的细胞只能再度形成骨骼肌，而不是其他组织。

蝾螈的基因组测序同样在 2018 年完成 [105]。蝾螈的基因组有 320 亿个碱基对，是人类基因组的 10 倍，编码 23251 个蛋白质，分布在 14 条染色体上。

10. 血液与皮肤移植

人类中再生能力最为突出的有两个部位，一个是血液，血液系统的很多疾病，可以进行**造血干细胞**移植，现在这已经是一种非常常规的临床治疗手段，尽管费用昂贵；另外一个部位则是皮肤，对于烫伤需要植皮的患者，从其身体其他部位得到皮肤用于受损部位皮肤的再生，这也是非常可靠的治疗方法。

11. 可再生的神经细胞

神经细胞如此复杂，以至于人们一度认为是不可再生的，但后来发现神经细胞干细胞也是存在的。在成人脑中，**海马神经元**——一种负责学习和记忆的部位——持续更新，每天新生 1400 个，一年的更新率占该区总神经元的 1.75%，这可能就是我们学习新东西并忘记某些事物的原因吧。

神经干细胞最为引人入胜的一点在于可在体外培养，并能用于移植，而且显示出强大的适应能力。

12. 邻居对抗历史

细胞的命运取决于历史和邻居，那么，在历史与邻居之间哪个更重要呢？一般来说是历史，但事实上，邻居的作用可能远超人们的想象。

研究邻居对细胞的影响意味着要在组织内环境中进行实验，那是非常困难的，一个非常聪明的办法是将环境从细胞间移到细胞内，具体的就是细胞核移植，也就是将一个细胞的核转移到另一个细胞的细胞质之中。在众多细胞中一个理想的选择当然是卵细胞，不仅是因为卵细胞体积大，还因为卵细胞的外在表现比较清楚，那就是发育成新的子代，这使得对实验结果的观察比较容易。

于是有了历史上著名的实验：采用非洲爪蟾作为材料，将一个来自蝌蚪肠道的已分化的细胞的核替换掉卵细胞的核。卵细胞的选择也是有讲究的，是位于第一次减数分裂的前期，这个时期是准备受精的时期，这样的杂合细胞继续生长，最后按照一定比例发育成正常的爪蟾。

这个实验表明两点：第一，细胞核中包含了全部遗传信息，即使那些分化的细胞也同样如此；第二，细胞质中的物质能对核进行**重编程**，比如卵细胞的细胞质能让肠道细胞的核重回胚胎状态，最终形成正常个体。

同样的实验在后来不断进行，最具影响力的是用绵羊乳腺细胞的核替代其卵核，最终长成个体，这就是大名鼎鼎的克隆羊多莉。2017 年，中国科学家在灵长类猕猴中用成纤维细胞做供体、卵子做受体，得到了克隆猴中中和华华 [106]。

13. 记忆的本质

分化细胞之所以保持分化状态不会轻易改变，是因为细胞记忆；克隆羊多莉和克隆猴中中、华华的诞生则是因为卵子对已分化体细胞的记忆的清除。那么细胞记忆的本质是什么呢？是染色质的状态。染色质的状态决定了哪些基因表达，从而让分化的状态得以维持。

分化细胞重编程的过程中染色质变化巨大。移植的细胞核会膨胀，随着染色体的解凝缩，其体积增加高达 50 倍，DNA 和组蛋白的修饰也发生巨大变化，就像手机恢复出厂设置一样，这时的核可以迎接新生了。

细胞重编程的过程为记忆的本质提供了新的角度。如果说染色质的状态是细胞的记忆，那么 DNA 的序列就是生命对进化的记忆，而人的记忆无外乎某些神经细胞（如海马神经元）的各种突触的联系及其状态。记忆的持续时间是由载体决定的，DNA 的序列可以持续数亿年，染色质的状态则很短，但是可以隔代遗传。个体的记忆常常只能终个体的一生，甚至更短，当然人类发明了隔代记忆的方法如书籍，现在则有更多的影音资料可以承载记忆。

记忆载体中基础对上层建筑的影响直接而剧烈，如 DNA 的状态对染色质状态以至于个体记忆的影响；记忆载体中高层对基本的影响间接而微弱，如个体记忆对染色质状态乃至 DNA 序列的影响极其轻微，可能耗时亿万年才在 DNA 上留下印记。

14. 微不足道的缺憾

在众多的干细胞中，胚胎干细胞有着人们能够通过实验获得的最大的分化潜力。胚胎干细胞专指从发育胚胎的囊胚中得到的**内细胞群**，其实就是囊胚内部的一个细胞团。胚胎干细胞具有分化成几乎所有细胞的潜力，当把它们放回囊胚，它们可以发育成正常个体，甚至能产生生殖细胞，它们唯一的局限是不能发育成胚胎外组织如**胎盘**。

那么，胚胎干细胞的记忆是什么样的呢？胚胎干细胞的记忆当然也依赖染色质状态，具体地说，是由一系列特殊的基因决定，其中一个叫作 Oct4 的转录因子非常重要。

15. 唤醒沉睡的人

既然胚胎干细胞的记忆（如 Oct4）都已经被确定了，那么能通过施加这些基因的方法，让已分化细胞获得如胚胎干细胞的属性，就像让沉睡的人醒来那样吗？

唤醒分化细胞的分化潜力实验发生在 2006 年。当时人们已经知道了 24 个胚胎干细胞中的关键基因。于是日本人**山中伸弥**尝试将这些基因在已经分化的细胞中过度表达，看看细胞是否能重新获得多能甚至全能分化潜力。结果他发现每一个转录因子单独都没有这种能力，但是某些组合却可以让细胞重回多能性的巅峰。山中伸弥发现的转录因子有 4 个：**Oct4、Sox2、Klf4 和 Myc**，它们共同表达于小鼠的成纤维细胞中时，就能让细胞重新拥有类似胚胎干细胞的特征：可以在培养中无限分裂，移植回小鼠囊胚时能发育成正常小鼠，甚至能产生生殖细胞。通过这种方式得到的类似胚胎干细胞的细胞被称为**诱导多能干细胞**。

诱导多能干细胞的巨大意义在于，一旦通过这种方式得到具有胚胎干细胞特征的细胞，那么组织和器官可以得到再生，这有望在临床上产生巨大的效益。

16. 不再回家

诱导多能干细胞的意义在于先让各种分化细胞回到胚胎干细胞状态，然后再进行分化，这就像将去往 A 地的人带回家，再从家出发到 B 地。有办法从 A 地直接走到 B 地吗？这样会省去很多冤枉路。既然细胞的记忆是由很多转录因子决定的，我们可以通过操控特定的转录因子将细胞从一种分化状态直接调整为另一种分化状态吗？答案是肯定的，这样的过程有个名字，叫**转分化**。

并非任何两种分化细胞之间的转分化都是可能的，但将心脏成纤维细胞转化为心肌细胞是一个成功的转分化的例子。在小鼠中，通过过量表达某些转录因子，就可以实现这一点：将携带特定转录因子的 DNA 成纤维细胞注射到小鼠的心肌组织中，这一小部分细胞就会生长并替代心肌细胞。这样的结果毫无疑问是鼓舞人心的，因为这意味着心衰患者也许可以通过这种方式获得新生。

干细胞带来的组织细胞之河水奔流向前，不舍昼夜。然而，这河水却并非总是澄清的，其间总有无边落木，给河水蒙上了一层阴影。这无边落木，就是**病原体**。

词汇表

干细胞（stem cells）：能同时复制自己、分化成其他细胞的特殊细胞类型。

胚胎干细胞（embryonic stem cells，ESCs）：来自囊胚内细胞群的多能干细胞。

囊胚是受精后、着床前的发育阶段，这一阶段一般在受精后 4~5 天到达，此时包含 50~150 个细胞。存在伦理学争议。

成体干细胞（adult stem cells）：指在机体的整个发育阶段始终存在的干细胞。不存在伦理争议。

祖细胞（progenitor cells）：同干细胞一样，祖细胞指能分化成特定细胞类型的细胞，同干细胞不同的是干细胞的分化程度更低，以及最重要的是干细胞可以始终复制，而祖细胞只能经历有限次数分裂。

髓鞘（myelin）：富含脂类的、环绕神经元轴突的、用以隔绝神经元、增加电信号转导效率的材料。如果把神经元看作电线，髓鞘就是电线外包裹的绝缘材料。同电线不同的是，一个轴突并不用一段髓鞘包裹，而是包含多个髓鞘，其间以郎飞节（nodes of Ranvier）连接。

施万细胞（Schwann cells）：外周神经系统中一种主要的神经胶质细胞，用于支持神经元。

去分化（dedifferentiation）：细胞在同一谱系中一种瞬时的、由特化状态逆转为较少特化状态的过程。

精巢（testis）：雄性生殖腺，同雌性的卵巢相对应。

地中海圆头涡虫（*Schmidtea mediterrancea*）：一种生活在淡水中的真涡虫，主要产于南欧、突尼斯等地。

退行生长（degrowth）：指涡虫等物种中存在的、在不良环境中个体从大到小的生长过程。

成新细胞（neoblasts）：变形虫中的一种细胞，占 30%，赋予了变形虫强大的再生能力。

同种相残（cannibalism）：动物界一种常见生态相互作用，在超过 1500 个物种中观察到。

蝾螈（newt）：一种两栖生物。

海马神经元（hippocampal neurons）：人和其他脊椎动物脑中的一种主要组分。

重编程（reprogramming）：指细胞发育或者培养中表观遗传修饰的擦除和重建。

内细胞群（inner cell mass）：胚胎早期发育过程中囊胚内侧的一种特殊结构。

Oct4：一种转录因子，参与胚胎干细胞的自我更新。

Sox2：一种转录因子，参与胚胎发育。

Klf4：一种转录因子。

Myc：一种转录因子，调控至少 15% 的人类基因，也是原癌基因。

诱导多能干细胞（induced pluripotent stem cells，iPSCs）：从体细胞获得的多能干细胞。最初由日本科学家山中伸弥（Shinya Yamanaka）于 2006 年、通过转染 4 个因子（Oct4、Sox2、Klf4、Myc）而实现。

转分化（transdifferentiation）：一种成熟体细胞不经过中间多能或者祖细胞状态直接转化为另一种成熟体细胞的过程。

三十、病原体与感染：卧榻之侧，有人安睡

1. 快慢之争

在**新冠疫情**暴发以前，在普通大众心中，慢性病才是当务之急。毕竟随着人口老龄化的加剧，心脑血管疾病、肿瘤等慢性病等似乎更加引人注意，而急性传染病则相形见绌。但是新冠疫情彻底改变了绝大多数人的生活方式和想法。它提醒我们，急性传染病始终是威胁人类的"达摩克利斯之剑"。

在今天，世界范围内感染性疾病造成的死亡占疾病死亡的 1/4，仅次于心脑血管疾病，比所有类型的癌症所致死亡加在一起还要多。古老的传染病依然肆虐，如**结核**和**疟疾**；新的传染病层出不穷，如 1981 年才在临床上发现的**艾滋病**，至今已在全世界造成了 3500 万人的死亡；一些不被重视的传染源则被证实是常见病的元凶，如**幽门螺杆菌**而不是压力或者辛辣才是胃溃疡的罪魁祸首。

感染性疾病来源于**病原体**，病原体多数是微生物，但病原体微生物只占寄居在宿主（如人类）中的众多微生物的极小一部分。

2. 微生物组，春申门下三千客

那么，人体中有多少微生物呢？人有超过 1.0×10^{14} 个细胞，而人体中的微生物的数量大概是 1.0×10^{13}，分属数千个微生物种类，它们共同称为**正常菌群**。这些正常菌群当然每个都有自己的**基因组**，所有微生物群的基因组的总和称为**微生物组**，包含大概 500 万个基因，是人类基因组的 100 倍以上。

从这个意义上说，哪个才是我们的本来面目呢？是我们自身的细胞呢，还是数量为细胞 10 倍、基因是细胞 100 倍的微生物群呢？

微生物群的个体差异极大，甚至在同卵双胞胎中都绝不相同。个体中的微生物群在一段时间内是保持一致的，但是随着年龄、饮食、健康状况以及抗生素的使用而变化。从微生物群的变化上可能回答上面的问题，即微生物可能只是客人，宿主细胞才是主人，因为不动的是主人，动的才是客人，当然宿主细胞是一位宾客如云的主人。

3. 宿主与微生物的关系，相濡以沫，相忘于江湖和尔虞我诈

那么，微生物群与宿主有着什么样的关系呢？无论在哪种关系中，微生物肯定都是受益的，所以关键的标准在于宿主的得失。据此，微生物群与宿主的关系无外乎三种，第一种是**互利**，宿主能在共存中受益，比如人类小肠中的厌氧细菌，它们得到庇护和营养，同时也帮助我们消化食物，制造必要营养物质，而且对胃肠道的正常发育、先天性和获得性免疫系统都是必要的，这种关系可以称之为相濡以沫。第二种是**共生**，宿主在共存中既不受益，也不受害，如我们身体中其实存在很多病毒，但它们对人类健康没有影响，这种关系可以称之为相忘于江湖。第三种是**寄生**，宿主在共存中受害，这就是所谓的病原体的概念，这种关系可以称之为尔虞我诈，相爱相杀了。

以上的划分方法曾经和现在都非常有用，比如病原体的概念的提出，让人们意识到单一病原体的重要性。另外，现在人们逐渐意识到，微生物群的**失衡**也与各种疾病有关系，如自身免疫性和过敏性疾病、肥胖、**炎症性肠病**以及糖尿病等。而且，当将健康人的微生物群转移到罹患某种疾病的人身上时，有时不但能够起到缓解，甚至能实现治愈作用，至少在**难辨梭状芽孢杆菌肠炎**中是如此。

4. 病原体的分类，一意孤行与首鼠两端

在微生物群中，人们最关注的当然是病原体，依据对人的危害可以将它

们分为两类，一类叫作**原生病原体**，另一类叫作**机会病原体**。原生病原体能在健康人中引起严重疾病，其中有的能引起急性的威胁生命的感染，如著名的**霍乱弧菌**、**天花病毒**和**流感病毒**，有的能感染个体多年却不表现明显症状，如**结核**、**肠道蛔虫**。机会病原体则一般情况下是人畜无害的，只有当机体免疫力下降时才露出它们狰狞的一面。

5. 病原体的生命历程，幕天席地，纵意所如

病原体在对人的侵袭经历 5 个阶段：第一阶段，进入宿主体内，这常常通过穿破表皮屏障来实现；第二阶段，在宿主体内找到适合生存的栖息地；第三阶段，不让自己被宿主的免疫系统清除，这又有三种策略，分别是被动躲避、主动破坏和灵活智取；第四阶段，用宿主的资源进行复制；第五阶段，逃离宿主，感染其他宿主。从这个意义上来看，可以把病原体看作广大天地任我遨游的一种生命体，它们在天地间不停地拣择从而让自己长存。

6. 病原体的推波助澜

病原体直接导致死亡的人数仅次于心脑血管疾病，超过癌症，然而，心脑血管疾病和癌症中也有病原体间接参与的影子。比如**动脉粥样硬化**是一种较常见的心脑血管疾病，其特点是血管壁有油脂积累，阻滞血流，最终引起心脏病发作和中风。动脉粥样硬化早期的标志是血管壁上出现**巨噬细胞**的聚集，随后会召集其他白细胞，形成动脉粥样硬化斑块，而这些斑块中包含病原体**肺炎衣原体**，它们是动脉粥样硬化的一个重要的风险因子。其他同动脉粥样硬化有关的病原体还有**牙龈卟啉单胞菌**。同癌症相关的病原体包括**人乳头状瘤病毒**，它们会引起**尖锐湿疣**，90% 的宫颈癌由这种病毒引起。幽门螺杆菌引发的炎症则会导致胃癌。从这个意义上说，祸不单行是正确的，因为墙倒众人推，破鼓万人捶。

7. 病原体的分布，上穷碧落下黄泉

病原体可以是细菌、病毒或者真核生物。其中细菌在分子构成、代谢方式和生态定居上都展现出极大的多样性，这是真核生物细胞所无法比拟的。细菌可以生活在极端的温度、盐分和营养受限的环境中。作为病原体的细菌中有一类主要生活在水和土壤中，只有在遇到易感的宿主时才会侵入并致病，它们被称为**兼性病原体**，另一类则只能在宿主体内复制，称为**专性病原体**。

无论是兼性病原体还是专性病原体，其宿主范围差异可能很大。有些病原体偏爱灵长类，如引起痢疾的**福氏志贺菌**；而同福氏志贺菌亲缘关系很近的**肠道沙门菌**，它是人类食物中毒的主因，但是也能感染其他脊椎动物，如鸡和乌龟；**铜绿假单胞菌**则甚至能跨越动植物的界限，同时在两者之间引起疾病。

8. 毒力基因，坏事传千里

病原体致病的原因在于**毒力**基因，所以毒力基因才是元凶。坏消息是毒力基因往往不是一个，而是成簇出现，叫作**毒力岛**。更坏的消息是毒力基因可以在细菌中实现交流，而且方式不止一种，这就可能让原本无毒细菌变成有毒的，这种个体间的交流与代与代之间的交流不同，所以代与代之间基因传递称为**垂直基因转移**，而个体之间基因传递则称为**水平基因转移**。毒力基因在细菌间的交流有三种方式：第一种叫作**转化**，比如裸露的毒力基因 DNA 进入接受者细菌里面，并整合进基因组；第二种叫作**转导**，一般是通过一种叫作**噬菌体**的病毒携带毒力基因 DNA 进入接受者细菌里面；第三种叫作接合，指的是通过一种叫作**质粒**的物质复制一份毒力基因 DNA 进入接收者细菌里面。

9. "菌" 备竞赛

水平基因转移似乎可以部分解释细菌的多样性，多样性让细菌间的竞赛变得异常的残酷。霍乱弧菌就是一个生动的例子（**表 30.1**）。

表 30.1 霍乱弧菌进化史

株系	表面抗原	噬菌体	毒力岛	威力	时间
原始株系	—	—	—		1817 年以前
经典株系	O1	CFXΦ		6 次大流行	1817—1923 年
埃尔托株系	O1	CFXΦ+ CFXΦ+RS1Φ	VSP1+VSP2	第 7 次大流行	1961 年
新株系	O139	CFXΦ+ CFXΦ+RS1Φ	VSP1+VSP2+SXT		1992 年

注：CFXΦ、RS1Φ 代表噬菌体，VSP1、VSP2 和 SXT 代表毒力岛。按理说噬菌体对细菌是有害的，但是这些噬菌体却使霍乱弧菌拥有了某种特殊能力，对人类而言，敌人的敌人，是更凶恶的敌人。

　　霍乱弧菌引发霍乱的主要特征是痢疾。然而，在数百个霍乱弧菌株系中，只有很少的是致病的，它们被一个可移动的噬菌体感染，而这个噬菌体包含的基因编码引起痢疾的毒素；除此之外，霍乱弧菌还常常含有**表面抗原**，这是人类发现的可以用于识别霍乱弧菌的一种细胞表面标志物。从 1817 年开始，霍乱弧菌有过 7 次流行，前 6 次是由一种经典株系的反复发作导致，这种经典株系除了可移动噬菌体，还有表面抗原**O1**。1961 年第 7 波霍乱流行开始，这次是由于一个新株系，名字叫作**埃尔托**（El Tor），它是在 O1 基础上获得了两个噬菌体和至少两个毒力岛。埃尔托很快就替代了经典株系。到了 1992 年，一个新的株系出现了，这次，O1 被另外一个表面抗原 O139 代替了，这种新抗原使得菌株不再被 O1 型霍乱康复者血液中的抗体识别，不仅如此，新株系还含有一个元件，上面携带有抗生素抗性基因。这些装备让新霍乱弧菌有了更好的适应能力。

10. 毒力基因，开门揖盗

　　那么毒力基因到底是些什么样的东西呢？其实就是一些细菌分泌的毒力蛋白，它们能和宿主的结构或者信号通路蛋白发生相互作用，引起宿主机体的一些不良反应。一些细菌毒素是已知的最强人类毒素。细菌毒素常常还有两个组成部分，一个有酶活性部分 A，另一个则能和宿主细胞表面受体结合并帮助 A 进入宿主细胞的部分 B。比如霍乱弧菌噬菌体会编码霍乱毒素，它们含有的组分 A 发挥酶活性，能导致细胞内一条非常重要的信号通路的持续激活，以至于离子和水释放到小肠腔隙中，引起霍乱相关的痢疾，细菌毒素会进一步随着排泄物进入环境，污染水和食物，并感染新的宿主。

11. 真菌和原生动物病原体，投鼠忌器

细菌病原体虽然数量众多，但是抗生素对它们常常有效；真菌和原生动物病原体则相反，因为同宿主细胞共属真核细胞，所以常常没有有效药物。人们熟知真菌难治，就是这个原因。

还有另一个原因，那就是真菌的生命状态会发生很大变化，以至于对一种真菌状态有效的药物常常对另一种真菌状态无效。真菌包含单细胞酵母和丝状、多细胞的霉菌。很多真菌同时拥有酵母和霉菌两种状态，而且这两种状态的切换同感染有关。**荚膜组织胞浆菌**就是这样一种双相菌，在低温时呈现霉菌态，当定居在人肺里时则呈酵母态，并引起感染。

原生动物寄生虫则有更加多样的状态。疟疾是一种破坏性极大的寄生虫病，每年感染超过两亿人，致死 50 万人。疟疾由 4 种**疟原虫**引起，而疟原虫是由按蚊传播的。疟原虫在人肝脏细胞里面会发生复杂的形态改变。

12. 病毒病原体，乏味的循环

细菌、真菌和原生动物病原体还是有很大自主性的，但是病毒病原体则几乎完全依赖宿主细胞。病毒编码 3 类蛋白质：复制基因组的蛋白质，包装和运送基因组到更多宿主细胞的蛋白质，修改宿主细胞结构或者功能从而增加病毒复制的蛋白质。也就是说，病毒基因的产物恰恰是用来让自己复制的。

病毒只是一个缩影，事实上，更复杂的生命体如我们人类自身也适用上述原则：基因产物仅仅是用来让自己复制的。物种基因组复杂的功能如运动、

呼吸、神经、免疫等，都是仅仅增加基因复制的安全性与效率的。

病毒的生命循环包括几个步骤：第一，进入宿主细胞；第二，感染性病毒颗粒的去组装，其实就是病毒遗传物质 DNA 或者 RNA 同蛋白质的分离；第三，病毒基因组的复制；第四，病毒基因的转录与病毒蛋白质的合成；第五，病毒组分包装进子代病毒颗粒。

13. 不只是乘客的病原体

病原体进入宿主需要突破的第一道屏障是皮肤，它们是怎么做到的呢？

很多时候病原体需要宿主皮肤出现伤口才能进入。比如**葡萄球菌**和**链球菌**分别经由皮肤、鼻子和嘴巴、喉咙表皮层的伤口进入宿主体内。

原生病原体则常常通过搭便车的方式突破皮肤屏障。疟原虫通过蚊子的叮咬进入宿主。**黄热病**、**登革热**以及**病毒性脑炎**的病毒，也是通过蚊子叮咬来感染宿主。

搭便车的病原体有时甚至发展出改变宿主行为的惊人能力。一个例子是引起**流行性淋巴腺鼠疫**的**鼠疫耶尔森菌**，它们在跳蚤的前肠中定居，可以形成大块聚集物，堵塞跳蚤消化道，这会导致跳蚤重复而又徒劳地进食，在此过程中，菌体就会进入跳蚤口器，加速了传播。

14. 肾脏大肠杆菌，千寻铁锁沉江底

病原体还需要逃避很多上皮的保护机制以便定居。肺的上皮有一层黏液保护，而纤毛又会不停地清扫上皮表面，把病原体扫出去。膀胱和上消化道上皮也都有一层厚厚的黏液，而且还分别有尿液和蠕动冲刷除去病原体。但在漫长协同进化中，道高一尺魔高一丈，病原体也发展出很多机制来克制宿主的保护。

人肾脏中定居的大肠杆菌拥有长长的纤毛，可以穿过肾脏表面厚厚的黏液层，吸附到肾脏上皮细胞表面的糖脂之上，这些纤毛长达数毫米，几乎是大肠杆菌大小的上千倍。

15. 幽门螺杆菌，酸海求生

在人的胃中定居的幽门螺杆菌则发展出了多种机制，因为胃里的环境非常严苛。比如它们会制造尿素酶，能将尿素转化成氨，从而中和周围的酸，得到栖身之地；它们能利用鞭毛进行趋化式移动，寻找 pH 更中性的适宜环境。

16. 胞外菌和胞内菌，内"悠"外患

很多病原体并不进入细胞，称为**胞外病原体**，另一些病原体则要进入细胞内部，称为**胞内病原体**。胞内似乎是一个好选择，这里既没有抗体，也没有吞噬细胞，而且营养丰富，几乎可以说是"春和景明，波澜不惊，上下天光，一碧万顷"，所以很多的细菌，很多病毒和原生动物病原体都选择在胞内生存。

17. 入侵免疫细胞的病毒，舞刀者

病毒当然只能作为胞内病原体，因此进化出了病毒表面蛋白，可以结合于宿主细胞表面的特定的蛋白质，它们被称为病毒**受体**。病毒受体绝不是专供病毒进入的，只是被病毒利用而已，就像窗子不是专供小偷进入的，只是被小偷利用而已。一种噬菌体可以把大肠杆菌表面一种蛋白质当作受体，而这个蛋白质本来是大肠杆菌用来从环境中摄取麦芽糖的。

病毒受体不必然是蛋白质。**单纯疱疹病毒**的受体是蛋白多糖；**猿猴病毒40**的受体是糖脂。

病毒和受体之间的特异性结合限制了病毒宿主的范围，而获得新受体意味着病毒的进化。

多数病毒通过单个受体进入宿主细胞，但也有些病毒结合于双受体，艾滋病病毒 **HIV-1** 就是如此。HIV-1 需要两个受体同时存在才能进入宿主细胞，第一个受体是基本受体 **CD4**，这是一种在辅助性 T 细胞和巨噬细胞中表达的蛋白质，通常情况下用于这两种细胞参与的免疫识别；第二个受体是辅助受体，或者是存在于巨噬细胞上的 **CCR5**，或者是存在于辅助性 T 细胞上的

CXCR4，所以前者用于进入巨噬细胞，而后者用于进入辅助性 T 细胞。在进入细胞最初一段时间，一般是几个月，病毒都用 CCR5 作为辅助受体，所以那些 CCR5 基因含有某些缺陷的人常常对艾滋病病毒有抗性；随后，病毒可以切换到利用 CXCR4 进入细胞。也就是说，随着感染进程，病毒能改变侵染的细胞类型。

在艾滋病病毒的例子中，病毒利用免疫细胞就像与刀共舞，不小心就会受伤，但入侵免疫细胞的好处也是很大的，一旦进入既能削弱免疫反应，又能随着善于移动的免疫细胞周游全身。艾滋病病毒就是这样一种驾驭免疫细胞的聪明的舞者。

18. 天下武功，唯快不破

病原体层出不穷，一方面，新病原体不断出现；另一方面，老病原体常常改头换面，卷土重来。这是因为病原体有着远超宿主的进化速度，而这种极快的进化速度取决于两点，第一是极快的复制速度，这就能在很短时间内提供大量遗传材料，供自然选择，例如人和猩猩基因组的 2% 的差异耗时 800 万年，而引起小儿麻痹症的脊髓灰质炎病毒基因组的 2% 的改变仅需 5 天；第二是极大的进化压力，如宿主的免疫系统、人类发明的各种抗微生物药物都能杀死不做出改变的病原体，从而促进病原体加速进化。**尼采**在《偶像的黄昏》中提到："杀不死我的让我更强大"，病原体就是这样做的。

病原体的聪明之处还在于，它们尤其擅长改变抗原，这是被宿主的抗体识别的部位，这种现象叫作**抗原变异**，同病原体基因组整体的改变相比，抗原变异可以达到"用力少而为功多"的效果。**非洲锥虫**是一种会引起**非洲睡眠病**的原生动物寄生虫，通过**舌蝇**传播。非洲锥虫的表面覆盖一层特定类型的糖蛋白，这种糖蛋白会刺激宿主细胞产生保护性抗体，迅速清除非洲锥虫。然而非洲锥虫的基因组中含有 1000 多个编码表面糖蛋白的基因和**假基因**，它们编码不同类型的表面糖蛋白。在一个给定的时间里，非洲锥虫基因组中只有一个表面糖蛋白基因会表达，而非洲锥虫会不停地变化表达的基因，从而逃避宿主抗体的识别。非洲锥虫就像拥有一个由 1000 个密码组成的密码库，宿主细胞的免疫系统就像一个疲于奔命的密码破译者，每当一个密码被破解之后，非洲锥虫就换一个新的密码。

比抗原变异简单些的方式叫作**抗原相变异**，指的是抗原在开和关两种状态间切换，如果说抗原变异有上千种密码，那么抗原相变异相当于有两种密码。**肠道沙门菌**可以在两种不同的鞭毛蛋白间切换，就属于抗原相变异[107]。

19. 病毒变异，自我的迷失

无论是细菌病原体还是原生动物病原体，它们的变异都无法同病毒相比，病毒具有易错体质，变异要广泛和深刻得多。一个例子是逆转录病毒基因组，它们可以做到每完成一个复制周期，也就是从 RNA 到 DNA 再到 RNA，就获得一个突变。这是因为**逆转录酶**以 RNA 为模板形成 DNA，缺乏类似 **DNA 聚合酶**的纠错机制。逆转录病毒 HIV 如果不受干预的话，最终可以制造出每个核酸都发生过变异的基因组。这也是 HIV 难治的主要原因。

流感病毒则是一个例外，它们主要依赖另一种方式，也就是重组，以实现迅速进化（**表 30.2**）。流感病毒的基因组和一般逆转录病毒的不一样，它们通常含有 8 条 RNA 链，当两种流感病毒感染同一个宿主之后，它们的 RNA 链常常重新组合，形成新的流感病毒。尽管对婴幼儿有较大致死率，大部分的时间里，流感病毒总体来说是温和驯良的。流感病毒常常感染家禽，只有少数感染人类，而且从家禽到人的穿越也极少发生。1918 年，平静被打破了。一种禽流感病毒突破了物种屏障，感染了人类，开启了灾难性的大流行，这种病毒肆虐被称为西班牙流感，共导致 2000 万 ~5000 万人的死亡。随后，流感病毒进行了各种组合。2009 年的 **H1N1 猪流感**病毒杂糅了猪、鸟和人类的 RNA 片段。通常人会在两到三年内发展出对重组流感病毒的普遍免疫。但病毒重组是不可预测的，人们无法推测出病毒何时流行，以及流行起来有多严重。

表 30.2　较大影响力的流感暴发

流感	宿主	时间	抗原	基因
鸟类流感	鸟	1918 以前	H1N1	8 个 H1N1
西班牙流感	人	1918	H1N1	8 个 H1N1
亚洲流感	人	1957	H2N2	5 个 H1N1+3 个 H2N2
香港流感	人	1968	H3N2	5 个 H1N1+2 个 H2N2+1 个 H3N？
俄罗斯流感	人	1977	H1N1	8 个 H1N1
猪流感	人	2009	H1N1	1 个 H3N?+2 个鸟类来源 +5 个猪类来源

注：H 代表血细胞凝集素（hemagglutinin），N 代表唾液酸酶（neuraminidase），这是流感病毒表面的两种糖蛋白，前者负责病毒进入细胞，后者负责病毒离开细胞[108]，目前在自然界中发现 18 个 H 和 11 个 N。需要注意的是，1977 年的俄罗斯流感大概率来自 1918 年大流感病毒（在实验室中储存用于研究，但在 1950 年左右泄漏）。目前威胁人类的流感是 H3N2 和两种不同来源的 H1N1。

病原体的进化同多细胞生命体的进化形成鲜明的对比。病原体为了生存，变化越大越好，是自我的迷失；多细胞生命体则倾向于保持基因组的稳定性。癌症在某种程度上背离了多细胞生命体的进化规律，而一定程度模拟了病原体的快速突变的积累。

20. 抗药性泛滥，老无所依？

人类用各种药物来对付病原体，而病原体也发展出了各种策略来求生存，于是就产生了抗药性。细菌能在几年内发展出对某种新药的抗性。病毒还要更快，例如艾滋病病毒只要几个月就能发展出对**齐多夫定**（一种用于治疗艾滋病的逆转录酶抑制剂）的抗性。现在治疗艾滋病常常有所谓的鸡尾酒疗法，其实就是通过多种处理的叠加来降低抗药性的产生。

病原体常常通过三种策略来获得抗药性：第一种是改变药物靶标；第二种是制造可以修饰甚至瘫痪药物的酶；第三种是不让药物接近药靶，如将药物泵出病原体。

病原体的药物抗性不可怕，可怕的是抗性转移。病原体常常可以通过基因水平转移的方式在同种之间传递抗性，这种传递甚至可以跨越物种界限。**万古霉素**是一种高效但昂贵的抗生素，在临床上常用于很多严重的、院内感染的、大多数已知抗生素无效的**革兰氏阴性菌**感染。万古霉素主要抑制细菌细胞壁合成的关键一步，而细菌会用不结合万古霉素的蛋白质来合成细胞壁，以避免万古霉素的伤害。在众多的万古霉素抗性中，有种非常有效，这种抗性来自转座子，其上含有 7 个基因，它们的产物紧密合作，识别出万古霉素，关闭常规的万古霉素合成通路，启动新的通路合成细胞壁。

　　人类也在为抗药性推波助澜。一个很大的问题是人们对病毒感染采用了针对细菌的抗生素。农业抗生素的滥用也造成了广泛和恶劣的影响。

　　病原体在进化，而宿主也不会坐以待毙，它们发展出了复杂精妙的免疫系统，以对抗病原体。

词汇表

结核（tuberculosis）：由结核杆菌引发的传染性疾病。

疟疾（malaria）：由蚊子携带的、影响人和其他动物的传染病。

艾滋病（acquired immune deficiency syndrome，AIDS）：由人类免疫缺陷病毒（HIV）引发的一系列临床症状。

幽门螺杆菌（*Helicobacter pylori*）：胃中存在的革兰氏阴性、微需氧、螺旋状细菌。

病原体（pathogen）：任何引起疾病的有机体或试剂。

正常菌群（normal flora）：人类组织、体液中所有微生物的聚集，也称为人类微生物组。

微生物组（microbiome）：物种（不限于人类）中的正常菌群。

互利（mutualism）：两个或者多个物种间净收益为正的相互作用。

共生（commensalism）：指一种生物相互作用，一方受益，另一方无利无害。

寄生（parasitism）：指一种生物相互作用，一方受益，另一方受害。

失衡（dysbiosis）：特指微生物组的紊乱，包含功能性组成、代谢活性以及局部分布的改变。

炎症性肠病（inflammatory bowel disease）：结肠和小肠炎症，主要类型包括克劳恩病、溃疡性结肠炎。

难辨梭状芽孢杆菌肠炎（clostridium difficile colitis）：由难辨梭状芽孢杆菌导致的肠炎。

原生病原体（primary pathogens）：存在体内就能导致症状的病原体。

机会病原体（opportunistic pathogens）：当机体抵抗力下降或者遭遇损伤时才导致症状的病原体。

霍乱弧菌（Vibrio cholerae）：一种革兰氏阴性、兼性厌氧、逗号形状的细菌。

天花病毒（variola virous）：导致天花的病毒。

流感病毒（influenza virous）：导致流感的病毒。

动脉粥样硬化（atherosclerosis）：一种以动脉壁损伤为特征的疾病。

肺炎衣原体（*Chlamydia pneumoniae*）：细胞内衣原体，肺炎的主因。

牙龈卟啉单胞菌（*Porphyromonas gingivalis*）：一种非移动的革兰氏阴性杆状厌氧致病菌。

人乳头状瘤病毒（papillomavirus）：一种没有衣壳包被的 DNA 病毒。

尖锐湿疣（genital warts）：由某些人乳头状瘤病毒导致的性传播疾病。

兼性病原体（facultative pathogens）：在细胞内外都能生存的病原体。

专性病原体（obligate pathogens）：只在细胞内生存的病原体。

福氏志贺菌（*Shigella flexneri*）：一种导致人类腹泻的革兰氏阴性菌。

肠道沙门菌（*Salmonella enterica*）：一种杆头状、有鞭毛、兼性厌氧的革兰氏阴性细菌。

铜绿假单胞菌（*Pseudomonas aeruginosa*）：一种常见的革兰氏阴性、需氧兼性厌氧的杆状细菌，可在植物和动物中引起疾病。

毒力（virulence）：病原体导致宿主损伤的能力。

毒力岛（pathogenicity islands）：微生物通过水平基因转移获得的包含多个毒力基因的基因组区域。

埃尔托（El Tor）：霍乱弧菌的一个株系。

荚膜组织胞浆菌（*Histoplasma capsulatum*）：一种双相真菌。

疟原虫（plasmodium）：一种单细胞真核生物，是脊椎动物和昆虫的专性寄生虫。

葡萄球菌（staphylococci）：一种革兰氏阳性菌。

链球菌（streptococci）：一种革兰氏阳性菌。

黄热病（yellow fever）：黄热病毒导致的一种潜伏期很短的疾病。

登革热（Dengue fever）：登革病毒导致的流行于赤道地区的疾病。

病毒性脑炎（viral encephalitis）：病毒导致的脑实质炎症。

流行性淋巴腺鼠疫（bubonic plague）：鼠疫杆菌导致的一种鼠疫。

鼠疫耶尔森菌（*Yersinia pestis*）：一种革兰氏阴性、非移动球杆菌。

胞外病原体（extracellular pathogens）：存在于细胞之外的病原体。

胞内病原体（intracellular pathogens）：存在于胞内的病原体。

单纯疱疹病毒（herpes simplex virus）：主要在人类中传播的一种病毒。

猿猴病毒 40（simian virus 40，SV40）：存在于人和猴中的一种多瘤病毒。

CD4：存在于很多免疫细胞表面的一种受体。

CCR5：白细胞表面的一种化学因子受体。

CXCR4：一种化学因子受体。

抗原变异（antigenic variation）：原生动物、细菌和病毒中的一种机制，通过改变表面蛋白质或者碳水化合物，从而避开宿主的免疫反应。

非洲锥虫（*Trypanosoma brucei*）：存在于非洲撒哈拉以南的锥虫。

舌蝇（tsetse flies）：俗称采采蝇，一种大的、咬人的存在于热带非洲的蝇类。

非洲睡眠病（African sleeping sickness）：一种非洲锥虫导致的疾病。

抗原相变异（phase variation）：一种应对快速变化环境的、不涉及突变、只涉及蛋白质表达（通常是开或关两种状态）的变异方式。

H1N1 猪流感：由 H1N1 型流感病毒导致的猪流感。

齐多夫定（azidothymidine，AZT）：用于预防和治疗艾滋病的药物。

万古霉素（vancomycin）：用于治疗细菌感染的一种糖肽类抗生素。

三十一、先天性和获得性免疫：敢犯我者，虽远必诛

1. 大自然的税赋

免疫（immune）一词的英文，来自拉丁语 immunis，im 来自 in-，有不、取消、反对的意思；munis 的意思是公共服务；连起来就是免除公共服务、免税、不进贡等意思，后来引申为免疫。税有为公共服务的属性，而所有物种生活在大千世界，也需要缴纳大自然的税赋，这就是其他物种的生存机会。个人的税赋不能太高，否则会影响自己的生存；各个物种通常也并不缴纳过高的自然税赋，在互利、共生等情形下，各个物种所缴纳的税赋是完全可以甚至乐得承受的，只有在受到病原体攻击的情形下，物种才要缴纳过多的税赋。免疫，指的仅仅是免除病原体带来的不好的影响。

从赋税的角度看待免疫会有新的启发。完全免除赋税既不可能也不公道；完全免疫甚至有害，比如正常菌群是我们健康的一部分，因此只有将那些有害的病原体免疫才是有意义的。

2. 先天性与获得性免疫，原始部落与发达城邦

各个物种都有自己的免疫机制。细菌面对噬菌体，会发展出一种叫作限制因子的免疫机制。除了限制因子，无脊椎动物会发展出更多的免疫机制，如保护性的屏障（通常是外壳等）、毒性分子以及吞噬并消灭病原体的细胞，

这些统称为**先天性免疫系统**。脊椎动物当然也依赖先天性免疫系统，但是还进化出了更加复杂和有针对性的**获得性免疫系统**（图31.1）。先天性免疫反应总是最先发生，如果需要的话它会召唤获得性免疫反应，共同对付病原体。先天性免疫反应就像原始部落，亦农亦兵，获得性免疫反应则像诸侯城邦，已经发展出专门的军队守土卫疆。

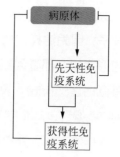

图31.1　先天性与获得性免疫系统

（先天性免疫系统会针对病原体展开迅速且短暂的应对；获得性免疫系统则会被病原体和先天性免疫系统共同激活，启动专门的、长效的应对。）

3. 表皮，兵临城下

先天性免疫系统中，表皮是面对病原体的第一层屏障，有一系列策略防止病原体的入侵，因表皮位置的不同，其策略也不一样。脊椎动物的表皮也就是皮肤，一般比较致密，这能防止病原体进入；表皮下的腺体常常分泌脂肪酸和乳酸，以抑制病原体生长；另外，所有的表皮细胞，甚至植物和无脊椎动物的表皮，都能分泌**防御素**，这是一种带正电荷的两性多肽，可以结合并干扰膜结构，从而抑制很多病原体，如病毒、细菌、真菌以及寄生虫。

与皮肤这种在外的表皮不同，在内的（如呼吸道、消化道）表皮有额外的机制对抗病原体，比如黏液与鞭毛。黏液让病原体不易附着，鞭毛更能扫除病原体，这两类机制是在外的皮肤不可能具备的。另一类在内表皮得天独厚的防御机制是正常菌群，它们能竞争营养从而抑制病原体，有些甚至能分泌抗微生物多肽，从而帮助机体对付病原体。

4. 病原体识别，就像认出一首唐诗

表皮发挥无差别的防御作用，但并非无懈可击，很多病原体依然会进入，这时它们会遭遇先天性免疫系统的进一步顽强阻击。

先天性免疫系统要能认识病原体，就要能识别出病原体的一些共同特征，称为**病原体相关分子模式**。为什么不是某一个分子而是分子模式呢？前面说

过，病原体常常变化很大，所以宿主为了识别病原体，就不能依赖一个具体的分子，因为这样门槛太低，可能造成错误的识别，但也不能是信息更加具体的形式如全部基因组序列，这样门槛太高，造成无法识别，因此，只能是更有概括性的模式。模式存在于核酸、脂类、多糖和蛋白质之中。对模式的识别，就像通过几个字辨别一首唐诗，很显然不能靠某一个字，如风、花、雪、月，这样的字眼到处都是，以此识别会导致所见皆是唐诗，安全性太差；但是也不能把唐诗全文如七律 56 字作为识别的单位，如这样做，过于笨拙，成本过高，效率低下；识别唐诗，只能靠介于两者间的数个字，如天地悠悠、秦关汉月、孤城万仞、白云千载。

具体地，这些病原体相关分子模式包括细菌**脂多糖**、病毒**鞭毛**，甚至更加复杂的模式，如短的、未经修饰的 DNA 序列。宿主中能识别病原体相关分子模式的，是特定的受体蛋白，叫作**模式识别受体**。

5. 炎性反应，乱拳打死入侵者

模式识别受体在遇到病原体后被激活，会引发**炎性反应**。炎性反应主要涉及局部血管，并表现出红、肿、热、痛四种特征，血管会扩张，并对体液和蛋白质通透，积累蛋白质以辅助防御。

但炎性反应并非局部事件，也就是说机体清除病原体的努力不可能仅仅局限在局部，还要向更远处传播，这就涉及通过一些信号向更远处传递信息，其中很重要的一部分是由**细胞因子**来完成的。促进炎性反应的最重要的两个细胞因子，一个叫作**肿瘤坏死因子（TNF）**，另一个叫作**干扰素（IFN）**，顾名思义，它们最初被发现的功能分别是同抑制肿瘤和干扰病毒相关的。

6. 巨噬细胞，紫金红葫芦

先天性免疫对病原体的直接杀伤，采用了一种最原始的方式：吞噬，这是由吞噬细胞来实现的。吞噬细胞有两种，一种叫作**巨噬细胞**，要能完成吞噬，自身当然要很大，所以叫巨噬。巨噬细胞在时空上有两个特点，时间上寿命很长，空间上则驻留于脊椎动物的组织之中，所以巨噬细胞是面对入侵病原体的最初的细胞，它们既会被病原体相关分子模式所激活，同时也会大喊"狼来了"，发出警戒信号。另一种叫作**中性粒细胞**，同巨噬细胞相比，它们的寿命短，而且主要存在于血液而不是健康组织之中，所以它们不是病原体最初的响应者，但是会迅速赶往出事地点。当然中性粒细胞同样会大喊"狼来了"，发出警戒信号。

吞噬细胞不仅仅有吞噬的本领，更有强大的对病原体的杀伤能力。吞噬细胞内部有**溶菌酶**，能破坏病原体的细胞壁；吞噬细胞内还有高度毒性的氧来源化合物，包括超氧化物、过氧化氢以及其他氧源性自由基，它们可以干掉病原体入侵者。吞噬细胞在获得这种氧来源化合物的同时需要消耗很多的氧气，这个过程叫作**呼吸爆发**。呼吸爆发在伤害病原体的同时，也会伤及自身，所谓伤敌一千，自损八百。巨噬细胞能耐受这种呼吸爆发，中性粒细胞则不能，只能同病原体同归于尽，急性细菌感染伤口中脓的主要成分是中性粒细胞的尸体，这也是中性粒细胞寿命很短的原因。

7. 补体系统，葫芦娃

以上提到的先天性免疫反应都是基于细胞的，血液和体液中还存在一个完全由蛋白质组成的防御系统，其中最重要的一个叫作**补体系统**，由大概 30 种蛋白质组成，它们是肝脏制造的，一般是无活性状态，但是感染会激活它们。之所以称为补体，是因为这个系统最初被发现是对抗体的一种补充，当然后来发现这个系统对先天性免疫系统也很重要。

补体系统有一个很有意思的结构，这是一个呈葫芦形的结构。为什么说类似葫芦呢？这是因为补体被激活的途径有 3 条；补体激活的效应有 4 个，如病原体孔形成和裂解、病原体被包被并启动吞噬、召集炎症细胞以及激活获得性免疫反应。然而，在被激活与激活之间的，是一个纤细的腰部，这就是整个补体系统的核心：**C3**。C3 缺陷的个体会经历反复的细菌感染，迁延不愈。

补体中的很多蛋白质都是没有活性的前体，称为前酶或者**酶原**，它们要经过某些操作才能表现出活性，而这些操作就是蛋白质水解切割。补体酶链上的蛋白质会首尾相连，依次切割，从而释放下游酶原的活性，另外在数量上，每个酶都可以切割多个靶。补体就像是被剑鞘包裹的剑，当面对敌人入侵的时候，需要迅速释放出这些剑，于是一把剑就会斩断离自己最近的多把剑的剑鞘的保护，以此类推，级联放大，很快所有的剑就都亮剑了。

在这些剑中，C3 是特别的一把，特别之处在于它的剑鞘也有妙用。C3切割激活后，释放出一个小的活性片段和一个大的膜结合的片段，小的片段可以召集其他免疫细胞如中性粒细胞，类似剑鞘，可以传递敌情的信号；大的片段可以直接结合病原体，继续传递补体的信号，并把信号限制在病原体膜表面的位置，就像利剑刺向敌人；大的片段还可以吸引吞噬细胞和 B 细胞（吞噬细胞实施吞噬，B 细胞实施抗体分泌），就像剑穗引人注意召集更多人前来一样。

为什么补体系统呈现这种葫芦形的结构呢？这可能和补体的激活方式有关。补体在面对敌情时可以迅速激活，效应也迅速展现，但是必须有一个限速的机制，防止强大补体的次生危害。C3 作为补体系统葫芦形结构的细腰，可能能有效控制补体系统的不可控激活。身怀利器，杀心自起，所以补体系统必须被有效控制。

8. 获得性免疫，箭与剑

先天性免疫反应是一种通用机制，所有细胞都具有；获得性免疫反应高度特化，依赖一些专门的白细胞类型，叫作**淋巴细胞**。主要的是其中的两类，一类远程攻击，像弓箭，叫作 **B 细胞**，它们分泌出**抗体**来结合病原体；另一类近身肉搏，像剑，叫作 **T 细胞**，它们直接杀死被病原体感染的细胞。T 细胞还是一把响剑，如果自己搞不定，那就通过各种方式召唤其他细胞，群殴病原体。

先天性免疫反应通常时效很短，而获得性免疫反应的时效可能很长，比如**麻疹**康复患者或者疫苗接种者可以获得终生免疫。

9. 获得性免疫，避免草木皆兵

获得性免疫需要解决的最大问题是识别，既要保证质，也要保证量。先天性免疫系统通过感受蛋白质来识别病原体特有的模式分子，获得性免疫系统则是通过启动基因水平的机制，制造几乎无限的蛋白质，来识别任何潜在的病原体。获得性免疫系统还能在没有任何经验的前提下用基因制造蛋白质，以应对新情况。获得性免疫系统要能特异性地识别病原体，而不会错认无害或有益的微生物及其分子，以及宿主自己的细胞和分子。而且，获得性免疫系统务必小心翼翼，以避免伤及无辜，也就是机体自身的细胞和分子，以防止**自免疫**，这是免疫反应的质；哪怕合适的免疫反应，也要适可而止，以防止**过敏反应**，这是免疫反应的量。

词汇表

限制因子（restriction factors）：阻止病毒感染的蛋白质。

先天性免疫系统（Innate immune system）：古老的免疫防御机制，存在于植物、真菌、昆虫以及原始多细胞生命体中。

获得性免疫系统（adaptive immune system）：免疫反应机制之一，包括体液免疫和细胞免疫两种形式。

防御素（defensin）：一种宿主防御多肽，富含半胱氨酸和阳离子。

病原体相关分子模式（pathogen-associated molecular pattern，PAMPs）：一系列微生物中保守的小的分子元件。

模式识别受体（pattern recognition receptors，PRRs）：识别病原体相关分子模式的受体。

肿瘤坏死因子（TNF）：一种重要的细胞因子。

干扰素（IFN）：细胞分泌的具有抗病毒、抑制细胞增殖、调节免疫及抗肿瘤等作用的糖蛋白。

呼吸爆发（respiratory burst）：细胞迅速释放富含活性氧成分的过程。

补体系统（complement system）：免疫系统一部分，增强抗体和吞噬细胞的能力，从机体中清除微生物和受损细胞。

C3：补体系统核心组分。

酶原（proenzymes）：酶的无活性前体。

淋巴细胞（lymphocytes）：白细胞的一种，包括自然杀伤细胞、B 细胞、T 细胞等。

B 细胞：淋巴细胞一种，主要产生抗体。

T 细胞：淋巴细胞一种，主要包括细胞毒性 T 细胞、辅助性 T 细胞以及调节性 T 细胞等。

麻疹（measles）：麻疹病毒引发的高传染性疾病。

自免疫（autoimmunity）：有机体对自身健康细胞、组织等产生免疫的现象。

过敏（allergy）：有机体对环境中无害物质发生免疫反应的现象。

三十二、细胞的未来之路：为什么我不担心人工智能？

1. 奇点

人类对人工智能的担心由来已久。充满想象力的科幻影视作品固然推波助澜，真实世界的事件更加惊心动魄。谷歌旗下公司 DeepMind 开发的围棋程序阿尔法围棋（**AlphaGo**）横扫人类。颇具讽刺的是，DeepMind 给每个程序起了个拟人的名字。2015 年 10 月，AlphaGo Fan 战胜了欧洲冠军樊麾（Fan Hui），比分 5:0；2016 年 3 月 9 日，AlphaGo Lee 战胜了有 18 个国际大赛冠军头衔的石佛李世石（Lee Sedol），比分 4:1；2017 年 5 月 27 日，AlphaGo Master 战胜了当时世界排名第一的柯洁，比分 3:0。2017 年 10 月 18 日，《自然》杂志报道了 AlphaGo Zero，它不依赖任何人类输入，自学成才，仅用 3 天就能做到以 100:0 击败 AlphaGo Lee，用 21 天达到 AlphaGo master 的水平，用 40 天超过所有的 AlphaGo 版本[109]。不仅如此，2021 年 8 月，DeepMind 开发的**阿尔法折叠（AlphaFold）**可以实现对蛋白质结构的精准预测，比如对于极难确定结构的膜蛋白如**葡萄糖 -6- 磷酸酶**，AlphaFold 的预测准确率高达 95.5%[53]，要知道蛋白质结构是生命科学的圣杯，是造物主的杰作。进一步，2022 年 11 月 30 日，一款全新的对话机器人 **ChatGPT** 问世，被《纽约时报》评为目前最卓越的人工智能机器人，其性能甚至可以达到输出类似人类制作的文本。人工智能发展如此迅猛，难怪 2019 年 4 月 11 日，菲尔兹奖得主、人工智能专家**大卫·曼福德**在一篇博客里指出：

"一些最激进的预测认为存在某个奇点，在那个时刻，超级 AI 将创立一个新世界，而人类则将灭绝。一些人认为奇点就在 2050 年左右。"

人们担心人工智能，是怕它们取代人类；人们认为人工智能有可能取代人类，是因为并不清楚为什么这件事不会发生；人们之所以认为人工智能取代人类可能发生，是因为没有仔细思考过智能的本质，所以对人工智能的担心，基本等价于害怕人工智能拥有意识。

那么，人工智能会有意识吗？

2. 薛定谔的问询

关于意识，奥地利人、诺贝尔奖得主**薛定谔**有精彩论述，他认为从意识的显现与隐藏才能看到真相，而意识只不过是我们对外界环境中生疏的情形的反应而已。比如人类新生儿对走路要有一个不断学习的过程，这个过程的所有细节都在意识掌控之中，然而一旦小孩熟悉了走路，这就变成了一个机械化的过程，从而从我们的意识中消退了。从薛定谔的论述中可以有很多推论，如我们的注意力会选择性关注某些事件，成为意识的驱动器；而心跳、呼吸等不会被我们所意识到，可能也只是进化的产物。从以上的事实可以想象，意识似乎是对我们尚未熟悉的情形的一种反应，能让我们更好地生存。

一个同意识类比的是我们的免疫系统。免疫系统的主要屏障是皮肤，但是皮肤对病原体的阻碍很少被我们觉察到，而获得性免疫反应则表现剧烈。**先天性免疫和获得性免疫**的关系，近似知觉和意识的关系。

从这个意义上说，意识只是有机体所能发展出来的一种最精巧的生存机器。而意识之所以发展出来，在于它满足了机体生存的需要。

人工智能有生存的需要吗？人工智能从物理结构看来，并没有满足其机体生存的需要，从这个角度看，人工智能绝无可能发展出意识。

3. 佛陀的启示

现在，我要提出佛陀的启示了。之所以放在这个位置，是因为当给出薛定谔的思考之后，佛陀的启示就显得尤为重要了。

关于意识，似乎宗教走得更远。佛教对意识的理解广大精微，有所谓八识的说法，从浅到深依次是眼、耳、鼻、舌、身、意、末那识、阿赖耶识。眼、耳、鼻、舌、身是知觉，意识要比知觉更加深刻，末那识是执着自我，阿赖耶识则是万物本源，永恒不变。八识的顺序是阿赖耶识为根本，末那识依据对阿赖耶识的执着而生，恒常思虑，执着自我，末那识也称为意根，即意识的根源，意识又通过眼、耳、鼻、舌、身审视万物。

佛教对意识的理解是来自执着自我的末那识，这一点其实同薛定谔的理解一脉相承，但更加微妙而又宏大就是了。意识所依赖的是执着自我，是不是可以理解为 DNA 的保持自我的能力？DNA 的执着自我的能力经历了数十亿年的进化才得以具有规模。人工智能有执着自我的可能吗？从其组成上看，这绝无可能。

4. 侯世达的符号

当说起人工智能，还有一个人不得不提，他就是**侯世达**，原名道格拉斯·理查德·霍夫施塔特，侯世达是他的中文名。他是 1961 年诺贝尔物理学奖得主罗伯特·霍夫施塔特（**Robert Hofstadter**）的儿子，但他能拥有比他的父亲更大的声名，这主要归功于他写的一本书，叫作《哥德尔、艾舍尔、巴赫——集异璧之大成》[110]。在这本书的最后一部分，侯世达对人工智能给出了自己的思考。

侯世达在书中提出了一个**泰斯勒定理**：人工智能是尚未做到的东西。侯世达给出了进一步的解释：一旦某些心智功能被程序化了，人们很快就不再把它看作真正的思维的一种本质成分。按照这个定理，人工智能永远无法实现对人类意识的掌握。

所以也就不难理解侯世达提出这个人工智能相关问题及其解答了。在他的书中，侯世达自问自答了十个问题，从这样的问答中能看出他对人工智能的态度。例如，诸如，他问道："情感是否能明显地在一台机器中程序化？""你是否可能把一个人工智能程序的行为调整得像我或像你——或恰好介于我们两个中间？"他最终给了否定的回答。他也确实曾低估了人工智能，比如对于是否会出现能击败任何人的下棋程序，他的回答是不会，当然我们知道这恐怕是错的，AlphaGo 早已证明了这一点。但我想总的说来侯世达的回答正中肯綮。请看他对于这个代表性问题的回答，是否计算机程序终将谱写出优美的乐曲？

侯世达的回答是"会的，但不是近期的事情"。他进一步展开："能有如此功能的程序必须得能自己走进这个世界，在纷繁的生活中抗争，并每时每刻体验来自生活的感受。它必须懂得暗夜里的凉风所带来的喜悦与孤独，懂得对于带来温暖爱抚的手掌的渴望，懂得遥远异地的不可企及，还要能体验一个人死去后引起的心碎与升华。它必须明了放弃与厌世、悲伤与失望、决心与胜利、虔诚与敬畏。它里面得能把诸如希望与恐惧、苦恼与欢乐、宁静与不安等相对立的情绪混合在一起。它的核心部分必须能体验优美感、幽默感、韵律感、惊讶感——当然，也包括能精妙地觉察到清新的作品中那魔幻般的魅力。音乐的意义与源泉正是来自这些东西也仅仅来自这些东西。"

5. 大卫·曼福德的暗否

大卫·曼福德在计算机视觉领域做出过很大贡献，他对人工智能是否有意识基本是持否定态度的，然而他的聪明之处在于没有直接给出明确的否定答案，而是让读者顺着他的思路自行发现问题的不可解决。他甚至没有写一本书，而是在他的博客中就这件事做探讨，我想这是别有深意的。

在曼福德看来，若要人工智能拥有意识，需要跨越三个鸿沟，而在他看来，这三个都是无法逾越的。

第一个鸿沟是模式识别。曼福德认为思考的本质是识别新模式。我们总是用已有的模式来识别新的东西。而人工智能依赖的神经网络无法发现重复出现但并不完全相同的模式。

在我看来，意识的基础可能植根于 DNA 序列之中，DNA 序列是依据旧有模式来识别新模式的典型例子，并以四进制即 A、T、G、C 为特点，而计算机拥有的则是以二进制即 1、0 为特点。同二进制乃至没有存在的三进制甚至超过四进制的生命体相比，四进制可能在效率和安全两方面胜出。如果生命采用二进制，那么传递同样信息的话需要两倍的信息，比如 A、T、G、C 用 1、0 表示的话，可能需要 1、0 组合表示 A，0、1 组合表示 T，1、1 组合表示 G，0、0 组合表示 C，那么最终 ATGC 则由 10011100 字符来表示，信息载体增加了一倍，也就是染色体将是现在的两倍长；但这还不是最关键的，关键是纠错的成本，我们假设 ATGCCGTA 中的第二个 C 发生了错误变成了 G，需要纠正它，就是将 ATGCGGTA 修复为 ATGCCGTA，这件事的难度换成二进制则是需要将 1001110011110110 修复为 1001110000110110，似乎用肉眼也很难看出其差异，细胞很难发展出如此精巧的酶来识别这种微小差异，因此，二进制在安全上不如四进制。比四进制更高的体系为什么不存在呢？可能因为当进制增加时，资源的获得变得更加困难，三缺一有时是很容易凑齐的，三缺二可能就变得很困难了。

第二个鸿沟是窥测客体的感受、目标和感情。也就是说，人工智能无法像人一样判断其他人的想法，尤其是其中最难以捉摸的情绪。

第三个鸿沟是感受时间。曼福德认为意识的本质特征是感受时间，这种对时间的感受当然不是计算机内置的钟表。

6. Why，what，how，who

在我看来，人工智能可以很好地解决 how 的问题，也就是具体做一件事的算法，人工智能可以完成得无与伦比，甚至让我们无法理解。但是人工智能无法解决 what（即做什么）以及 why（即为什么做）的问题。正因如此，人工智能无法成为 who，而只能是 it。

词汇表

人工智能（artificial intelligence，AI）：指由机器展示出的感知、合成和推断信息的智能，具体的任务包括语音识别、计算机视觉、（自然）语言之间的翻译等。

阿尔法围棋（AlphaGo）：谷歌旗下公司 Deepmind 开发的一款计算机下棋程序。

阿尔法折叠（AlphaFold）：Deepmind 开发的一款计算机程序，用于预测蛋白质结构。

ChatGPT：美国人工智能实验室 OpenAI 开发的一款聊天机器人。

大卫·曼福德（David Mumford，1937—　）：美国数学家，菲尔兹奖得主。

侯世达（Douglas Hofstadter，1945—　）：美国学者，普利策奖和美国国家图书奖获得者。

参考文献

[1] 道金斯. 自私的基因 [M]. 卢允中, 张岱云, 陈复加, 等译. 北京: 中信出版社, 2012.

[2] BRUCE A, REBECCA H, ALEXANDER J, et al. Molecular biology of the cell[M]. 7th ed. New York: W W Norton & Company, 2022.

[3] 丁明孝, 王喜忠, 张传茂, 等. 细胞生物学 [M]. 5 版. 北京: 高等教育出版社, 2020.

[4] THOMPSON C J, MCBRIDE J L. On Eigen's theory of the self-organization of matter and the evolution of biological macromolecules[J]. Mathematical Biosciences, 1974, 21(1/2): 127-142.

[5] 欧几里得. 几何原本 [M]. 张卜天, 译. 南昌: 江西人民出版社, 2019.

[6] ZHANG H. Origin of the Chinese word for "cell": an unusual but wonderful idea of a mathematician[J]. Protein Cell, 2021, 12(9): 671-674.

[7] 格雷克. 信息简史 [M]. 高博, 译. 北京: 人民邮电出版社, 2013.

[8] JASKELIOFF M, MULLER F L, PAIK J H, et al. Telomerase reactivation reverses tissue degeneration in aged telomerase-deficient mice[J]. Nature, 2011, 469(7328): 102-106.

[9] MODIS T. Links between entropy, complexity, and the technological singularity[J]. Techmological Forecasting and Social Change, 2022, 176: 121457.

[10] 薛定谔. 生命是什么 [M]. 吉宗祥, 译. 广州: 世界图书出版广东有限公司, 2016.

[11] TERO A, TAKAGI S, SAIGUSA T, et al. Rules for biologically inspired adaptive network design[J]. Science, 2010, 327(5964): 439-442.

[12] WONG J T F. Emergence of life: from functional RNA selection to natural

selection and beyond[J]. Frontiers in Bioscience-Landmark, 2014, 19(7): 1117-1150.

[13] NG M L, TAN S H, SEE EE, et al. Proliferative growth of SARS coronavirus in Vero E6 cells[J]. Journal of General Virology, 2003, 84(12): 3291-3303.

[14] 牛顿. 自然哲学的数学原理 [M]. 赵振江 , 译 . 北京 : 商务印书馆 , 2006.

[15] SELIGMANN H. Overlapping genes coded in the 3′-to-5′-direction in mitochondrial genes and 3′-to-5′ polymerization of non-complementary RNA by an "invertase" [J]. Journal of Theoretical Biology, 2012, 315: 38-52.

[16] JACKMAN J E, GOTT J M, GRAY M W. Doing it in reverse: 3′-to-5′ Polymerization by the Thg1 superfamily[J]. RNA, 2012, 18(5):886-899.

[17] 杂阿含经 [M]. 吴平 , 译 . 北京 : 东方出版社 , 2017.

[18] EIGEN M, GARDINER W, SCHUSTER P, et al. The origin of genetic information[J]. Scientific American, 1981, 244 (4): 88-92.

[19] MICHOD R E. Population biology of the first replicators: on the origin of the genotype, phenotype and organism[J]. American Zoologist, 1983, 23: 5-14.

[20] JACOB F. Evolution and tinkering[J]. Science, 1977, 196(4295): 1161-1166.

[21] TAKEUCHI N, HOGEWEG P, KANEKO K. The origin of a primordial genome through spontaneous symmetry breaking[J]. Nature Communications, 2017, 8(1): 250.

[22] JOYCE G F. The antiquity of RNA-based evolution[J]. Nature, 2002, 418(6894): 214-221.

[23] FORTERRE P, FILÉE J, MYLLYKALLIO H. Origin and evolution of DNA and DNA replication machineries[J]. The Genetic Code and Origin of Life, 2007: 145-168.

[24] BARTEL D P, SZOSTAK J W. Isolation of new ribozymes from a large pool of random sequences[J]. Science, 1993, 261(5127): 1411-1418.

[25] IVICA N A, OBERMAYER B, CAMPBELL G W, et al. The paradox of dual roles in the RNA world: Resolving the conflict between stable folding and

templating ability[J]. Journal of Molecular Evolution, 2013, 77(3): 55-63.

[26] SON A, HOROWITZ S, SEONG B L. Chaperna: linking the ancient RNA and protein worlds[J]. RNA Biology, 2021, 18(1): 16-23.

[27] CHO M, YOON J H, KIM S B, et al. Application of the ribonuclease P (RNase P) RNA gene sequence for phylogenetic analysis of the genus Saccharomonospora[J]. International Journal of Systematic and Evolutionary Microbiology, 1998, 48(4): 1223-1230.

[28] DEMONGEOT J, GLADE N, MOREIRA A. Evolution and RNA relics a systems biology view[J]. Acta Biotheoretica, 2008, 56(1/2): 5-25.

[29] CRICK F. Central dogma of molecular biology[J]. Nature, 1970, 227(5258): 561-563.

[30] POOLE A M, LOGAN D T, SJÖBERG B M. The evolution of the ribonucleotide reductases: Much ado about oxygen[J]. Journal of Molecular Evolution, 2002, 55(2): 180-196.

[31] TAKAHASHI I, MARMUR J. Replacement of thymidylic acid by deoxyuridylic acid in the deoxyribonucleic acid of a transducing phage for bacillus subtilis[J]. Nature, 1963, 197: 794-795.

[32] JOHNSTON W K, UNRAU P J, LAWRENCE M S, et al. RNA-catalyzed RNA polymerization: Accurate and general RNA-templated primer extension[J]. Science, 2001, 292(5520): 1319-1325.

[33] WOCHNER A, ATTWATER J, COULSON A, et al. Ribozyme-catalyzed transcription of an active ribozyme[J]. Science, 2011, 332(6026): 209-212.

[34] GREGORY S G, BARLOW K F, MCLAY K E, et al. The DNA sequence and biological annotation of human chromosome 1[J]. Nature, 2006, 441(7091): 315-321.

[35] VOLFF J N, ALTENBUCHNER J. A new beginning with new ends: Linearisation of circular chromosomes during bacterial evolution[J]. FEMS Microbiology Letters, 2000, 186(2):143-150.

[36] HATTORI M, FUJIYAMA A, TAYLOR T D, et al. The DNA sequence of human chromosome 21[J]. Nature, 2000, 405(6784): 311-319.

[37] SCHNEIKER S, PERLOVA O, KAISER O, et al. Complete genome sequence of the myxobacterium Sorangium cellulosum[J]. Nature Biotechnology, 2007, 25(11): 1281-1289.

[38] SPALDING K L, BHARDWAJ R D, BUCHHOLZ B A, et al. Retrospective birth dating of cells in humans[J]. Cell, 2005, 122(1): 133-143.

[39] ORGEL L E, CRICK F H C. Selfish DNA: The ultimate parasite[J]. Nature, 1980, 284(5757):604-607.

[40] WEBSTER C R, MAHAFFY P R, ATREYA S K, et al. Background levels of methane in Mars' atmosphere show strong seasonal variations[J]. Science, 2018, 360(6393): 1093-1096.

[41] EIGENBRODE J L, SUMMONS R E, STEELE A, et al. Organic matter preserved in 3-billion-year-old mudstones at Gale crater, Mars[J]. Science, 2018, 360(6393): 1096-1101.

[42] CHEN I A, ROBERTS R W, SZOSTAK J W. The emergence of competition between model protocells[J]. Science, 2004, 305(5689): 1474-1476.

[43] WESTHEIMER F H. Why nature chose phosphates[J]. Science, 1987, 235(4793): 1173-1178.

[44] DECOURSEY T E. Voltage-gated proton channels and other proton transfer pathways[J]. Physiological Reviews, 2003, 83(2): 475-579.

[45] WATSON J D, CRICK F H C. Molecular structure of nucleic acids—A structure for deoxyribose nucleic acid[J]. Nature, 1953, 171(4356): 737-738.

[46] 刘慈欣. 三体Ⅲ：死神永生 [M]. 重庆：重庆出版社, 2016.

[47] FRASER C M, GOCAYNE J D, WHITE O, et al. The minimal gene complement of Mycoplasma genitalium[J]. Science, 1995, 270(5235): 397-403.

[48] SHAO Y, LU N, WU Z, et al. Creating a functional single-chromosome yeast[J]. Nature, 2018, 560(7718): 331-335.

[49] COLBOURNE J K, PFRENDER M E, GILBERT D, et al. The ecoresponsive genome of Daphnia pulex[J]. Science, 2011, 331(6017): 555-561.

[50] SWIFT H. The constancy of desoxyribose nucleic acid in plant nuclei[J]. Proceedings of the National Academy of Sciences of the United States of America, 1950, 36(11): 643-654.

[51] CHOI I Y, KWON E C, KIM N S. The C- and G-value paradox with polyploidy repeatomes introns phenomes and cell economy[J]. Genes and Genomics, 2020, 42(7): 699-714.

[52] LANDER S, LINTON LM, BIRREN B, et al. Initial sequencing and analysis of the human genome International Human Genome Sequencing Consortium* The Sanger Centre: Beijing Genomics Institute/Human Genome Center[J]. Nature, 2001, 409(6822): 860-921.

[53] TUNYASUVUNAKOOL K, ADLER J, WU Z, et al. Highly accurate protein structure prediction for the human proteome[J]. Nature, 2021, 596(7873): 590-596.

[54] WILMUT I, SCHNIEKE AE, MCWHIR J, et al. Viable offspring derived from fetal and adult mammalian cells[J]. Nature, 1997, 385(6619): 810-813.

[55] TAKAHASHI K, TANABE K, OHNUKI M, et al. Induction of pluripotent stem cells from adult human fibroblasts by defined factors[J]. Cell, 2007, 131(5): 861-872.

[56] GURDON J B. Transplanted nuclei and cell differentiation[J]. Scientific American, 1968, 219 (6): 24-35.

[57] ROSS M T, GRAFHAM D V, COFFEY A J, et al. The DNA sequence of the human X chromosome[J]. Nature, 2005, 434(7031): 325-337.

[58] RHIE A, NURK S, CECHOVA M, et al, The complete sequence of a human Y chromosome[J]. Nature, 2023, 621(7978): 344-354.

[59] REIK W, LEWIS A. Co-evolution of X-chromosome inactivation and imprinting in mammals[J]. Nature Review Genetics, 2005, 6(5): 403-410.

[60] ADAMS G S, CONVERSE B A, HALES A H, et al. People systematically overlook subtractive changes[J]. Nature, 2021, 592(7853): 258-261.

[61] SEAL R L, CHEN L, GRIFFITHS - JONES S, et al. A guide to naming human non - coding RNA genes[J]. EMBO Journal, 2020, 39(6): e103777.

[62] MANNING G, WHYTE D B, MARTINEZ R, et al. The protein kinase complement of the human genome[J]. Science, 2002, 298(5600): 1912-1934.

[63] RAZIN S, YOGEV D, NAOT Y. Molecular biology and pathogenicity of mycoplasmas[J]. Microbiology and Molecular Biology Reviews, 1998, 62(4): 1094-1156.

[64] FLEISCHMANN R D, ADAMS M D, WHITE O, et al. Whole-genome random sequencing and assembly of Haemophilus influenzae Rd[J]. Science, 1995, 269(5223): 496-512.

[65] CAVICCHIOLI R. Archaea - Timeline of the third domain[J]. Nature Review Microbiology, 2011, 9(1): 51-61.

[66] MORITA R Y, HORIKOSHI K, GRANT W D. Extremophiles—microbial life in extreme environments[M]. New York: Wiley-Liss, 1998.

[67] BULT C J, WHITE O, OLSEN G J, et al. Complete genome sequence of the Methanogenic archaeon, Methanococcus jannaschii[J]. Science, 1996, 273(5278): 1058-1073.

[68] DARWIN C. On the origin of species [M]. the illustrated edition, New York: Sterling Signature, 2011.

[69] TCHERKEZ G G B, FARQUHAR G D, ANDREWS T J. Despite slow catalysis and confused substrate specificity all ribulose bisphosphate carboxylases may be nearly perfectly optimized[J]. Proceedings of the National Academy of Sciences of the United States of America, 2006, 103(19): 7246-7251.

[70] GRAY M W, BURGER G, LANG B F. Mitochondrial evolution[J]. Science, 1999, 283(5407): 1476-1481.

[71] YOULE R J, VAN DER BLIEK A M. Mitochondrial fission fusion and

stress[J]. Science, 2012, 337(6098): 1062-1065.

[72] DILLON S C, DORMAN C J. Bacterial nucleoid-associated proteins, nucleoid structure and gene expression[J]. Nature Review Microbiology, 2010, 8(3): 185-195.

[73] NURK S, KOREN S, RHIE A, et al. The complete sequence of a human genome[J]. Science, 2022, 376(6588): 44-53.

[74] CROSLAND M W J, CROZIER R H. Myrmecia pilosula an ant with only one pair of chromosomes[J]. Science, 1986, 231(4743): 1278.

[75] PATEL M, REDDY M N. Discovery of the World's Smallest Terrestrial Pteridophyte[J]. Scientific Reports, 2018, 8(1): 5911.

[76] CONTRERAS L C, TORRES-MURA J C, SPOTORNO A E. The largest known chromosome number for a mammal, in a South American desert rodent[J]. Experientia, 1990, 46(5): 506-508.

[77] LEE B, SASI R, LIN C C. Interstitial localization of telomeric dima sequences in the indian muntjac chromosomes: Further evidence for tandem chromosome fusions in the karyotypic evolution of the asian muntjacs[J]. Cytogenetic and Genome Research, 1993, 63(3): 156-159.

[78] SHI L, YE Y, DUAN X. Comparative cytogenetic studies on the red muntjac chinese muntjac and their f1 hybrids[J]. Cytogenetic and Genome Research, 1980, 26(1): 22-27.

[79] LUO J, SUN X, CORMACK B P, et al. Karyotype engineering by chromosome fusion leads to reproductive isolation in yeast[J]. Nature, 2018, 560(7718): 392-396.

[80] WANG Y, WANG M, DJEKIDEL M N, et al. eccDNAs are apoptotic products with high innate immunostimulatory activity[J]. Nature, 2021, 599(7884): 308-314.

[81] WU S, TURNER K M, NGUYEN N, et al. Circular ecDNA promotes accessible chromatin and high oncogene expression[J]. Nature, 2019, 575(7784):

699-703.

[82] MARTINON F, BURNS K, TSCHOPP J. The Inflammasome—A molecular platform triggering activation of inflammatory caspases and processing of proIL-β[J]. Molecular Cell, 2002, 10(2): 417-426.

[83] MA L, LI Y, PENG J, et al. Discovery of the migrasome an organelle mediating release of cytoplasmic contents during cell migration[J]. Cell Res., 2015, 25(1): 24-38.

[84] GIBSON D G, GLASS J I, LARTIGUE C, et al. Creation of a bacterial cell controlled by a chemically synthesized genome[J]. Science, 2010, 329(5987): 52-56.

[85] ZHANG X, YAN C, ZHAN X, et al. Structure of the human activated spliceosome in three conformational states[J]. Cell Research, 2018, 28(3): 307-322.

[86] KHATTER H, MYASNIKOV A G, NATCHIAR S K, et al. Structure of the human 80S ribosome[J]. Nature, 2015, 520(7549): 640-645.

[87] KÜNKELE K P, HEINS S, DEMBOWSKI M, et al. The preprotein translocation channel of the outer membrane of mitochondria[J]. Cell, 1998, 93(6): 1009-1019.

[88] MIRONOV A A, BANIN V V, SESOROVA I S, et al. Evolution of the endoplasmic reticulum and the Golgi complex[J]. Advances in Experimental Medicine and Biology, 2007, 607: 61-72.

[89] LINDEGREN C C. Origin of the endoplasmic reticulum[J]. Nature, 1962, 195: 1225-1227.

[90] 尚容. 坛经 [M]. 北京 : 中华书局 , 2013.

[91] SHANNON C E. A Mathematical Theory of Communication[J]. Reprinted with corrections from The Bell System Technical Journal, 1948, 27: 379-423.

[92] GOOD B H, MCDONALD M J, BARRICK J E, et al. The dynamics of molecular evolution over 60,000 generations[J]. Nature, 2017, 551(7678): 45-50.

[93] HAYFLICK L, MOORHEAD P S. The serial cultivation of human diploid

cell strains[J]. Experimental Cell Research, 1961, 25: 585-621.

[94] 村上春树.挪威的森林 [M].林少华,译.上海:上海译文出版社,2018.

[95] 泰戈尔.飞鸟集 [M].郑振铎,译.北京:商务印书馆,2017.

[96] 罗琳.哈利波特 [M].苏农,译.北京:人民文学出版社,2022.

[97] SUNG H, FERLAY J, SIEGEL R L, et al. Global cancer statistics 2020: GLOBOCAN estimates of incidence and mortality worldwide for 36 cancers in 185 countries[J]. CA: A Cancer Journal for Clinicians, 2021, 71(3): 209-249.

[98] CHEN W, ZHENG R, BAADE P D, et al. Cancer statistics in China 2015[J]. CA: A Cancer Journal for Clinicians, 2016, 66: 115–132.

[99] SIEGEL R L, MILLER K D, FUCHS H E, et al. Cancer Statistics[J]. CA: A Cancer Journal for Clinicians, 2021, 71(1): 7-33.

[100] HANAHAN D, WEINBERG R A. Review Hallmarks of Cancer: The Next Generation[J]. Cell, 2011, 144: 646–674.

[101] HANAHAN D. Hallmarks of cancer—new dimensions[J]. Cancer Discovery, 2022, 12(1): 31-46.

[102] DOONAN J H, SABLOWSKI R. Walls around tumours -why plants do not develop cancer[J]. Nature Review Cancer, 2010, 10(11): 794-802.

[103] PILLAY J, DEN BRABER I, VRISEKOOP N, et al. In vivo labeling with $2H_2O$ reveals a human neutrophil lifespan of 5.4 days[J]. Blood, 2010, 116(4): 625-627.

[104] GROHME M A, SCHLOISSNIG S, ROZANSKI A, et al. The genome of Schmidtea mediterranea and the evolution of core cellular mechanisms[J]. Nature, 2018, 554(7690): 56-61.

[105] NOWOSHILOW S, SCHLOISSNIG S, FEI J F, et al. The axolotl genome and the evolution of key tissue formation regulators[J]. Nature, 2018, 554(7690): 50-55.

[106] LIU Z, CAI Y, WANG Y, et al. Cloning of macaque monkeys by somatic cell

nuclear transfer[J]. Cell, 2018, 172(4): 881-887.

[107] DEITSCH K W, LUKEHART S A, STRINGER J R. Common strategies for antigenic variation by bacterial, fungal and protozoan pathogens[J]. Nature Review Microbiology, 2009, 7(7): 493-503.

[108] GAMBLIN S J, SKEHEL J J. Influenza hemagglutinin and neuraminidase membrane glycoproteins[J]. Journal of Biology Chemistry, 2010, 285(37): 28403-28409.

[109] SILVER D, SCHRITTWIESER J, SIMONYAN K, et al. Mastering the game of Go without human knowledge[J]. Nature, 2017, 550(7676): 354-359.

[110] 侯世达 . 哥德尔、艾舍尔、巴赫：集异璧之大成 [M]. 北京：商务印书馆，1997.